TRAITÉ PRATIQUE

DU

PIED BOT

PAR

E. DUVAL

LAURÉAT DE L'ACADÉMIE DES SCIENCES (INSTITUT DE FRANCE),
MÉDECIN EN CHEF DE L'INSTITUT HYDROTHÉRAPIQUE ET ORTHOPÉDIQUE
DE L'ARC DE TRIOMPHE,
MEMBRE DE L'ACADÉMIE ROYALE DE MÉDECINE DE MADRID,
DE L'ACADÉMIE IMPÉRIALE DE SAINT-PÉTERSBOURG,
DE L'ACADÉMIE DE MÉDECINE ET DE CHIRURGIE DE BARCELONE,
COMMANDEUR DE L'ORDRE OTTOMAN DU MEDJIDIÉ,
OFFICIER DE L'ORDRE DU LION ET DU SOLEIL DE PERSE, ETC.

PRÉFACE

DU DOCTEUR PÉAN

CHIRURGIEN DE L'HOPITAL SAINT-LOUIS
MEMBRE DE L'ACADÉMIE DE MÉDECINE

AVEC 46 FIGURES INTERCALÉES DANS LE TEXTE

PARIS

J.-B. BAILLIÈRE ET FILS	CHEZ L'AUTEUR, 3, RUE DU DOME
ÉDITEURS	AVENUE VICTOR-HUGO
Rue Hautefeuille, 19	(Près de l'Arc-de-Triomphe)

1891

TRAITÉ

PRATIQUE ET PHILOSOPHIQUE

DU

PIED BOT

IMPRIMERIE PAUL BOUSREZ

TOURS

TRAITÉ

PRATIQUE ET PHILOSOPHIQUE

DU

PIED BOT

PAR

E. DUVAL

LAURÉAT DE L'INSTITUT DE FRANCE (ACADÉMIE DES SCIENCES),
MEMBRE DE L'ACADÉMIE DE SAINT-PÉTERSBOURG, DE CELLE DE BARCELONE,
EX-PRÉSIDENT DE LA SOCIÉTÉ DE THÉRAPEUTIQUE EXPÉRIMENTALE DE FRANCE
COMMANDEUR DE L'ORDRE OTTOMAN DE L'OSMANIÉ, OFFICIER DE L'ORDRE
DU LION ET DU SOLEIL DE PERSE,
MÉDECIN EN CHEF ET FONDATEUR DE L'INSTITUT ORTHOPÉDIQUE
ET HYDROTHÉRAPIQUE DE L'ARC-DE-TRIOMPHE, ETC. ETC.

PARIS

CHEZ J.-B. BAILLIÈRE ET FILS	CHEZ L'AUTEUR, RUE DU DOME, 3
LIBRAIRES	AVENUE VICTOR-HUGO
Rue Hautefeuille, 19	(Près de l'Arc-de-Triomphe)

1890

A LA MÉMOIRE

DE MON EXCELLENT ET VÉNÉRÉ PÈRE

Vincent DUVAL

INTRODUCTEUR DE LA TÉNOTOMIE EN FRANCE

RECONNAISSANCE ET REGRETS ÉTERNELS

E. Duval.

PRÉFACE

Dans une préface où la sûreté d'appréciation s'allie au charme de la forme, mon éminent ami, le professeur Péter, parlant du *Traité pratique et clinique d'hydro-thérapie*, s'exprime ainsi : « M. E. Duval dit quelque part dans son excellent livre : « Je ne sais pas comment « l'hydrothérapie agit, il me suffit qu'elle agisse. » Il fait ainsi de l'hydrothérapie empirique, de l'hydrothérapie pratique, qui est la meilleure, puisqu'elle repose sur la seule observation. »

Nous nous associons volontiers à l'opinion de notre savant confrère. En chirurgie, comme en médecine, l'ex-périence est le guide le plus sûr, mais sa valeur augmente considérablement quand le clinicien, avant d'agir, fait appel à toutes les lumières de la physiologie, à toutes les ressources du raisonnement. Or l'auteur n'a pas perdu de vue ces données. Dans ce nouvel ouvrage, aussi bien que dans ceux qu'il a publiés antérieurement, il montre que l'on peut être empirique en thérapeutique médicale et rationaliste en thérapeutique chirurgicale.

Comme empirique, il se base sur une expérience avec laquelle peu d'orthopédistes modernes pourraient rivaliser. Son père, Vincent Duval, a été pendant plus de quarante ans directeur du service orthopédique des hôpitaux. Or on sait que E. Duval a été son aide et qu'il l'a toujours suivi dans sa longue carrière. Depuis sa mort, il n'a pas cessé de poursuivre ces travaux qui ont illustré sa famille.

Dans l'historique, qui est écrit avec un style et avec une sûreté de jugement que ne désavouerait pas, — et ce n'est pas un mince éloge, — le savant Laboulbène, il montre, avec une clarté vraiment surprenante, la part qui revient, dans l'histoire de l'orthopédie, à l'étranger, à Stromeyer, en France, à Delpech et à V. Duval.

A propos de l'anatomie physiologique, il prouve que sans être anatomiste de profession, on peut faire d'intéressantes découvertes et, à propos de l'anatomie du pied, il en fait une des plus précieuses.

Quant à la partie pratique, elle n'est pas inférieure aux autres. Peut-être, en notre qualité de chirurgien militant, pourrions-nous trouver que l'auteur a été un peu sévère pour la tarsectomie, mais il ne la rejette pas pour le cas où elle est formellement indiquée. N'oublions pas que son père et lui ont obtenu des résultats si constants en orthopédie, grâce à la ténotomie et aux appareils, qu'on peut lui pardonner sa prédilection quasi-passionnée pour la méthode de Delpech, qui a été si brillamment défendue par son père. Cette particularité fait du traité de Duval, non seulement une œuvre pratique de premier ordre, mais aussi une œuvre de piété filiale, c'est-à-dire, moralement, une bonne action.

A ce titre, nous ne pouvons trop en recommander la lecture à tous ceux qui aiment la science et la vérité.

PÉAN.

PROLOGUE

La troisième édition (et non la deuxième, comme l'a imprimé par erreur M. Schwartz) (1), du *Traité pratique du pied bot,* de Vincent Duval, est épuisée depuis de nombreuses années. Depuis longtemps aussi, nous considérions comme un devoir de ne pas laisser disparaître de la littérature médicale le nom d'un ouvrage que l'éminent critique et professeur Malgaigne a déclaré être une œuvre importante, *qui fait époque* dans l'histoire de l'orthopédie (Malgaigne, *Leçons d'orthopédie*, recueillies par les docteurs Guyon et Panas, aujourd'hui professeurs, et revues par le professeur). Nous n'avons pu accomplir ce devoir aussitôt que nous l'aurions désiré. Engagé depuis longtemps à publier un traité d'hydrothérapie (2), nous avons dû remplir d'abord cet engagement, et l'impression de cet ouvrage, qui, par suite de nos occupations professionnelles, a duré bien au delà de nos prévisions et de nos désirs, nous a conduit jusqu'au

(1) *Des différentes espèces de pieds bots et de leur traitement,* p. 7.

(2) *Traité pratique et clinique d'hydrothérapie,* par E. Duval, fondateur et médecin en chef de l'établissement hydrothérapique de l'Arc-de-Triomphe, précédé d'une préface de M. le professeur Peter ; un fort volume grand in-8 couronné par l'Institut de France (Académie des sciences). Paris, chez l'auteur, 3, rue du Dôme, avenue Victor-Hugo, et chez J.-B. Baillière et fils, 19, rue Hautefeuille.

Envoi *franco* à domicile contre un mandat-poste de **dix francs**.

commencement de l'année dernière avant que nous ayons pu songer au pied bot.

Le temps venu, comment devions-nous procéder à l'accomplissement de la tâche que le devoir nous imposait? Obéissant à un sentiment légitime de piété filiale, devions-nous réimprimer purement et simplement le livre de notre excellent et vénéré père, ou bien en publier une édition revue, corrigée et augmentée, suivant la formule consacrée? Nous avons cru ne devoir prendre ni l'un ni l'autre de ces deux partis.

Réimprimer purement et simplement le *Traité pratique du pied bot*, c'était s'exposer à peu près sûrement à voir accueillir avec froideur une œuvre aujourd'hui incomplète et, médicalement parlant, surannée, quoique conservant, à notre avis, chirurgicalement, toute sa valeur ; d'un autre côté, porter la main sur cette rédaction à la fois magistrale et simple au point d'en paraître parfois naïve, œuvre non seulement de science, mais de bonne foi et de bienveillance professionnelles, nous paraissait presque un sacrilège ; pas un instant, nous n'avons pu nous arrêter à cette pensée. Le livre de Vincent Duval est désormais, comme l'a fait comprendre Malgaigne, une œuvre historique, qui « fait époque dans l'histoire de l'orthopédie » ; nous ne pouvions avoir d'autre dessein que de lui laisser son caractère. Pour ces motifs, au lieu de chercher à refondre l'ouvrage de notre père, nous avons résolu d'écrire une œuvre nouvelle, dans laquelle nous jugerions cliniquement les innovations postérieures à la troisième édition du *Traité pratique*, parue en 1859, innovations qui, trop souvent, constituent un progrès moins réel qu'imaginaire, et qui laissent debout tous les principes posés par notre père ; ces principes, non seulement restent debout, mais

on peut prévoir qu'ils resteront tels indéfiniment, et
que c'est leur saine application qui permettra à l'orthopédie de rendre les plus grands services possibles à la
population affligée de difformités du pied.

Un autre motif encore nous a décidé à ne pas faire
une réimpression pure et simple du *Traité pratique du
pied bot*. Si les principes de la chirurgie, en ce qui
concerne l'orthopédie surtout, n'ont pas varié et ne
doivent guère varier à l'avenir, depuis les travaux de
notre père, il n'en n'est pas de même des principes de
la médecine. On sait que ceux-ci, beaucoup plus flottants,
ne durent guère plus d'une génération, et qu'on peut
s'attendre à assister à une révolution médicale, réelle ou
apparente, tous les quarts de siècle. Cette loi n'a pas
manqué de s'accomplir pendant le siècle qui touche à
son terme, et c'est au point de vue de son accomplissement, que nous avons dû reconnaître que le livre de
notre père (ami de Roche, l'élève et le fanatique de
Broussais) était à certains égards suranné. Tout ce qui
concerne les théories médicales ne pouvait donc réellement être réimprimé.

Personnellement, d'ailleurs, nous avions intérêt et
pour ainsi dire obligation à nous occuper, nous ne
dirons pas d'irritation et de gastrite ou de gastro-enté-
rite, mais de questions plus générales que celles de la
doctrine dite *physiologique*, et qui sont plus anciennes,
comme elles dureront plus longtemps aussi, car elles
sont contemporaines de l'origine de la philosophie générale, et dureront peut-être autant qu'elle. Depuis que
nous avons publié notre traité d'hydrothérapie que nous
avons voulu baser exclusivement sur l'expérience et où
nous avons dû, par conséquent, faire profession de foi
d'empirisme, des confrères qui savent probablement dis-

tinguer leur main droite de leur main gauche, mais qui n'en savent pas beaucoup plus, nous ont traité d'empirique, grossier, aveugle, ou tel autre qualificatif aussi amène, un empirique étant pour eux, intellectuellement parlant, à peu près l'égal d'un gorille ou d'un chimpanzé. Quant à eux, ils n'ont nullement besoin du secours de l'expérience pour se guider dans l'interprétation des troubles que peut éprouver l'organisme, et, dans le traitement des maladies, ils sont *rationalistes*, c'est-à-dire qu'*ils connaissent la raison de tout* : ils savent pourquoi et comment ils guérissent ou tuent leurs malades, quand ils ne se contentent pas de les laisser mourir. Il fallait faire voir à ces génies, pour qui la nature n'a pas de secrets, qu'ils emploient les mots d'empirisme, de rationalisme, d'éclectisme, de spiritualisme ou d'autres en *isme*, comme le perroquet Jaquot parle de bouilli ou de rôti, et que leur vrai rôle, s'ils avaient seulement le bon sens de jauger leur substance cérébrale pensante, serait de garder le silence sur des questions qu'ils sont aussi capables de traiter que d'avaler les eaux du Pacifique. Voilà pourquoi nous avons discuté, à propos de certaines questions qui se rattachent à l'anatomie et à la physiologie du pied bot, des questions qu'on n'a pas l'habitude d'étudier dans les traités généraux ou spéciaux de chirurgie, mais qu'on n'y tranche pas moins, sans le savoir, exactement comme M. Jourdain faisait de la prose. Il est bien entendu que nous n'avons pas discuté ces grandes questions dans l'espoir d'être compris des *rationalistes* auxquels nous faisons allusion, mais nous espérons l'être des observateurs qui ont moins de prétentions, et qui auraient plus de droits à en avoir.

Paris, décembre 1889.

INTRODUCTION

CONFORMATION,
STRUCTURE ET FONCTIONS
DU PIED

Tout peut servir de thème à philosopher : on a fait de la philosophie à propos de pot-au-feu, il n'y a donc rien d'étonnant qu'on en puisse faire à propos de la structure des organes et de leurs fonctions, ainsi que des anomalies que les uns et les autres peuvent éprouver ; c'est là, au contraire, une des questions les plus élevées dont se puisse occuper l'esprit humain, puisqu'elle se rattache au sujet grandiose de la création, ou, si l'on aime mieux, de la *formation* des corps animés ou inanimés. Dès lors, on trouvera tout naturel que M. le professeur Lannelongue ait commencé son *Traité du pied bot congénital* par cette remarque philosophique : « *L'attitude du pied est en rapport avec les fonctions qu'il est chargé de remplir.* »

Mais ce n'est pas tout que de faire de la philosophie, l'essentiel et le difficile est d'en faire de la bonne, et l'on doit reconnaître que, dans cette occasion, le savant professeur n'y a point réussi.

D'abord, sa proposition pèche par la correction : dire que l'*attitude* ou les *attitudes*, — qui ne sont autres que des *fonctions* du pied, — sont en rapport avec les fonctions du pied, c'est dire exactement que les fonctions... sont en rapport avec les fonctions..., ce qui n'a pu être, évidemment, la pensée de M. Lannelongue ; mais lorsqu'on ne surveille pas avec attention son langage, on tombe facilement dans ces cacologies prudhommesques (1).

Du reste, le fond de la proposition en est encore moins heureux que la forme :

Remarquer, — et par conséquent admirer, — que la conformation et la structure des organes sont en rapport

----

(1) Elles sont malheureusement si fréquentes en médecine, qu'on pourrait peut-être les dire habituelles. Thorens, dont l'ouvrage est fait avec beaucoup de soin, écrit, page 8 de son *Traité du pied bot varus congénital* : « Chez le nouveau-né, la voûte est à peine prononcée ; le pied est plûtôt aplati, et *cela résulte,* comme nous le verrons plus tard, *de son défaut de développement dans le sens vertical.* » — Il est bien évident, en effet, que si le pied était aussi développé en hauteur qu'en largeur, il ne serait pas plat !

Ces regrettables négligences ne sont cependant pas les plus fâcheuses ; ce sont de simples Lapalissades, qui n'obscurcissent ni ne changent le sens des phrases ; mais il s'en faut bien que les incorrections que nous signalons se bornent là ; beaucoup, non seulement obscurcissent la pensée des auteurs, la rendent même parfois inintelligible, mais la dénaturent et lui font dire le contraire de ce qu'elle veut exprimer ; les médecins les plus recommandables et les plus haut placés dans la profession ne sont pas à l'abri de ces négligences, qui peuvent tenir à un défaut d'attention, mais aussi à des raisons plus radicales. Nous avons insisté plus d'une fois sur ces fâcheuses particularités dans notre *Traité d'hydrothérapie,* notamment aux pages 858 et suivantes ; il est d'autant plus à désirer que ceux de nos confrères sujets à de pareilles incorrections s'en corrigent, qu'elles peuvent donner une opinion défavorable de l'éducation humanitaire des médecins, qui doivent être bacheliers.

avec les fonctions qu'ils doivent remplir, c'est professer
la philosophie des *causes finales* (1), c'est-à-dire l'hypothèse d'une création personnelle de l'univers, pour une
fin déterminée et voulue, par un être distinct et indépendant de la matière, philosophie qui conduit inéluctablement à l'idée d'une Providence, et non moins inéluctablement à la superstition et au despotisme. Du moment,
en effet, où une création quelconque est le résultat d'une
volonté particulière, qui s'est proposé une fin déterminée, comme cette fin n'est écrite nulle part en caractères à la portée de tous, il faut que la volonté créatrice
soit interprétée ; or, comment ne pas croire aux inter-
prétations de ceux qui ont ou sont censés avoir reçu
mission d'expliquer la fin de chaque chose, et ne pas se
soumettre à leurs décisions ? Voilà la conséquence forcée
de cette simple remarque, qu'elle soit faite par routine,
machinalement, en quelque sorte, ou avec réflexion :
« la structure d'un organe — du pied si l'on veut —
est en rapport avec les fonctions qu'il doit remplir ».
Ce qu'on peut dire à la décharge de M. le professeur
Lannelongue, c'est qu'il n'est pas le premier qui ait
échoué ni le dernier qui échouera sur l'écueil que nous
signalons : beaucoup d'hommes fort intelligents, quoique
d'une faible logique, ont professé et professeront encore
la philosophie des causes finales avec une sincérité et
un désintéressement, qu'on pourrait peut-être suspecter

(1) Nous empruntons ces considérations sur la doctrine des causes
finales au travail inédit d'un positiviste dont les opinions nous paraissent
d'ailleurs irréfutables.

chez ceux qui se donnent comme les interprètes autorisés de la Providence, et qui ont, par conséquent, un intérêt professionnel, — sans compter l'amour-propre, — à soutenir leur doctrine, quand même ils n'y ont qu'une foi médiocre. Pour montrer l'erreur de cette philosophie, il suffira d'y jeter un rapide coup d'œil.

L'hypothèse des causes finales n'embrasse pas seulement les rapports de la structure et des fonctions du pied, ni même les rapports de la structure et des fonctions des organes en général, elle comprend, avons-nous dit, l'explication de la *fin* ou du *but* de la création de tous les corps animés ou inanimés, c'est-à-dire, en définitive, l'origine et *la raison d'être de l'univers !* Or, la fin de toute la création, c'est, pour la majorité des *finalistes,* la satisfaction des besoins de l'homme ; elle a été faite pour lui et doit finir avec lui. Par conséquent, le premier devoir de l'homme est de vénérer, d'adorer l'intelligence suprême dont l'infinie bonté a créé, pour les besoins de son corps et de son esprit, les innombrables merveilles qui frappent ses yeux.

Mais quelque disposé qu'on soit à l'admiration, à la vénération, et même à l'adoration, on a bien de la peine, nous ne dirons pas à comprendre, mais à admettre la bonne *fin* que la suprême intelligence peut s'être proposée en créant des veaux à deux têtes, des moutons à cinq pieds, des enfants pieds bots, et même, d'une manière générale, une monstruosité quelconque. Pas davantage notre raison ne parvient-elle à deviner quelle bonne fin la suprême intelligence, — qui est en même temps la suprême sagesse et la suprême justice, — a imaginé ces terribles cyclones détruisant en quelques heures ou moins encore des récoltes qui assuraient l'existence de nombreux milliers d'hommes ; ces tremblements de terre qui renversent des cités entières et en étouffent les habitants sous leurs décombres ; ces convulsions sous-marines, qui engloutissent en quelques instants des îles entières avec leurs populations, comme cela est arrivé en 1885 pour l'île de Krakatoa, élevée de 800 mètres et disparue subitement sous la mer, engloutissant avec elle tous ses habitants, au nombre de trente mille, dit-on ! Il est aussi difficile à la raison et à la conscience humaine d'admirer ces effroyables catastrophes que de vénérer et d'adorer celui qui en serait l'auteur. Il est vrai que, pour justifier ces horribles fléaux, les avocats de la Providence, doctrinaires de la finalité, arguent que l'homme ne saurait pénétrer les desseins, ni juger les voies et moyens qu'elle met en œuvre pour les réaliser, et que telle de ses actions qui nous paraît détestable, peut avoir, au contraire, une fin excellente. Mais à cet expédient des finalistes, qui paraît couper court à toute discussion par une fin de non recevoir, on peut cependant objecter que, d'après leur doctrine, la Providence, qui a tout créé, a créé aussi la raison humaine, et que ce n'est qu'à l'aide des lumières de cette raison que nous pouvons juger les événements et les choses dont nous sommes témoins. Si nos jugements sont erronés, c'est le créateur de notre raison qui en est *seul* responsable, et son impeccabilité n'y gagne

b

rien. D'ailleurs, du moment où notre raison est sujette à nous tromper sur les actes de la Providence, qui nous paraissent mauvais, pourquoi serait-elle infaillible quand elle apprécie ceux qui peuvent nous paraître bons ? Son infaillibilité n'offre pas plus de garanties dans un cas que dans l'autre, et ses jugements doivent être acceptés ou repoussés en bloc, quels qu'ils soient. Mais n'est-ce pas trop insister sur un argument qui n'est en réalité qu'un subterfuge ridicule ?

En ce qui concerne les rapports de l'homme avec le reste du cosmos, il est une considération qui, à elle seule, réduirait à néant l'hypothèse des causes finales.

Les sciences géologiques nous apprennent d'une manière certaine que, pendant des millions d'années, l'homme n'existait pas sur la terre. Les mêmes sciences et l'astronomie nous permettent de prévoir, avec non moins de certitude, qu'après une nouvelle série d'autres millions d'années, il cessera d'exister. Est-il utile de faire remarquer que, si tout ce qui était ou s'est créé pendant la première période ne pouvait lui servir de rien, il en sera absolument de même de ce qui apparaîtra pendant la seconde, car la fin de l'existence de l'homme ne sera pas la fin du monde, laquelle est une conception plus chimérique encore, s'il est possible, que celle des causes finales : le monde ne finit pas.

Ce n'est pas que la théorie de Laplace et des astronomes, vraie relativement à l'homme, soit vraie absolument parlant. Non, l'univers entier est en mouvement, et qui dit mouvement, de toute nécessité, dit changement.

Notre système solaire, comme tous les autres, est en perpétuel changement ; il n'est pas aujourd'hui ce qu'il sera demain ni ce qu'il était hier ; *a fortiori* ne sera-t-il pas dans des millions d'années à venir ce qu'il était il y a des millions d'années passées. Mais, relativement à l'homme, on peut considérer comme exacte la théorie que Laplace a déduite de ses calculs. Notre vie et ses diverses phases sont d'une telle brièveté comparées à la durée et aux évolutions des corps célestes et même à celles de notre propre globe, que non seulement le temps de notre existence individuelle, mais de celle du genre humain peut être considéré comme une quantité négligeable dans la chronologie des transformations cosmiques.

Les changements qui ont déterminé l'apparition de l'homme sur la terre n'ont pas apporté le moindre trouble dans les mouvements et la stabilité du système solaire ; il est infiniment probable, pour ne pas dire certain, qu'il en sera de même de ceux qui amèneront sa disparition, comme il en a été de même aussi des conditions qui ont amené l'extinction des nombreuses espèces disparues. Ces changements ne réaliseront donc pas la chimère de la fin du monde, née elle-même de celle des causes finales et de cette pensée d'une outrecuidance qu'a pu excuser longtemps l'ignorance de l'homme, que tout ayant été créé pour lui, tout devait nécessairement finir avec lui.

Mais si cet orgueil était excusable quand l'homme se considérait comme le propriétaire-roi de la terre et

regardait la terre elle-même, — son domaine, — comme
le centre du monde autour duquel gravitaient une foule
de petits satellites dont l'un, le soleil, lui servait de
luminaire, et les autres d'ornement, pareil orgueil ne
saurait plus être toléré depuis que l'homme connaît son
infimité et même l'infimité extrême du globe sur lequel
il occupe une si petite place.

Quand on réfléchit que la terre n'est pas même la trois
millième partie de la masse de ces planètes qui étaient
censées n'être que ses accessoires, de petits satellites
auprès d'une grande suzeraine, et qu'en comprenant le soleil dans la comparaison, elle n'entre que pour *un quatre
cent millième* environ dans la masse du tout, et pour *un
treize cent millième* dans le volume, ne faut-il pas pousser jusqu'à ses extrêmes limites la folie de l'orgueil, pour
prétendre que ces masses colossales ont été formées uniquement pour le plaisir de nos yeux?

Que sera-ce donc si, au lieu de comparer l'atome sur
lequel nous rampons au système cosmique dont il fait
partie, nous le comparons au cosmos entier, où globule
terrestre, planètes et soleil lui-même font un tout qui
serait probablement invisible à l'œil nu, ou visible seulement comme un point lumineux, pour un géant qui
aurait la taille d'ici à la plus rapprochée des étoiles !

Croire que, perdu dans l'immensité de ce cosmos,
submergé dans l'espace insondable où roulent avec une
vitesse inimaginable ces sphères lumineuses, qui sont
autant de soleils dont chacun, sans doute, entraîne avec
lui un cortège pareil ou analogue à celui qui accom-

pagne le nôtre ; croire que, parmi ces mondes, littéralement innombrables, notre pauvre petit système, et
mieux que cela, le misérable microzoaire qui en occupe
une partie infinitésimale, est le seul qui ait préoccupé
la puissance créatrice, le seul doué d'une intelligence
qui lui permet de réfléchir aux mystères de la création,
sinon de les comprendre ; croire que la destinée de
toutes ces sphères et de ce qu'elles portent est attachée
à celle de l'infime bipède, qui, à l'exemple de certains
insensés, s'est affublé de la couronne d'une royauté imaginaire ; toutes ces croyances sont d'une absurdité qu'on
a peine à comprendre chez quiconque a conservé un
vestige de raison.

Ne soyons donc pas de ces insensés, et ne croyons
pas que la fin de l'homme sera la fin du monde en
général, ni même celle du petit monde qui a notre soleil
pour centre. Après comme avant la disparition du genre
humain, les lois cosmiques continueront à suivre leur
cours et démontreront une fois de plus le chimérisme
de la doctrine des causes finales. Cette disparition sera-
t-elle même la fin des formations animales ou sera-t-elle
suivie, au contraire, d'une ou plusieurs espèces nouvelles ? On comprend qu'à cette question, un positiviste
ne puisse répondre que par le silence ; tout au plus
peut-il hasarder timidement quelques conjectures.

Les évolutions géologiques du passé n'interdisent pas
la supposition qu'une formation (1) animale nouvelle

____

(1) Nous disons formation et non transformation ; la théorie dite du
transformisme n'étant jusqu'à présent qu'une hypothèse qui n'a même

succédera à celle qui aura disparu ; peut-être même permettent-elles plus que cela.

L'opinion, et, pour certains finalistes, le *dogme* qui veut que l'homme soit le degré le plus élevé, le plus parfait possible de l'animalité, n'est qu'une hypothèse, tout comme la doctrine des causes finales, mais seulement une hypothèse dont la fausseté n'est pas, quant à présent, démontrée. Il est hors de doute que le premier rang assigné à l'homme dans l'échelle des êtres formés jusqu'à ce jour lui appartient légitimement ; mais l'oc-

pour elle que de faibles probabilité;. En principe, on ne comprend même guère pourquoi les transformistes, qui sont des esprits libres de tout préjugé religieux ou philosophique, veulent substituer une force transformatrice à une force formatrice. Est-ce que l'une est plus puissante que l'autre, et la dernière aurait-elle perdu ses vertus depuis la création première ? car cette création première, les transformistes, comme tout le monde, sont bien forcés de l'admettre, — ils en admettent même *cinq* ou *six*, — et c'est même à elle que le transformisme doit remonter, s'il est une réalité ; il paraît, en effet, absurde de supposer que le pouvoir formateur ait cessé à la moitié, au tiers, au quart ou à un échelon quelconque de la série des êtres ; il faut absolument que le transformisme remonte au premier être organisé créé, et par conséquent le connaisse ; il est loin d'avoir cette connaissance et ne paraît guère en voie de l'acquérir.

Quant au mot *force* dont nous nous sommes servi faute d'un meilleur, toute équivoque doit être dissipée en ce qui le concerne. Le mot *force* comme le mot *cause* et le mot *Dieu*, auxquels on le substitue souvent, et réciproquement, est un terme métaphysique qui n'a pas d'existence propre et qui ne sert qu'à désigner, — sans les déterminer, — les conditions dans lesquelles une formation s'opère ou un phénomène se produit. Par cela même que ces conditions ne sont pas déterminées, le mot force, comme ses équivalents, est obscur et vague, et quand les conditions sont connues, il devient inutile.

La démonstration de cette thèse exigerait des développements que nous ne pouvons donner ici ; il nous suffit, pour le moment, d'avoir posé le principe ; nous aurons occasion d'ailleurs d'y revenir en examinant l'étiologie et la théorie du pied bot.

cupera-t-il éternellement, ou jusqu'à la consommation
des siècles, suivant une locution familière à beaucoup
de finalistes, et d'ailleurs dénuée de sens, car les siècles
ne se consomment ni ne se consument ? — il n'appartient à personne de résoudre cette question. Mais la loi
suivant laquelle se sont succédé les formations animales depuis leur origine, permet de conjecturer que,
si une formation nouvelle suit la disparition du genre
humain, elle aura lieu conformément à la même loi, et
que cette formation sera, par conséquent, d'une organisation supérieure à celle de l'homme ; qu'elle aura
des facultés plus développées que les nôtres, peut-être
des sens nouveaux, qui lui feront connaître des corps,
des agents, des phénomènes dont nous n'avons aucune
idée, et vis-à-vis desquels nous sommes comme les
aveugles-nés à l'égard de la lumière et des couleurs.

Ne nous arrêtons pas davantage sur une hypothèse
qu'il ne sera pas donné à la race humaine de vérifier,
et concluons que voir dans la fin du monde un argument en faveur de la doctrine des causes finales, c'est
compter sur une chimère pour en étayer une autre.

Mais voici où tous les finalistes, orthodoxes, héré-
tiques, spiritualistes et déistes de toutes catégories
croient trouver un argument triomphant :

« Si les incrédules, — les athées, pour les désigner
par leur vrai nom, — ne savent pas ou ne veulent pas
voir l'œuvre d'une suprême intelligence dans l'ordre
admirable qui règle les mouvements des astres, —
(*enarrant cœli Dei gloriam*), — dans la non moins admi-

rable structure de notre œil, qui nous permet d'en contempler le spectacle comme celui de mille autres merveilles, faudra-t-il donc attribuer toutes ces merveilles à un aveugle hasard, et se contenter d'en être le spectateur indifférent et automatique, comme peut l'être un animal privé de raison ? »

Par malheur, ceux qui raisonnent de la sorte ne s'aperçoivent pas qu'ils prennent juste le contre-pied de la vérité.

D'abord, en ce qui concerne le hasard, les observateurs et scrutateurs de la nature, les philosophes naturalistes, ne lui attribuent ni les merveilles de l'univers ni aucune autre chose, par la raison péremptoire qu'ils savent que le hasard n'est rien, et que rien ne peut procéder de rien ; le hasard n'est qu'un mot, qui, de même que beaucoup d'autres dont pullulent toutes les langues, n'a d'autre fonction que de voiler notre ignorance : un événement, un phénomène quelconque *dû au hasard* est tout simplement un fait dont nous ignorons, nous ne dirons pas les causes ou la cause, mot dont nous avons déjà montré le vague (voir ci-dessus, p. XXII, et plus loin chapitre *étiologie*), mais les *conditions d'existence*. Or, le *principe des conditions d'existence*, voilà précisément ce qu'il faut substituer à l'idée de hasard, comme à l'hypothèse chimérique des causes finales ; c'est justement cette hypothèse qui réduit l'homme à être le contemplateur automatique ou l'admirateur quand même de tous les phénomènes dont il est le témoin et souvent la victime.

Que peut faire le cultivateur qui ne croit qu'au hasard, quand la grêle, une invasion de sauterelles, le phylloxéra ou l'oïdium ravage ses champs, ses vignes et même détruit radicalement les ceps ? quand la foudre brûle sa chaumière, tue son bétail et l'atteint lui-même ? Il ne peut que courber la tête et se résigner.

C'est encore bien pis si, au lieu de voir dans ces phénomènes désastreux des effets du hasard, il les attribue à une volonté toute-puissante et, qui plus est, modèle de toute sagesse et de toute justice ? Alors, la résignation ne suffit plus, il lui faut encore bénir la main qui le frappe dans ses biens, dans ses affections, dans sa personne ; il lui faut, en expiation de fautes commises ou à commettre, réelles ou imaginaires, offrir à la suprême Puissance et Sagesse les maux qu'elle lui envoie; c'est ce qu'a fait le finaliste superstitieux de tous les temps, et ce qu'il fait encore de nos jours. L'aberration de l'intelligence humaine est allée plus loin : au lieu de voir dans certains malheurs naturels des signes de la colère ou de la punition du Ciel, elle y a vu des preuves de sa protection ; c'est ainsi, par exemple, que des enfants nés bossus, bancals, idiots, etc., ont été et sont considérés encore par certaines peuplades, tantôt comme des réprouvés de la Providence, tantôt, au contraire, comme des objets de sa prédilection ; on sait qu'aujourd'hui même, des Orientaux arrivés à un degré assez avancé de civilisation, vénèrent les idiots qui, étant privés de l'intelligence, sont considérés comme se rapprochant plus de la divinité que ceux qui en jouissent.

Les sacrifices humains ont disparu à peu près de la surface du globe ; mais on sait que les temps ne sont pas encore bien éloignés où la superstition, non contente de bénir la suprême intelligence qui lui envoyait, pour témoignage de sa sollicitude, des fléaux tels que des épidémies, des inondations ou une extrême sécheresse, jugeait utile d'apaiser l'intelligence irritée en lui offrant des sacrifices humains d'une ou même de plusieurs victimes, comme pour faire pendant aux hécatombes d'animaux.

A part quelques rares peuplades, qui se livrent peut-être encore à ces actes de superstition sauvage, — longtemps pratiqués par des peuples qui se considéraient et qui étaient universellement considérés comme très civilisés, — toutes les nations ont aujourd'hui proscrit les sacrifices mêmes d'animaux, et il n'est pas un homme sensé qui ne les repousse, non seulement comme horribles, mais comme inutiles, estimant qu'aucun être, suprême ou non, ne peut être assez dépravé pour les exiger.

Mais parmi ceux qui jugent ainsi sainement ces actes abominables et les idées absurdes qui les inspiraient, il s'en faut bien que tous se fassent des phénomènes naturels une opinion conforme aux enseignements de la science. Philosophes ou simples libres-penseurs sans prétentions philosophiques, dominés par cette considération que personne n'ayant jamais vu une montre se fabriquer elle-même, et l'univers étant une immense horloge dont les mouvements sont mieux réglés que

ceux des meilleurs chronomètres, cette grande œuvre
démontre évidemment l'existence d'un tout-puissant
horloger, dont elle suffit à démontrer l'existence, suivant
la parole du prophète-roi déjà citée : *Cœli enarrant Dei
gloriam*. Cette catégorie d'esprits forts, pour qui les
cieux font éclater la gloire de leur créateur, se divise en
deux dont la seconde se subdivise elle-même : les
déistes purs qui se bornent à croire au suprême ouvrier,
et les spiritualistes variés qui lui associent la croyance
à une âme immortelle ; mais elles ont pour théorie l'opinion commune que le grand artiste, une fois son œuvre
achevée, l'a abandonnée à elle-même pour ne plus
jamais s'en occuper, encore moins pour intervenir dans
les événements qui pourraient s'y passer, laissant
l'homme libre de s'y arranger comme il voudrait ou
comme il pourrait, se lavant les mains du bien comme
du mal qui lui adviendrait, voulant cependant plutôt le
premier, mais n'empêchant pas le second. Cette espèce
de Dieu des bonnes gens paraît d'abord moins féroce
que le Dieu vengeur qui exige des sacrifices humains, —
quoique produire soi-même les pestes, les cyclones, les
tremblements de terre ou les tolérer, pouvant les empêcher, pratiquement, ne diffère guère ; — un être tout-
puissant qui voit tout, qui entend tout, qui sait tout, qui
peut tout, et qui ne fait rien, s'il est théoriquement
moins féroce que l'autre, paraît, en revanche, beaucoup
plus ridicule. Il faut donc laisser le Dieu des bonnes gens
dans les chansons après boire, où il peut exciter une
gaieté de bon aloi, quand la chanson est bonne, mais on

doit se garder de l'introduire dans la philosophie, où il ne peut faire qu'une fort triste figure.

Les esprits forts qui ont imaginé cette variété d'être suprême, qui ne s'occupe plus de son œuvre une fois qu'il la créée, repoussent évidemment, par cela même, l'idée de l'Être-Providence, qui, au contraire, s'en occupe incessamment, de manière à savoir et à juger ce qui se passe sur chacun de ses points, sur chaque mètre carré, si l'on veut, rude besogne pour qui sait que le diamètre de notre petit monde solaire est de plus, peut-être de beaucoup plus de deux milliards de lieues (1), et qu'il existe des milliards de mondes pareils! Peut-être l'immensité de cette besogne a-t-elle été un des motifs qui les a fait renoncer à la théorie d'un Être-Suprême - Providence ; mais cet expédient ne les a pas sauvés de l'erreur, comme nous le démontrerons dans un instant ; disons quelques mots, auparavant, de la catégorie des libres-penseurs qui croient pouvoir concilier l'existence d'un Être suprême inerte, d'un Dieu des bonnes gens, avec celle d'une âme immortelle ; ceux-ci sont un peu plus difficiles à comprendre que les autres. Que feront-ils, en effet, de cette âme si celui qui l'a créée ne s'occupe plus de rien ? Où la placeront-ils dans cet espace insondable où un être intelligent et diri-

---

(1) On sait que la distance de la planète Neptune au soleil, c'est-à-dire le rayon de son orbite est de un milliard cent quarante millions de lieues (1,142.096,000) ; la longueur du diamètre est donc le double de cette distance, or, on a quelques bonnes raisons de croire qu'au delà de Neptune existe encore une autre planète, dont la distance, d'après une loi qui n'est que probable, serait à peu près le double de celle de Neptune.

geant aurait déjà bien de la peine à la caser ? Quand on songe que depuis l'apparition de l'homme sur la terre, — à supposer que l'homme soit seul à posséder une âme, supposition peu probable, — il s'est écoulé quelques millions d'années ; que la durée de la vie de l'homme peut être évaluée à une trentaine d'années, et le nombre des hommes à un milliard — (il est aujourd'hui d'un milliard et demi, mais il n'a probablement pas été toujours aussi élevé, pour des raisons que chacun sans doute devinera), — on voit quelle effrayante quantité d'âmes doivent errer bien en peine dans les espaces, à la recherche d'une position ! Il est douteux qu'elles soient aussi satisfaites que Béranger du Dieu des bonnes gens. Ceux qui, comme lui, croient aux causes finales en même temps qu'à ce Dieu-borne avec ou sans accompagnement d'âme immortelle, auraient bien dû nous dire où ils casent celle-ci, quand elle a opéré sa séparation de corps ; mais le pauvre Béranger, qui était très expert à trousser une jolie ou même une belle chanson, l'était beaucoup moins à construire un bon syllogisme, et ses coreligionnaires ne sont pas plus habiles que lui, même quand ils ne savent pas faire des chansons ; de sorte qu'ils nous ont laissés sans renseignements sur la finalité de ces âmes abandonnées dans le dédale des espaces infinis, espaces dont les inventeurs de ces âmes n'avaient d'ailleurs aucune idée, non plus que des astres qui y circulent ; c'est le cas de dire qu'elles doivent errer comme des âmes en peine, et elles ne doivent pas être beaucoup plus contentes de leur sort qu'elles ne l'étaient sur terre (nous ne parlons, bien entendu, que de celles qui avaient la terre pour séjour, sans préjuger s'il n'en existe pas ou s'il n'en a pas existé dans d'autres sphères, chose infiniment probable).

En résumé, l'Être impassible et inerte, sorte de Dieu fainéant, mais antiprovidentiel imaginé par les philosophes et les chansonniers finalistes, est encore moins admissible, en quelque sorte, que l'Être-Providence, et ses partisans n'ont fui une erreur que pour tomber dans une autre. Supposer, en effet, qu'un Être assez puissant pour créer une machine dont l'immensité confond notre imagination et nous donne le vertige, quand nous tentons de l'embrasser dans son ensemble par la pensée, est tombé, aussitôt son œuvre achevée, dans l'indifférence absolue de ce qui s'y passe, est une conception qui répugne également à la raison et au plus simple bon sens.

Mais il y a plus : la conception d'un Être suprême du laisser-faire et du laisser-aller étant admise comme réalisable, on s'aperçoit bien vite, en allant au fond des choses, que le nom de Dieu des bonnes gens ne saurait lui appartenir, et qu'il n'est pas moins cruel que le Dieu vengeur. Quand nous avons dit que faire le mal ou le tolérer, pouvant l'empêcher, pratiquement diffère peu, nous avons énoncé une vérité évidente ; mais l'attitude donnée, dans cette hypothèse, à l'Être tout-puissant est-elle réellement celle qui lui convient ? Nullement. Il ne faut pas perdre de vue que l'Être-Créateur n'est pas seulement omnipotent, il est également omniscient ; le passé et le futur n'existent point pour lui : tous les événements sont présents à ses yeux, en sorte que lorsque des pestes, des guerres, des tremblements de terre, à n'importe quelle époque à venir, doivent détruire des êtres humains, il les voit actuellement sous ses yeux, terrassés par le mal, engloutis dans les entrailles de la terre ou s'égorgeant eux-mêmes ; dans ces conditions, on ne peut pas dire qu'il soit simple spectateur de ces fléaux ; il est évident qu'il en est le créateur actuel, tout comme celui qui envoya le feu du ciel sur Sodome et Gomorrhe en fut l'incendiaire, au moment où eut lieu le terrible châtiment des deux cités. De tout cela il résulte que Dieu-Providence ou Dieu-borne, Dieu-vengeur ou Dieu des bonnes gens se valent, et que les partisans des causes finales qui considèrent les événements comme voulus pour l'un et fortuits pour l'autre, ne peuvent avoir pareille opinion que par un vice de raisonnement.

Il ne faut pas méconnaître, toutefois, que l'erreur des finalistes antiprovidentiels a sur l'autre un avantage pratique : délivrant l'homme de l'obligation de vénérer tous les phénomènes, même les fléaux les plus épouvantables, comme des actes de la suprême sagesse et, qui plus est, de la suprême justice et de la suprême bonté, cette erreur le place dans le principe des conditions d'existence, et ce principe, loin de faire de nous des spectateurs automatiques des phénomènes naturels, nous incite à en approfondir l'étude, seule source de science, et, par conséquent, de progrès.

Certaines populations étaient en proie à des fièvres d'accès, endémiques dans leurs contrées, qui en tuaient une partie et rendaient misérable l'existence de l'autre. Une observation attentive apprend que ces endémies n'existent que dans le voisinage des sols marécageux où fermentent des débris de végétaux en décomposition ; les populations parviennent à dessécher ces marécages ou à les drainer et à les irriguer, de façon à empêcher la stagnation des eaux, et, d'une part, les habitants des alentours sont délivrés de la maladie, tandis que, d'autre part, le terrain délétère est livré à la culture et se couvre de productions utiles.

La foudre, ce phénomène parfois si terrifiant, jadis arme et attribut glorieux de la puissance divine, incendiait les chaumières comme les palais et même les temples élevés à la gloire de la puissance qui était censée disposer du tonnerre, foudroyait les bestiaux du pauvre laboureur et le foudroyait lui-même. De longues et ingénieuses observations finissent par démontrer que ce phénomène mystérieux et terrible est dû à la combinaison brusque de deux fluides électriques différents, — admis d'ailleurs par hypothèse et connus seulement par leurs effets, — et qu'on a désignés par les noms de fluide *positif* et de fluide *négatif*. Ces fluides peuvent s'accumuler sur tous les corps, inertes ou animés, sans que le volume de ceux-ci en soit changé. On n'y découvre qu'à l'aide de moyens particuliers la présence du fluide. Quand un des fluides est accumulé sur deux corps différents, les deux corps se repoussent ; ils s'attirent, dans le cas contraire, avec d'autant plus d'énergie que l'accumulation des deux fluides opposés y est plus intense ; quand ils sont assez rapprochés la combinaison des fluides opposés s'opère brusquement avec bruit et avec dégagement de lumière et d'une chaleur qui est souvent assez élevée pour fondre et même vaporiser les métaux, par conséquent plus de mille fois supérieure à celle qui est nécessaire pour tuer un homme ou un animal, quel qu'il soit. Pour ne pas entrer dans des détails techniques qui seraient déplacés ici, et que nos lecteurs d'ailleurs n'ignorent pas, disons tout de suite que l'illustre Franklin, a observé que les corps dits *bons conducteurs*, — c'est-à-dire se laissant parcourir ou traverser facilement par les fluides, — terminés en pointe, ne permettent pas aux fluides de s'accumuler sur ces corps ; il en résulte que lorsqu'un corps fortement *chargé* d'un des fluides, un nuage, par exemple, s'approche d'un de ces corps terminés en pointe, le fluide opposé qui y est attiré, s'écoule au fur et à mesure qu'il y arrive, et qu'il ne peut y avoir de combinaison violente, par conséquent, pas de *décharge* foudroyante. Ces corps bons conducteurs terminés en pointe, des barres de fer, par exemple (tous les métaux étant excellents conducteurs de l'électricité), étant placés sur un édifice ou ailleurs, constituent donc un *paratonnerre ;* en en plaçant un sur son toit, Franklin put mettre au défi le maître humilié du tonnerre de foudroyer sa maison !

Cette admirable application du principe des conditions d'existence est une de celles qui font le plus d'honneur à l'intelligence de l'homme, mais elle est loin d'être la seule ou même la plus importante ; les autres sont innombrables ; il suffira de dire un mot de quelques-unes.

Nos ancêtres trouvaient dans quelques herbes, dans quelques fruits sauvages, — dont les glands faisaient partie, — dans les produits bien éventuels d'une chasse et d'une pêche également laborieuses, une nourriture précaire et détestable. Des observateurs attentifs, en étudiant avec soin les conditions qui favorisaient ou contrariaient le développement de certaines de ces herbes, de leurs graines, de leurs racines, des arbustes et des arbres des forêts, des animaux eux-mêmes, sont parvenus à améliorer les uns et les autres au point de produire ces céréales, ces légumes, ces fruits magnifiques, ces viandes succulentes, qui donnent à l'homme une alimentation aussi agréable que saine et substantielle, à laquelle il ne manque qu'un peu plus d'abondance et une répartition plus équitable pour que le but de la vraie civilisation soit rempli.

Toutes ces hautes considérations, direz-vous peut-être, peuvent avoir un grand intérêt et même être fort utiles à méditer ; mais nous voilà bien loin de la structure du pied et de ses fonctions. Pas si loin qu'il ne soit possible d'y revenir sans beaucoup d'efforts ; car les rapports de la structure du pied avec les fonctions qu'il doit remplir, n'est qu'un des innombrables exemples devant lesquels les finalistes s'inclinent frappés de respect et d'admiration, et où ils trouvent la preuve de la réalité de leur hypothèse, tandis que les observateurs naturalistes n'y voient que les conséquences forcées de l'organisation humaine ; le pied serait construit autrement qu'il n'appartiendrait plus à l'homme, et qu'il faudrait l'admirer sous d'autres rapports, comme on admire une patte de chat, de tigre ou de lion, ou celle d'un aigle ou d'un palmipède. On va voir que cette manière d'envisager les organes et les fonctions, loin de nous obliger, ainsi que nous l'avons dit, à en être les spectateurs automatiques, ne nous empêchera pas d'apprécier la structure et les fonctions du pied d'une manière plus exacte et plus complète que ne l'ont fait encore les anatomistes et les physiologistes qui s'en sont occupés, finalistes ou non.

Nous avons commencé par citer la remarque de **M.** le professeur Lannelongue ; que dit-il de la structure et des fonctions du pied pour justifier sa doctrine ? Écoutons-le ; ce sera un peu long. mais il nous paraît on ne peut plus utile de montrer une fois pour toutes les inconvénients de cette négligence que nous avons déjà signalée, qu'apportent beaucoup de savants, et spécialement de médecins, dans l'expression de leur pensée.

« L'attitude du pied, dit M. Lannelongue, est en rapport avec les fonctions qu'il est chargé de remplir. Soutien du poids du corps, organe de locomotion, le pied renferme au plus haut degré les conditions de solidité et de mouvement que nécessitent la station et la marche. Son grand axe est perpendiculaire à celui de la jambe, et par l'une de ses faces le pied reçoit d'elle

tout l'effort provenant du tronc ; par l'autre, il appuie
sur le sol et lui transmet tout le poids du corps ; aussi
quelle différence dans la configuration de chacune de
ces deux faces !

« L'une, la dorsale, ne se rattache pas à la jambe par
toute son étendue, mais par une portion assez restreinte,
plus rapprochée de la partie postérieure que de la partie antérieure du pied ; de cette attache. qui constitue
le point le plus élevé du pied, la face dorsale se dirige
en bas quelle que soit la direction que l'on suive, de
telle sorte que la région dorsale du pied offre à ce
niveau une convexité très accusée qui décroît dans tous
les sens et qui n'a d'autre limite que les bords latéraux
du pied et la racine des orteils.

« Du côté de la face plantaire du pied la configura-
est toute différente. Cette face s'aplatit pour s'appliquer
sur le sol. et pour mieux se mouler sur les inégalités de
ce sol, elle offre une légère concavité. Très développée
d'avant en arrière pour permettre au centre de gravité
de notables déplacements dans ce sens, plus étroite en
arrière où le pied ne touche le sol que par une surface
assez restreinte, elle s'élargit notablement en avant et
ses limites sont celles de l'aire de sustentation du
corps.

« Ainsi des deux faces du pied, la plantaire se distingue par une configuration en rapport avec son application sur le sol ; dans la station, la progression, le pied
repose sur une surface étendue qui comprend le talon
et la partie antérieure du pied, et cette base de sustenta-

tion dans laquelle le talon porte est un des traits caractéristiques de l'attitude de l'homme.

« Les parties molles du pied traduisent exactement la forme du squelette, et ce squelette se présente comme une voûte massive et avant tout solide, mais aussi mobile dans quelques-unes de ses parties.

« En arrière la voûte n'a qu'un pilier d'appui, c'est lec alcanéum duquel partent deux arcs : l'un, l'externe qui se termine en avant au pilier antérieur représenté par le cinquième métatarsien, le deuxième, interne plus accusé, qui aboutit à la tête du premier métatarsien. Ainsi réunis en arrière en un centre commun, les deux arcs de la voûte du pied se déjettent latéralement vers les deux métatarsiens extrêmes : le premier et le cinquième.

« En se développant d'arrière en avant, la voûte du pied s'élargit aussi progressivement dans ce sens, et la face plantaire que nous connaissons déjà, reproduit la forme du squelette ; ce sont ces piliers de la voûte qui sont, en dernière analyse, les organes de transmission du poids du corps.

« Dans la voûte les os se superposent et s'unissent les uns aux autres par des articulations très serrées et jouissant de peu de mouvements les unes par rapport aux autres. Ainsi se trouve assurée la solidité de la voûte, et l'on pourrait croire que c'est au détriment de sa mobilité : il n'en est rien toutefois. Grâce à un artifice qui n'est pas sans analogie avec ce qu'on retrouve dans les articulations de la tête avec le cou, le pied possède des mouvements d'ensemble assez étendus. »

Nous aurons plusieurs observations à présenter ultérieurement sur certaines opinions et certaines descriptions de l'honorable professeur, mais il nous paraît utile, avant d'aller plus loin, de faire remarquer le langage souvent alambiqué, impropre, incorrect, parfois obscur et inexact, ainsi que les fausses appréciations qu'on trouve dans la citation, pourtant assez brève, qu'on vient de lire; ainsi, par exemple :

« Le grand axe du pied, dit M. Lannelongue, est perpendiculaire à celui de la jambe. » — A quoi rime cette observation oiseuse? Mais le petit axe aussi et tous les autres sont perpendiculaires à celui de la jambe ; pourquoi donc en citer un à l'exclusion des autres ?

« La convexité de la face dorsale du pied n'a d'autre limite que les bords latéraux du pied et la racine des orteils. » — Quelle étrange manière de dire que la face dorsale du pied est convexe partout moins les orteils, qui, on le suppose, font aussi partie du pied !

« La face plantaire s'aplatit pour s'appliquer sur le sol, et pour *mieux* se mouler sur les inégalités de ce sol, elle offre une légère concavité. » — Ceci est une grave erreur d'appréciation : M. Lannelongue croit donc que le pied se moule par sa face inférieure sur les inégalités du sol ? Il serait très fâcheux qu'il en fût ainsi, et si les pieds plats ont été exemptés du service militaire, c'est, en grande partie, à cause des inconvénients qui résultent de ce que toute la face inférieure du pied porte sur le sol ; nous expliquerons plus exactement la fonction de la concavité de la face plantaire, qui, du reste, n'est pas légère, comme le dit M. Lannelongue, mais, au contraire, très prononcée.

M. Lannelongue parle ensuite de deux arcs qui se réunissent dans un *centre* commun, qui se déjettent latéralement, des piliers de la voûte, « qui sont, en dernière analyse, les organes de transmission du poids du corps », etc. etc., toutes expressions impropres ou inexactes, qui prouvent que l'honorable professeur n'est que peu familiarisé avec la langue, et qu'il se fait une idée pour le moins très confuse de la structure du pied et du mécanisme de ses fonctions ; nous espérons montrer ci-dessous que l'application du principe des conditions d'existence permettra de comprendre les choses d'une façon un peu plus satisfaisante.

Encore deux exemples, auparavant, des inconvénients résultant de la fâcheuse habitude prise par beaucoup de nos confrères, de n'attacher aucune importance à se servir d'un langage correct et précis, condition essentielle de la clarté, qui est elle-même la condition essentielle de tout écrit scientifique.

Thorens, nous l'avons déjà remarqué, n'a pas échappé à ce défaut, quoique son travail ait été fait avec plus de soin que beaucoup d'autres : après avoir parlé du pied qui est aplati *parce qu'il* est moins haut que large, il fait remarquer que la voûte plantaire est déterminée par la disposition du squelette, ce qui ne veut dire rien autre chose, sinon que la plante du pied a la forme de voûte parce qu'elle a la forme de voûte ; que la *plupart* des os sont plus larges à leur face dorsale qu'à leur face plantaire, ce qui n'est vrai que pour la moitié, etc. etc.

Enfin, pour ne pas trop nous étendre, un ouvrage qui est également rédigé avec plus de soin que ses analogues et qui donne généralement des descriptions exactes et claires, le traité d'anatomie du professeur Sappey, renferme quelques lignes comme les suivantes :

« Le pied est la base de sustentation du corps. Les segments qui le précèdent sont des colonnes superposées à travers lesquelles le poids des parties supérieures du corps se transmet de haut en bas. Destiné à supporter ces colonnes, le pied représente une voûte antéro-postérieure, étroite et simple en arrière, beaucoup plus large et *ramifiée* en avant. »

Le savant anatomiste se fait-il une idée exacte du mot *ramifier* ? il est permis d'en douter ; s'il en connaissait réellement la véritable acception, on pourrait se demander de quel binocle ses yeux étaient armés, quand il a vu des *ramifications* dans la voûte du pied ! Mais n'insistons pas et tâchons de la décrire nous-même plus exactement que nos prédécesseurs, si nous le pouvons, et de démontrer en même temps que le principe des conditions d'existence n'a pas besoin du secours des causes finales pour admirer l'harmonie *fatale* ou nécessaire, comme on voudra, qui règne entre la conformation des organes et leurs fonctions, et surtout pour en interpréter le mécanisme physico-physiologique.

Le pied qui est, personne ne pouvait s'empêcher de le remarquer, la base de sustentation du corps, est formé, pour sa partie solide, de vingt-six os dont douze (1) forment une voûte plus remarquable qu'aucune de celles que l'architecture et le génie ont construites et, très probablement construiront jamais. Elle supporte « tout l'effort résultant de la tendance de nos organes à se *précipiter* vers le sol, » pour parler le langage un peu trop imagé et tant soit peu bizarre du professeur Sappey, qui est, du reste, coutumier du fait (2), nos organes n'ayant aucune tendance à se *précipiter* vers le sol plus particulière que celle de tous les corps qui obéissent aux lois de la pesanteur.

Les voûtes architecturales n'ont à supporter qu'un poids mort et immobile ; aussi sont-elles formées de matériaux qui, une fois en place, sont immobiles eux-mêmes. La voûte du pied, au contraire, doit supporter un corps vivant, tantôt en repos, tantôt en mouvement, et qui, dans les mouvements qu'il exécute, variés en direction et en vitesse, déplace à chaque instant son

(1) Nous ne croyons pas devoir comprendre dans la composition de la voûte le squelette des phalanges, quoiqu'il en soit un utile auxiliaire, et que les phalanges, les deux premières surtout, ou même la première uniquement, supportent seules le poids du corps dans certains exercices de danse ou d'acrobatisme.

(2) Pour n'en citer qu'un autre exemple, voici ce qu'il dit à propos du bras et de la main :

« Les trois premiers segments du membre supérieur sont de simples leviers *échelonnés* de haut en bas et articulés entre eux.

« La main située à l'extrémité terminale de ce long levier brisé, est un organe qui se détache en quelque sorte du mobile édifice auquel il appartient pour aller flotter sur sa périphérie, et se mettre ainsi à la disposition de toutes les parties qui le composent. »

Le savant anatomiste doit être sûrement quelque peu parent de M. Jourdain, qui cherchait comment on pourrait dire d'une manière plus littéraire : *Belle marquise, vos yeux me font mourir d'amour.*

centre de gravité ; la voûte doit donc être construite de façon à ce qu'elle puisse supporter le poids du corps et des poids supplémentaires dont il se charge souvent, dans toutes les attitudes qu'il peut prendre. Ce sont des difficultés considérables que l'architecture ne rencontre jamais, les voûtes qu'elle construit n'ayant, ainsi que nous l'avons dit, à supporter que des poids immobiles ; nous allons voir par quel admirable mécanisme la structure de la voûte du pied réalise les conditions qui lui permettent de surmonter ces difficultés. Et quand nous parlons de mécanisme admirable, nous n'entendons nullement, qu'on le remarque bien, admirer le génie d'un suprême architecte, mais bien l'exact rapport que le principe des conditions d'existence établit entre la structure et la composition de l'organe et les fonctions qu'il doit remplir, de même que l'exact rapport de celles-ci avec le corps entier dont elles font partie. Par exemple, on s'est extasié devant cette disposition respective des os du pied et de la jambe permettant à l'homme la station verticale qui est une de ses caractéristiques. Cette disposition est admirable sans doute, mais si elle n'existait pas, il n'y aurait pas d'homme, du moins d'homme tel que nous le connaissons, et, par conséquent, plus de matière à admirer une prétendue cause finale *voulue;* cette remarque s'applique à toutes les admirations qui ont pour prétexte l'hypothèse des causes finales. Quand l'homme, quand toutes les autres espèces qui existent ou ont existé ont apparu sur le globe, c'est que les conditions propres à assurer leur existence les avaient précédées et que leur organisation s'est opérée d'après ces conditions ; quand ces conditions ont été changées, se sont suffisamment modifiées ou ont disparu, les espèces ont disparu elles-mêmes, ce qui arrivera inévitablement pour les espèces humaines, sans qu'il se produise pour cela, très probablement, ainsi que nous l'avons expliqué, ni fin du monde, ni bouleversement astronomique, ni très probablement non plus, extinction de l'animalité ; un ordre planétaire admirable existera encore, seulement il ne restera plus personne pour l'admirer (sur la terre, bien entendu), à moins qu'un être supérieur à l'homme, suivant toutes probabilités, ne le remplace sur le globe qui a été sensé fait pour lui.

Cela dit une fois pour toutes, reprenons l'étude du pied pour ne plus la quitter.

Tout le monde a remarqué que la voûte du pied est double, c'est-à-dire que la plante est concave à la fois d'avant en arrière et de dehors en dedans ou de droite à gauche, comme on voudra. Mais ce qu'on n'a qu'incomplètement et même inexactement indiqué et apprécié, ce sont toutes les particularités qui caractérisent cette double voûte ; tâchons d'être un peu plus exact et plus précis, ce qui, nous le reconnaissons, à la décharge de nos prédécesseurs, n'est pas absolument facile.

Le premier caractère général, c'est l'irrégularité de la voûte ; dans aucun point de son étendue, elle n'a la même inclinaison, ni la même courbe, ce qui la différencie considérablement des voûtes architecturales : la concavité antéro-postérieure, très allongée, qui, tout à fait en arrière, se rapproche de la vertica.e, s'en éloigne tellement à mesure qu'elle avance, qu'à son extrémité antérieure, elle est devenue presque horizontale; cette disposition ne lui permet qu'une faible résistance aux poids qui pourraient porter sur elle, aussi n'en supporte-t-elle qu'un d'autant plus léger, qu'elle se rapproche de son extrémité : ainsi que nous l'avons vu, dans la station, le poids du corps est supporté presque exclusivement par le calcanéum, qui constitue le principal pilier de la voûte, et ce poids diminue pour chaque point de la voûte, à mesure qu'on s'éloigne de ce pilier principal; ce n'est que dans la marche et dans certains mouvements spéciaux que le poids du corps porte sur la partie antérieure de la voûte, et toujours pour un temps très court.

Dans la concavité bi-latérale, la courbe est beaucoup moins différente dans ses divers points, mais assez loin cependant encore d'être uniforme ; elle se rapproche beaucoup plus de la verticale à sa partie interne qu'à sa partie externe.

Après son irrégularité, la voûte a pour second caractère général sa mobilité, mobilité très bornée pour chacune des pièces de la voûte en particulier, mais assez considérable dans leur ensemble pour permettre tous les mouvements du pied que nécessitent la marche, la course, le saut, en un mot, les diverses attitudes que le corps doit prendre dans l'exercice de ses fonctions. Le poids du corps, dans toutes ces attitudes, étant toujours supporté par la voûte, il fallait nécessairement que sa mobilité ne fût pas exclusive de sa solidité ; cette dernière est assurée au moyen d'une structure que nous allons décrire le plus exactement qu'il nous sera possible.

On a dit que la voûte reposait sur trois piliers, qui sont le calcanéum, que nous avons déjà signalé et qui est consideré à juste titre comme le principal, puisque dans la station verticale, il supporte à peu près à lui tout seul, le poids du corps. De ce pilier partiraient, suivant M. le professeur Lannelongue, « deux *arcs*, l'interne plus *accusé*, qui se *déjettent* latéralement vers les deux métatarsiens extrêmes. » Cette description n'est ni exacte, ni correcte. D'abord, il n'y a pas d'arcs, même virtuels, par conséquent, pas un plus accusé que l'autre, *accusé* n'ayant d'ailleurs aucun sens appliqué à un arc ; tout au plus pourrait-il signifier que l'arc auquel il s'applique est plus *arqué,* c'est-à-dire d'une courbe d'un plus petit rayon que le moins arqué ; mais, même dans ce sens, le mot accusé serait déplacé dans l'espèce, puisque, nous le répétons, il n'y a pas d'arc, ni réel ni virtuel. Il n'y a pas non plus que trois piliers, quoique les trois signalés soient bien les principaux et affectent une disposition sur laquelle il faudra insister ; il y en a au moins un quatrième et même un cinquième, si l'on peut donner le nom de pilier à la ligne qui réunit les têtes des cinq métatarsiens, et qui terminent la partie antérieure de la voûte par une large ou, si l'on veut, longue base d'appui. Les cinq extrémités antérieures des métatarsiens, qui forment cette base, ne sont pas taillées en coin comme les extrémités postérieures, et ne forment point, par conséquent, une voûte bilatérale ; ils font uniquement partie de la voûte antéro-postérieure. En résumé, la voûte s'appuie donc sur trois piliers principaux dont la disposition est à remarquer : ils forment non pas des arcs, mais un triangle dont les lignes qui joignent la partie la plus saillante de la tubérosité calcanéenne à l'extrémité postérieure du cinquième métatarsien, d'une part, et cette dernière à l'extrémité antérieure du premier métatarsien, d'autre part, forment les deux petits côtés, et dont la ligne qui va de l'extrémité antérieure du premier métatarsien à la tubérosité calcanéenne forme la base ; il résulte de cette disposition que le sommet de ce triangle, c'est-à-dire la grosse extrémité du cinquième métatarsien étant situé sur un plan plus excentrique ou extérieur que les deux autres piliers, quand le poids du corps porte sur un seul pied, il tend à être rejeté en dedans ; mais, comme en dedans, se trouve le pied opposé dont le triangle des trois points d'appui a une disposition contraire, les membres inférieurs deviennent deux arcs-boutants qui se prêtent un mutuel appui et assurent ainsi la stabilité du corps entier ; faute de cette disposition, les chutes en dedans de la base du triangle auraient été fréquentes.

Le complément des trois principaux points d'appui ne fait que consolider leur action ; l'extrémité antérieure du cinquième métatarsien forme, en effet, un quatrième point d'appui qui, sans avoir l'importance de celui que fournit l'extrémité postérieure, en a pourtant une très sérieuse, et qui, par sa position excentrique, tend aussi à rejeter en dedans le poids qu'il supporte. Les extrémités antérieures des trois métatarsiens suivants, dont la ligne va joindre la tête du premier, ne font que supporter la position de poids dont ils sont chargés, sans tendance à lui imprimer aucune direction particulière.

On vient de voir par quels points la voûte s'appuie sur le sol ; il s'agit de voir maintenant comment les os qui la composent se solidarisent avec ceux qui en forment les piliers, et comment elle remplit son office ou plutôt ses offices, car ils sont multiples.

La voûte n'ayant ni fondations, ni ciment, il fallait nécessairement d'autres moyens pour unir et maintenir unis les *matériaux* dont elle est formée ; ces moyens consistent dans des ligaments très solides et assez serrés pour empêcher la séparation des os, sans empêcher toutefois les petits mouvements qui sont nécessaires aux fonctions du pied, ou qui, pour mieux dire, en font partie. Le plus remarquable de ces ligaments est l'aponévrose plantaire qui, oppose un obstacle puissant à l'écartement de la voûte antéro-postérieure, celle qui, par sa forme affaissée, s'effondrerait sous un poids bien moindre que celui du corps si elle n'était très solidement maintenue.

Dans la voûte bi-latérale, aux ligaments serrés qui unissent les os s'associent la forme et la disposition de ceux-ci, qui rappellent tout à fait les voûtes architecturales les mieux construites, ce qui n'a été qu'incomplètement remarqué, comme le prouve l'observation suivante de Thorens, l'un des auteurs qui ont étudié la structure du pied, avec le plus de soin, ainsi que nous l'avons déjà signalé :

« La forme même de la *plupart* des os, plus larges à leur face dorsale qu'à leur face plantaire contribuent à assurer la solidité de cette partie » (la voûte bi-latérale).

Cette observation n'est pas exacte : des huit os qui concourent à former cette voûte, quatre, savoir : le second et le troisième cunéiformes, les parties postérieures des second et troisième métatarsiens, sont, en effet, plus larges à leur face dorsale qu'à leur face plantaire, c'est-à-dire taillés en coin comme les pierres des voûtes architecturales ; mais le premier cunéiforme et le cuboïde ont une forme opposée, et sont plus larges à leur face plantaire qu'à leur face dorsale ; il en est de même des têtes du premier et du cinquième métatarsien, la tête du quatrième étant également large en dessus et en dessous. Quant au scaphoïde, sa forme irrégulière n'est guère cunéiforme ; cependant, c'est plutôt à sa face inféro-interne qu'il offre le plus d'épaisseur. Il résulte de cette disposition une répartition telle de la pression supportée par la voûte, que par suite de la disposition des pièces extrêmes dont elle est formée, cette pression tend à les presser contre le sol autant qu'à les écarter les unes des autres. Une disposition pareille est donnée aux voûtes architecturales quand on a lieu de craindre que leurs extrémités ne soient pas suffisamment soutenues contre la pression qui tend à les écarter ; la face interne des dernières pierres n'est plus perpendiculaire au sol, mais plus ou moins inclinée en bas et en dedans, et la face qui repose sur le sol est légèrement inclinée en dedans et en haut. On voit que la voûte du pied réalise toutes les conditions possibles de solidité compatibles avec la résistance de ses *matériaux*.

Le petit volume, la forme cuboïde des os dont se composent ces matériaux n'a pas seulement pour conséquence la solidité de leur ensemble, mais aussi sa mobilité ; les mouvements que cette mobilité permet au pied sont intéressants à étudier au point de vue du sujet qui nous occupe. Mais avant de passer à leur étude, signalons d'abord un des autres avantages de la mobilité des pièces de la voûte et de l'utilité de la voûte elle-même.

La mobilité des pièces dont la voûte se compose a pour effet, de transmettre très facilement sur tous ses points la pression qu'elle supporte ; c'est ce qui lui permet de résister à des poids qui seraient écrasants, s'ils ne pressaient que sur un seul os, cet os fût-il l'astragale ou même le calcanéum. Ainsi, quoique la mortaise péronéo-tibiale s'appuie exclusivement sur l'astragale, sa pression *se répartit*, par portions inégales sans doute et variables suivant les diverses attitudes du corps, sur toute la surface de la plante du pied, au moins jusqu'à la ligne des têtes des métatarsiens.

Quant à la concavité de la voûte elle-même, elle remplit un second but entièrement méconnu par le professeur Lannelongue, quand il a dit que cette concavité permettait au pied de se *mouler* sur les inégalités du sol ;

d

son utilité *indispensable* est, au contraire, de soustraire toute la partie concave de la surface plantaire à une pression un peu forte ; sans cette condition indispensable, nous le répétons, les muscles, les vaisseaux et les nerfs qui sont logés dans cette concavité seraient promptement mis dans l'impossibilité de remplir leurs fonctions : il suffit d'avoir porté une fois des chaussures fabriquées par un cordonnier trop artiste, qui a moulé la semelle sur la concavité du pied, pour avoir constaté avec grand déplaisir, le grave inconvénient que nous signalons. Sans la concavité du pied, qui protège contre toute pression muscles, vaisseaux et nerfs, son fonctionnement deviendrait, nous le répétons, promptement impossible.

Le principal des mouvements du pied est celui de flexion et d'extension, qui rapproche ou qui éloigne sa pointe de la partie antérieure de la jambe (nous verrons plus loin la légère divergence qui existe sur la manière de l'envisager). Ce mouvement se passe à peu près exclusivement dans l'articulation tibio-tarsienne autour d'un axe transversal virtuel, qui passe, non par le sommet des *malléoles*, comme le dit, par erreur, M. Lannelongue, mais par le sommet de la malléole externe, lequel descend plus bas que celui de la malléole interne, ainsi que tout le monde le sait ; si l'axe fictif passait par le sommet des *malléoles*, il serait oblique, tandis qu'il est et doit être horizontal.

Dans ce double mouvement important de flexo-extension, le pied fait en quelque sorte corps avec l'astragale et en suit l'impulsion. Ce mouvement se passe presqu'entièrement dans l'articulation tibio-tarsienne ; les articulations sous-astragaliennes n'y contribuent que très peu. En revanche, les mouvements d'adduction, d'abduction et de rotation du pied, beaucoup moins importants d'ailleurs, se passent presque exclusivement dans ces dernières articulations, l'astragale étroitement enchâssé dans la poulie péronéo-tibiale, ne pouvant guère exécuter que des mouvements à peine sensibles autour d'un axe antéro-postérieur et de son axe vertical, sauf le cas qui sera spécifié plus loin.

L'action des agents auxquels sont dus les mouvements du pied est importante à étudier.

Le mouvement d'extension est surtout produit par trois muscles qui n'en font qu'un en réalité, les deux jumeaux et le soléaire, qui ont ensemble le nom de *triceps de la jambe* ou de triceps sural (de *sura*, mollet ou gras de la jambe). Les deux points extrêmes des insertions de ce muscle montrent que son action est de lever le talon et, par conséquent, d'abaisser la pointe du pied, c'est-à-dire, en définitive, de le porter dans l'extension, en le faisant tourner sur un axe horizontal transverse dont les deux extrémités passent virtuellement, l'une immédiatement sous la pointe de la malléole externe, l'autre, à un centimètre environ au-dessous, de la malléole interne, la première descendant à peu près de cette quantité au-dessous de la seconde. Le volume de ce triple muscle et la direction perpendiculaire suivant laquelle s'exerce son action, donnent à cette action une puissance qui est la plus énergique de tous les muscles, celle du moins qui produit les effets les plus considérables : elle soulève, en effet, le corps entier dans la marche et dans le saut. Dans ces deux actions, le muscle agit comme un levier du second genre (interrésistant), le point d'appui étant sur le sol par l'intermédiaire du pilier antérieur de la voûte du pied (extrémité antérieure du premier métatarsien et ligne qui l'unit à la tête de tous les autres), la résistance, à l'articulation tibio-tarsienne, qui supporte le poids du corps, et la puissance à la partie postérieure du calcanéum, où s'insère le tendon d'Achille. Mais le levier en vertu duquel agit le triceps sural n'appartient au deuxième genre que lorsqu'il soulève le poids du corps ; quand il ne fait qu'étendre le pied, il appartient au premier genre (intermobile), parce qu'alors la puissance étant toujours à l'insertion du tendon d'Achille, le point d'appui est transféré à l'articulation tibio-tarsienne où était la résistance, et celle-ci n'est plus que le poids de la partie antérieure du pied (quand il se rapproche de l'horizontalité et que sa pointe doit être abaissée), et seulement le frottement bien léger de l'articulation tibio-tarsienne, quand l'axe de l'avant-pied se rapproche plus ou moins de la verticalité, et qu'il n'y a qu'un simple mouvement à lui imprimer.

Le mouvement d'extension n'est pas le seul que produise la contraction du triceps sural ; la disposition des surfaces articulaires que cette contraction met en jeu, ainsi que l'action synergique d'autres muscles que nous allons indiquer, le compliquent d'un mouvement d'adduction, d'un autre, de rotation du pied en dedans autour de son axe horizontal, et même d'un troisième, de rotation en dedans et en dehors autour de son axe vertical. Il faut remarquer, en effet, que la poulie astragalienne n'est étroitement enchâssée dans la mortaise tibio-péronière que lorsque le pied est dans sa position naturelle ou dans la flexion ; comme la poulie est plus large en avant qu'en arrière, et que le mouvement d'extension la porte en avant, elle acquiert à un certain moment assez de liberté pour exécuter autour de l'axe vertical un double mouvement en dedans et en dehors d'autant plus étendu que l'extension est plus prononcée, c'est-à-dire que la poulie astragalienne est portée plus en avant et, par conséquent, plus *désenchâssée*.

Le mouvement d'extension commence par l'élévation de la partie postérieure du calcanéum, qui glisse sur l'astragale d'avant en arrière, de bas en haut, et de dedans en dehors ; puis, ce mouvement est bientôt modifié par la disposition des surfaces articulaires, de façon à produire, d'abord une légère abduction, puis une adduction de la pointe du pied avec renversement de la plante en dedans.

Deux autres muscles concourent à l'extension, le long péronier latéral, qui est en même temps abducteur et rotateur du pied en dedans, et qui produit aussi quelques mouvements compliqués dans l'articulation médio-tarsienne, — et le jambier postérieur, qui est, en outre, adducteur et rotateur du pied en dedans, et agit en outre aussi sur l'articulation médio-tarsienne.

Le plantaire grêle agit exactement dans le même sens

que le triceps dont il paraît n'être qu'un faisceau détaché.

Plusieurs muscles concourent aussi au mouvement de flexion, mais qui sont loin d'avoir la même puissance que les extenseurs.

Le premier est le tibial ou jambier antérieur, qui est en même temps adducteur et rotateur du pied en dedans; il élève le bord interne, abaisse le bord externe, et agit sur l'articulation médio-tarsienne.

Le second est l'extenseur propre du gros orteil, qui est en même temps rotateur du pied en dedans.

Le troisième est le long extenseur commun des orteils, qui est aussi abducteur et rotateur du pied en dehors ; comme fléchisseur, il est congénère du jambier antérieur ; comme abducteur et rotateur, il est son antagoniste.

Avant de passer aux mouvements des articulations médio-tarsiennes et à quelques considérations sur les mouvements du pied en général, peut-être serait-ce le moment de présenter quelques remarques sur le véritable sens qu'il faut donner aux mots extension et flexion, sens sur lequel existent quelques dissidences ; mais ces remarques seront tout aussi bien placées aux définitions des espèces de pied bot, et nous les renvoyons à ce chapitre.

De tout ce qui précède il résulte que les grands mouvements du pied, on pourrait même dire les mouvements essentiels, se passent dans l'articulation tibio-tarsienne : ce sont les mouvements de flexion et d'extension ; il s'en faut cependant que les autres soient indifférents dans la fonction du pied, et ceux-ci se passent presque

exclusivement dans les autres articulations ; nous
disons les autres sans spécifier davantage, car il est loin
d'être toujours facile de dire dans quelle ou quelles articulations, tel ou tel mouvement s'exécute. Parlant des
mouvements de l'articulation astragalo-calcanéenne,
après avoir décrit ceux d'adduction et d'abduction, M. le
professeur Sappey, arrivant au mouvement de rotation,
s'exprime ainsi : « La rotation s'opère autour d'un axe
à peu près parallèle au ligament interosseux, c'est-à-
dire obliquement dirigé en avant et en dehors, et, du
reste, difficile à déterminer avec précision, ce mouvement n'étant pas indépendant de ceux qui précèdent,
mais se combinant au contraire avec ceux-ci. La rotation en dedans coïncide avec l'adduction, et la rotation
en dehors avec l'abduction. »

Cette remarque est juste ; mais on peut ajouter
qu'elle est applicable à tous les mouvements et à toutes
les articulations ; l'étude attentive des surfaces articulaires permet bien de dire à peu près avec certitude
dans quel sens aurait lieu un mouvement qui s'y pas-
serait isolément ; mais cet isolement n'existe jamais ;
toutes les pièces de la voûte du pied sont tellement
solidaires, que tous les mouvements sont plus ou moins
des mouvements d'ensemble ou, comme dit Thorens,
des mouvements de synthèse. Cela est vrai dans tous les
cas, mais surtout lorsque les mouvements s'effectuent
pendant que le pied supporte le poids du corps : l'astragale qui reçoit directement la pression, la transmet
surtout au calcanéum, mais aussi au scaphoïde, qui,

avec le complément de [l'articulation calcanéo-scaphoï-
dienne, coiffe pour ainsi dire toute l'extrémité antérieure de l'astragale, et peut recevoir une grande partie
de la pression que subit l'astragale lui-même. De leur
côté, ce dernier os et le calcanéum transmettent le
poids qui les presse directement aux os du pied, sans
en excepter les métatarsiens ; un simple coup d'œil jeté
sur un squelette du pied, permet de saisir clairement
le mécanisme de la répartition de cette pression : Le
calcanéum la transmet directement au cuboïde, qui la
transmet au troisième cunéiforme et aux deux derniers
métatarsiens, et le scaphoïde la transmet directement
aux trois cunéiformes et au cuboïde chez les individus
où il s'articule avec cet os (1), et indirectement aux
trois premiers métatarsiens. Différentes circonstances
impriment des modifications plus ou moins prononcées
à la transmission de force de pression et aux mouvements de chaque articulation, telles que l'attitude du
pied, le poids qu'il supporte, la direction de la jambe
par rapport au pied ; certains individus, sans avoir précisément de difformité, ayant les jambes plus ou moins
courbées en dedans, et d'autres, écartées en dehors, ce

(1) Cette articulation n'existe pas, en effet, chez tous les individus,
ce que tous les anatomistes ont constaté ; mais ce que beaucoup d'entre
eux, sinon tous, n'ont pas remarqué, c'est l'articulation du cuboïde
avec l'astragale, qui permet alors à ce dernier os de transmettre directement la pression au premier. Cette articulation astragalo-cuboïdienne
n'est mentionnée ni par Ch. Robin, ni par Sappey, ni Cruveilhier et
Marc Sée ; elle ne paraît pas cependant extrêmement rare, et elle existe,
notamment, sur le squelette du pied que nous avons sous les yeux en
écrivant cette étude.

qui fait porter la plus grande partie du poids du corps sur la partie externe ou sur la partie interne du pied. Mais ce qui imprime surtout des modifications aux mouvements, c'est l'âge du sujet.

Ces mouvements, en effet, ne s'exécutent pas chez l'enfant comme chez l'adulte. Ils sont beaucoup plus étendus chez le premier, ce qui dépend de la laxité des ligaments chez lui, et aussi de la différence de conformation des surfaces articulaires, différence de conformation qui dépend elle-même du mode de développement des os. Quant à la plus grande étendue des mouvements, il faut faire une exception pour ceux de flexion et d'extension, exception qu'on ne s'explique pas très bien, rien n'en rendant compte dans la conformation de l'articulation tibio-tarsienne. Hueter l'attribue à un défaut de longueur dans les muscles de la jambe ; l'explication vaut ce qu'elle vaut, mais n'est pas encore démontrée exacte. La plus grande étendue a lieu dans tous les mouvements qui se passent ailleurs que dans l'articulation tibio-tarsienne, mais surtout dans les mouvements d'adduction et de rotation en dedans. On s'explique facilement cette circonstance en songeant à la forme du pied dans la première enfance.

Chez le nouveau-né, la voûte est à peine prononcée ; le pied est plat.

A cette différence de forme correspond une différence de direction : chez l'adulte debout, le pied fait avec la jambe un angle à peu près droit à sinus antérieur. Dans la position horizontale et au repos, le pied chez l'adulte est légèrement étendu et la plante regarde un peu en dedans. Il en est autrement chez le nouveau-né : l'attitude qu'il avait dans l'utérus se continuant en partie, la plante est chez lui fortement renversée en dedans, et la pointe dans l'adduction, deux directions qui persistent dans les mouvements d'extension et de flexion ; si on voulait le placer debout, ce serait donc le bord externe du pied qui le premier toucherait le sol. Cette attitude pourrait, au premier abord, en imposer pour une difformité, mais elle en diffère en ce que l'enfant peut donner et donne souvent au pied sa rectitude lorsqu'une raison quelconque porte l'enfant à contracter les muscles qui peuvent rectifier cette apparence de difformité. Elle disparaît d'ailleurs naturellement avec la croissance, car elle dépend de la conformation des os, qui, eux-mêmes, se modifient à mesure que l'enfant avance en âge. Les modifications des os du pied pendant l'enfance ont une grande importance dans l'histoire du pied bot. Thorens a étudié avec un grand soin ce développement ; nous allons exposer d'après lui les résultats auxquels il est arrivé.

L'astragale est l'os du tarse qui ressemble le plus à sa forme définitive. Chez le fœtus de cinq mois, il se présente encore tout cartilagineux, mais régulièrement conformé, avec ses faces articulaires, ses bords nettement dessinés. C'est vers le sixième mois qu'apparaît le point unique d'ossification, à la partie antérieure de la poulie astragalienne.

Au moment de la naissance, cet os offre un noyau

osseux, de forme à peu près prismatique, sans trace de renflement, allongé, occupant tout le corps de l'os, et s'arrêtant en avant, à l'union du tiers antérieur avec les deux tiers postérieurs de la longueur totale de l'os. En arrière, il se termine un peu en arrière du bord antérieur de l'articulation calcanéo-astragalienne postérieure. Dans le cours des deux premières années, l'ossification augmente, surtout dans le sens antéro-postérieur ; à trois ans, le col osseux de l'astragale se termine par une tête convexe, dont les limites sont parallèles des faces libres cartilagineuses, et à huit ans, l'ossification de la tête peut être regardée comme terminée : l'os est recouvert en avant d'une lamelle cartilagineuse qui se confond avec le revêtement articulaire.

L'ossification de la partie postérieure du noyau osseux, dirigé sous forme d'un ovoïde en arrière et un peu en haut, n'atteint pas le niveau du milieu de la trochlée. A cinq ans, elle est arrivée au quart postérieur. A 8 ans, la partie osseuse a à peu près sa forme définitive ; mais encore à 10 ans, toute la face postérieure et une partie de la face inférieure, celle qui correspond à la partie postérieure de l'articulation calcanéo-astragalienne postérieure, sont encore à l'état cartilagineux.

En même temps que s'opère ainsi l'ossification de cet os, il se produit dans sa forme certaines modifications. Elles sont surtout apparentes quand on compare le même os, chez le nouveau-né et chez l'adulte ; mais en cherchant dans la série des âges, on trouve entre ces deux extrêmes des degrés intermédiaires, dont il peut être utile de déterminer la chronologie.

Du côté de la face supérieure, la portion qui appartient à la trochlée paraît moins développée d'avant en arrière chez le nouveau-né que chez l'adulte. Cela tient en grande partie au développement de la face postérieure, qui ne se fait que tardivement, comme nous venons de le voir. Le col de l'astragale, lui, au contraire, paraît chez le nouveau-né plus long et plus oblique en dedans que chez l'adulte : la facette scaphoïdienne qui le termine a son grand diamètre se rapprochant plus de l'horizontale, elle est moins oblique en bas et en dedans que chez l'adulte.

L'angle rentrant que présente la face externe de l'astragale, en avant de la facette malléolaire, forme chez le nouveau-né un ressaut très prononcé. Cette facette se termine en avant par un bord qui se rapproche assez de la verticale, et l'angle qui la termine inférieurement n'est pas très prononcé. Mais déjà à 1 an, ce bord s'avance à sa partie supérieure ; à 9 ans, il forme une saillie qui se dirige en avant et un peu en dehors, laissant en arrière d'elle l'angle inférieur, qui s'accentue davantage en s'enfonçant dans la gouttière calcanéenne. Cette disposition tend naturellement à faire paraître la direction du col de l'astragale moins oblique.

La facette malléolaire interne se développe de même d'arrière en avant et paraît empiéter un peu sur le col.

Chez le nouveau-né, toute la partie antérieure de la

poulie astragalienne est revêtue de cartilage ; c'est à
peine si l'on remarque, vers le milieu du bord antérieur
une légère excavation, où semble pénétrer le périoste
qui, déjà à ce moment, revêt le col. A mesure que les
parties latérales s'accroissent, cette dépression semble
se creuser en fer à cheval ; à 3 ans, elle est très marquée, et elle persiste à partir de cette époque. A ce
niveau l'ossification est moins rapide qu'ailleurs, et ainsi
se produit, de 3 à 5 ans, le rétrécissement du col de
l'astragale ; car chez le nouveau-né le col et la tête ont
une surface régulière et une largeur à peu près égale.

Les faces malléolaire interne et scaphoïdienne ne sont
guère séparées, chez le nouveau-né, que par une crête
servant aux insertions capsulaires ; à ce niveau le cartilage est un peu mamelonné. A 1 an, l'écartement a déjà
atteint près d'un millimètre; à 2, à 3 ans, il est encore
plus considérable, et en même temps que ces parties
s'éloignent ainsi, la surface scaphoïdienne tend à devenir plus oblique. A 5 ans, l'écartement est de cinq millimètres (il est de moins de dix millimètres chez l'adulte),
et la facette scaphoïdienne a son obliquité définitive.
Cela provient de ce que l'allongement du col a surtout
porté sur la partie interne et inférieure ; la partie externe
est restée en retard sur cet allongement, il y a eu
sur le bord supéro-externe, servant de corde, comme
une sorte de torsion portant son extrémité antérieure et
interne au bas et en dedans.

Le calcanéum est l'os du tarse qui s'ossifie le premier.
C'est à quatre mois et demi (Sappey dit *vers six mois*)

qu'apparaît le premier point osseux, et il se montre vers le milieu de la longueur de cet os, mais plus près de son côté interne que de son côté externe ; il forme la base sur laquelle s'élèvera la petite apophyse du calcanéum. A la naissance, le huitième antérieur et le quart postérieur de cet os sont encore cartilagineux ; le noyau osseux comprend les cinq huitièmes moyens. Sa face inférieure est plane ; sa face supérieure présente déjà une échancrure qui correspondra à la gouttière calcanéo-astragalienne ; en ce point, la substance osseuse a atteint le niveau de la face supérieure du calcanéum, tandis qu'en bas, elle est bordée par une zone cartilagineuse de plus d'un millimètre d'épaisseur. En avant et en arrière, le noyau osseux se termine par des surfaces convexes ; la partie postérieure est plus élevée que l'antérieure.

A 3 ans, l'ossification a envahi la partie antérieure du calcanéum, jusqu'à deux millimètres de sa face cuboïdienne ; en arrière, le noyau a grandi, la partie postérieure s'est surtout élevée ; mais il reste encore une zone cartilagineuse de 3 à 5 millimètres d'épaisseur, surtout prononcée en arrière, et qui forme la facette sous-astragalienne postérieure et la grosse tubérosité du calcanéum.

En même temps, l'ossification commence à envahir la petite apophyse.

A 5 ans, cette petite apophyse est entièrement osseuse, excepté un rebord cartilagineux épais, cartilage d'ossification encore, qui double le cartilage articulaire. La partie antérieure de l'os est ossifiée de même, sauf cette saillie en forme de bec, qui occupe l'angle de la surface cuboïdienne. En arrière, l'ossification a débordé la surface sous-astragalienne postérieure, et atteint la face supérieure du calcanéum, au niveau de la gouttière qui limite antérieurement la grosse tubérosité. Mais la face postérieure de celle-ci est encore occupée par un cartilage épais d'ossification, dans lequel, vers 10 ans, se montre un point épiphysaire. Un peu plus tard, en apparaît un autre qui formera le tubercule calcanéen externe. La première épiphyse se soude à 16 ans, la seconde plus tard. La soudure commence à se faire par en bas ; souvent, à 22 et 24 ans, la partie supérieure de l'épiphyse est encore séparée du corps de l'os par un liseré cartilagineux.

Cette ossification s'accompagne de la croissance du calcanéum ; mais cette croissance se fait d'une manière inégale dans ses différentes parties. Que l'on compare ce même os chez le nouveau-né et chez l'adulte, on est frappé par la plus grande longueur de la moitié antérieure, et la petitesse de la tubérosité chez le premier. La tubérosité ne dépasse que de peu en arrière le bord postérieur de la surface sous-astragalienne postérieure. La partie antérieure à cette surface, au contraire, est allongée, la gouttière calcanéo-astragalienne est peu profonde et comme étalée en largeur. La petite apophyse, encore toute cartilagineuse, est peu saillante ; enfin, la face inférieure est à peu près plane, et les dimensions de l'os en longueur l'emportent de beaucoup sur les dimensions en hauteur.

Mais à 2 ans déjà, à 3 ans encore plus, des modifications se sont produites. La forme de l'os commence à se rapprocher davantage de ce qu'elle sera chez l'adulte, et en examinant les mêmes parties sur des calcanéums provenant de sujets de plus en plus âgés, on peut suivre le développement de chacune d'elles.

La partie antérieure se développe rapidement : à 3 ans, elle est déjà très avancée, et à 5 ans, elle a sa forme définitive. La tubérosité, elle, a une croissance encore plus rapide et surtout plus prolongée (1). Nous l'avons vue presque rudimentaire à la naissance ; la différence de longueur entre elle et la partie antérieure, qui, à ce moment, est égale au tiers de la longueur de l'os, n'en est plus que le cinquième à 3 ans ; à 5 ans, la tubérosité a la même longueur que le col du calcanéum ; à partir de cette époque, elle continue à grandir, mais son développement en hauteur tend à l'emporter sur son développement en longueur.

Ces modifications dans la forme générale de l'os, survenant avec les progrès de la croissance et de l'ossification, amènent des changements fort importants dans la conformation et la direction des surfaces articulaires, et sur lesquels nous devons nous arrêter un instant.

L'articulation calcanéo-cuboïdienne diffère peu quand on l'examine chez le nouveau-né ou chez l'adulte (2) :

(1) Plus rapide et plus prolongée pourrait peut-être sembler un peu contradictoire ; mais heureusement que les détails qui suivent expliquent et éclaircissent la pensée de l'auteur.

(2) Les descriptions des articulations du pied, comme en général de

la direction générale des surfaces est la même, mais ces surfaces sont plus planes chez le nouveau-né, leurs courbures réciproques sont beaucoup moins prononcées.

Il n'en est plus de même quant aux articulations sous-astragaliennes : leur forme et leur direction varient notablement suivant l'âge.

Chez le nouveau-né, la facette sous-astragalienne postérieure recouvre les deux tiers antérieurs du tiers postérieur de l'os. Cette facette oblique de haut en bas et d'arrière en avant, sous un angle d'environ 15° avec l'axe longitudinal de l'os, présente une surface assez étendue qui regarde en arrière. Son grand diamètre est dirigé transversalement ; elle est convexe en tous sens ; elle est plus inclinée en avant qu'en arrière, mais également en dedans et en dehors. La facette sous-astragalienne antérieure, portée par la petite apophyse, laquelle est à peine développée, est située à un niveau inférieur

toutes les dispositions anatomiques et des mouvements de cet organe sont loin d'être faciles ; il faut donc passer quelques erreurs aux anatomistes et aux physiologistes ; cependant, il nous paraît indispensable de relever la suivante de Sappey, qui est généralement plus exact ; il s'agit précisément de l'articulation calcanéo-cuboïdienne : « La facette du calcanéum, dit-il, est concave transversalement, légèrement convexe de haut en bas. Celle du cuboïde est concave au contraire dans le sens vertical, et convexe dans le sens transversal. » Cette description est à peu près exactement le contraire de la réalité ; elle ne donne aucune idée de l'ondulation en S des deux surfaces, ondulation réciproque et inverse qui fait de l'articulation comme une articulation par emboîtement réciproque, et qui permet au calcanéum de presser de tout le poids du corps le cuboïde contre le sol. La description de Sappey donnerait la plus fausse idée de la physiologie de cette articulation.

au bord antérieur de la précédente. Elle est étroite, allongée d'arrière en avant, oblique de dedans en dehors et un peu de haut en bas ; elle regarde en dedans. La gouttière calcanéenne est peu marquée ; elle est remplacée par une surface oblique en bas, en avant et en dehors, et à peu près plane.

A 2 ans, la disposition générale des facettes sous-astragaliennes a encore peu varié, mais déjà la postérieure est moins développée en arrière, l'antérieure plus oblique en bas.

A 3 ans, la face postérieure regarde moins en arrière ; son versant externe est plus étendu que son versant interne. La petite apophyse du calcanéum s'est élevée, et a atteint ou même un peu dépassé le niveau de l'extrémité antérieure de la facette postérieure. La facette antérieure en devient plus oblique de haut en bas, et son bord interne s'étant élevé, elle regarde moins en dedans.

A 5 ans, la plus grande partie de la facette articulaire postérieure est tournée en dehors. La petite apophyse a dépassé le niveau de la partie antérieure de la facette postérieure ; la facette antérieure regarde en avant et non plus en dedans.

A 8 ans, il n'y a presque plus qu'un bord de la facette postérieure qui regarde en dedans. La petite apophyse atteint le niveau ou à peu près du sommet de la facette postérieure ; la facette antérieure regarde en avant et en dehors ; en un mot, ces articulations sous-astragaliennes ont la forme et la direction qu'elles garderont chez l'adulte.

Les autres os du tarse ne présentent pas de particularité à noter dans leur développement. Le scaphoïde seul semble éprouver un léger déplacement ; son grand diamètre s'incline davantage en bas et en dedans, ce qui est en rapport avec la torsion du col de l'astragale que nous avons décrite plus haut.

Tous ces os sont cartilagineux au moment de la naissance. Peu après, dans les premiers mois, apparaît le point osseux du cuboïde vers le milieu de sa longueur et plus près de sa face interne que de sa face externe. On l'a vu quelquefois chez un fœtus à terme.

Le premier cunéiforme vient ensuite : son point osseux apparaît à la fin de la première année ; on l'a cependant vu encore cartilagineux chez un enfant de 3 ans (1).

Les deux autres cunéiformes commencent à s'ossifier vers 4 ans, par un noyau central.

Le scaphoïde ne s'ossifie que vers 4 ans et demi ou 5 ans.

L'épiphyse inférieure ou tibia commence à s'ossifier à 18 mois, et celle du péroné sensiblement à la même époque, de 18 à 20 mois. La soudure de la première n'a lieu qu'à 18 ans et celle de la seconde à 20 ou 22 ans.

Thorens résume dans les quelques mots qui suivent

---

(1) Il existe quelques dissidences parmi les anatomistes sur le moment où apparaissent les noyaux d'ossification des os du tarse et du métatarse ; mais ces dissidences ne portent que sur quelques mois, et n'ont aucune importance au point de vue de l'orthopédie du pied ; il nous paraît donc inutile de les mentionner toutes.

les particularités que présentent le développement et la forme des parties aux différents âges :

Chez le nouveau-né, les dimensions du pied en longueur et en largeur l'emportent de beaucoup sur les dimensions en hauteur.

La partie des os du tarse située en avant de l'axe des mouvements de l'articulation tibio-tarsienne, atteint sa forme et sa structure définitives bien avant la partie qui est en arrière de cet axe.

Le développement des os du tarse en hauteur est plus marqué du côté interne que du côté externe ; il en résulte, les os de la jambe gardant leur position immuable, que la plante du pied est rejetée en dehors.

Quant à ce qui est de la chronologie de ces modifications, à 1 an, l'ossification a fait des progrès notables, mais reste pourtant limitée à la partie plus ou moins centrale des os ; quant à la forme de ceux-ci elle a encore peu changé.

A 3 ans, des changements notables se sont déjà produits, la forme définitive s'aceuse ; elle est plus nettement dessinée à 5 ans, et vers 8 ans, les os du tarse ont les proportions qu'ils garderont chez l'adulte.

Les questions, principalement les questions pratiques, relatives à l'histoire du pied bot ont des déductions importantes à tirer des faits qui viennent d'être exposés; on peut maintenant aborder cette histoire.

TRAITÉ

PRATIQUE ET PHILOSOPHIQUE

DU

PIED BOT

CHAPITRE PREMIER

DÉFINITION ET CLASSIFICATION DES PIEDS BOTS

Ce n'est pas hier qu'on s'est aperçu pour la première fois des difficultés que présente toute classification. Un enfant intelligent de quatre ans n'est pas embarrassé pour distinguer une pomme d'une poire, et un naturaliste ou un lexicologue peut l'être pour tracer une définition irréprochable de l'un et de l'autre fruit. Ces difficultés cependant sont moins grandes pour définir le pied bot que pour caractériser clairement et brièvement les pommes et les poires, et quand on aura répété, avec la quasi unanimité des chirurgiens qui se sont occupés d'orthopédie, que le pied bot est une difformité ou *déviation permanente en vertu de laquelle le pied repose*

1

*sur le sol par une autre surface que la totalité de sa sur-
face plantaire*, on en aura donné une idée suffisamment
claire et exacte.

Il n'est pas nécessaire de beaucoup réfléchir à cette
définition pour s'apercevoir que la surface du pied sur
laquelle repose naturellement le poids du corps peut
être déviée dans quatre sens principaux :

Le pied peut être dévié de façon à ce que la plante se
trouve dirigée en dedans, comme le représentent les
figures 1 et 1 *bis*, dessinées (de même que toutes les
suivantes) d'après nature ; de sorte que si les deux

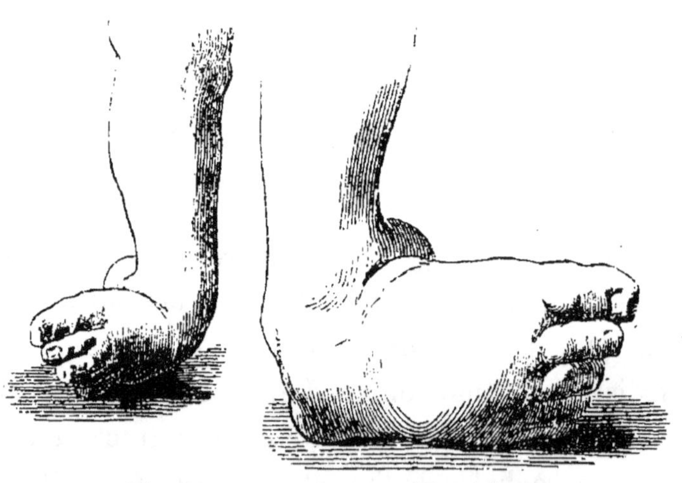

Fig. 1.   Fig. 1 bis.

pieds étaient déviés de la même façon, les deux plantes
se regarderaient, et le corps reposerait sur les deux
bords externes devenus inférieurs. Cette déviation, plus
ou moins pure de complication, qui est à beaucoup près
la plus fréquente, a reçu le nom de pied bot *varus*.

La déviation peut avoir lieu dans un sens opposé, c'est-à-dire que c'est le bord interne du pied qui est

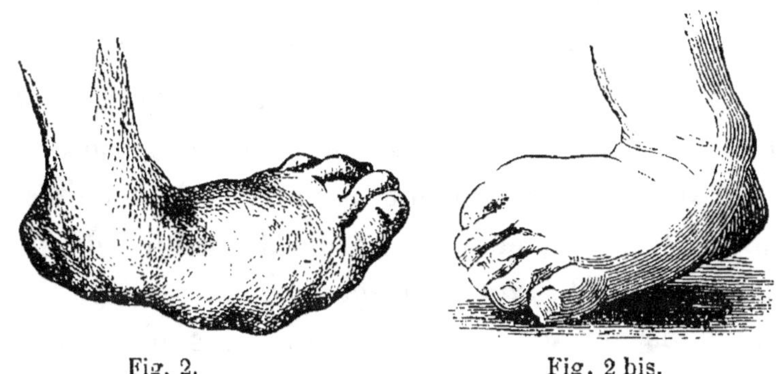

Fig. 2.   Fig. 2 bis.

devenu inférieur, et que si les deux pieds étaient affectés de la même façon, ce seraient les faces dorsales qui

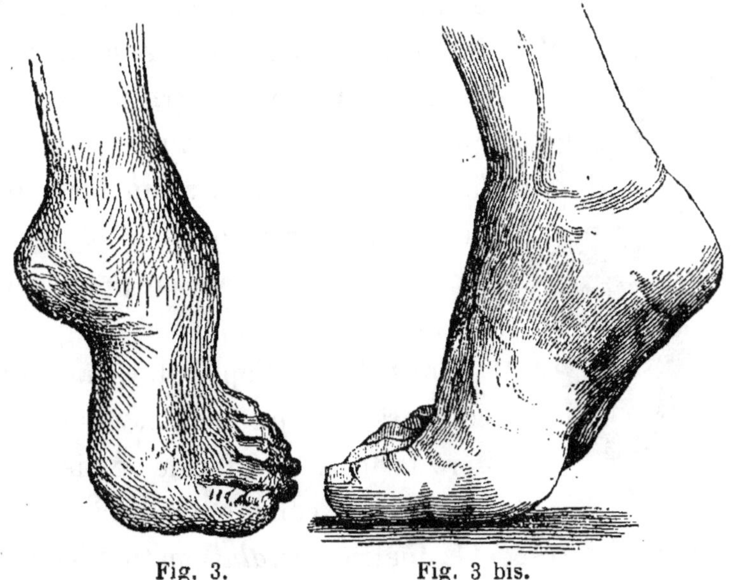

Fig. 3.   Fig. 3 bis.

se regarderaient. Le pied ainsi déformé a reçu le nom de pied bot *valgus*.

Dans une troisième espèce de déformation, le pied, au lieu de former avec la jambe un angle à sinus antérieur se rapprochant de l'angle droit, prend plus ou moins complètement la direction de celle-ci, de manière à ce que leur axe forme à peu près une ligne droite; le poids du corps est alors supporté par les orteils. On a trouvé au pied ainsi déformé une certaine analogie avec le pied de cheval, et, pour ce motif, on lui a donné le nom de pied bot *équin* ou d'*équinus*.

Enfin, la déviation peut, encore ici, avoir lieu dans un sens contraire, c'est-à-dire de façon à ce que le poids

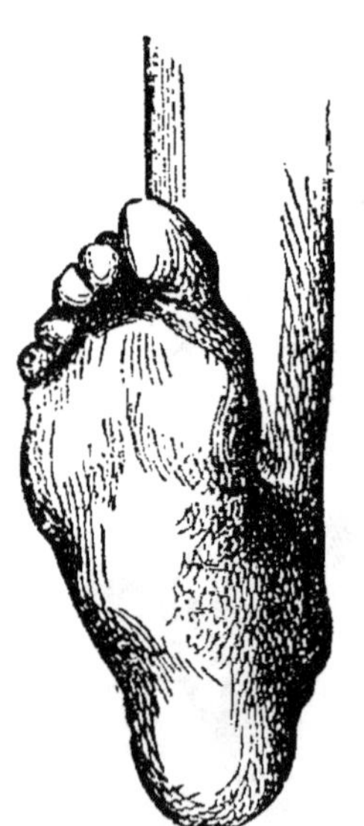

Fig. 4.

du corps porte sur le talon, l'extrémité du pied étant relevée en l'air, et l'on a donné à cette quatrième forme de déviation le nom de pied bot *talus*. Les deux dernières de ces quatre formes ont donné lieu à des dissidences, ou tout au moins à une dissidence sur laquelle la physiologie exige que nous entrions dans quelques explications.

Tous les orthopédistes, à notre connaissance du moins, ont considéré la troisième forme de pied bot (*pied équin*) comme un pied en état d'extension forcée, et la quatrième (*talus*), naturellement, comme un pied dans un état de flexion exagérée. M. le professeur Lannelongue, au contraire, définit l'*équin* un pied en état de « *flexion forcée* », et le talus un état « où le pied *dans l'extension forcée,* ne touche le sol que par le talon. » M. Schwartz a paru d'abord vouloir éviter de se prononcer sur cette question en définissant le talus : déviation « *avec flexion dorsale* » (1), et l'équin : déviation « *avec flexion plantaire.* » De cette façon, les deux mouvements contraires du pied seraient également des mouvements de flexion, ce qui ne laisserait pas que d'être assez illogique. Du reste, M. Schwartz ne s'est pas obstiné dans sa double flexion, et dans le cours de son ouvrage, il se conforme à la définition à peu près universelle de l'équin et du talus donnée ci-dessus.

Quant à M. Lannelongue, il y persiste, et il n'est pas admissible que ce soit par simple caprice ou étourderie ; il a donc ses raisons. Quelles sont-elles ? il ne le dit pas ; mais il n'est peut-être pas impossible de les deviner.

---

(1) Cette bizarrerie, qui ressemble à un *lapsus,* n'a d'ailleurs aucune portée, l'auteur s'étant conformé dans l'ensemble de son travail à l'usage commun. Il n'en est pas de même d'une erreur qu'il a comprise dans sa définition, et qui prouve que l'auteur n'a pas une idée exacte du sens des mots qu'il emploie, ce qui se voit dans beaucoup d'autres passages de son *traité.* Voici cette erreur :

« Quand la déviation s'est produite autour de l'axe antéro-postérieur » (de l'articulation du pied avec la jambe) « avec flexion dorsale, la plante du pied regarde en avant ; elle regarde en arrière dans le cas de flexion plantaire. » (*Des différentes espèces de pieds bots et leur traitement,* p. 10.)

On voit par cette définition que l'auteur ne connaît pas le sens du mot *axe :* si sa conception était exacte, l'axe de la terre serait un diamètre équatorial, tandis, il est inutile de le rappeler, que c'est le diamètre bi-polaire. Beaucoup d'autres termes sont détournés par M. Schwartz de leur véritable signification, ce qui prouve que l'honorable chirurgien n'est pas suffisamment familiarisé avec sa langue et n'en est pas maître.

Au moment où l'honorable professeur rédigeait son travail, il concourait pour l'agrégation. M. Sappey était professeur d'anatomie, et il venait de proposer une réforme prétendue d'anatomie philosophique précisément relative à la flexion et à l'extension du pied. Le point de vue élevé où nous cherchons à nous placer dans ce travail, nous oblige à examiner sommairement la réforme proposée par M. Sappey. Voici en quels termes il l'expose :

« La flexion, d'après le langage traditionnel des auteurs, serait caractérisée par l'élévation de la face dorsale du pied, qui se rapproche de la face antérieure de la jambe, et l'extension par l'abaissement de cette même face. L'angle que forme le pied avec la jambe diminue dans le premier mouvement et augmente dans le second. Ce langage, il faut le reconnaître, est complètement erroné et en opposition avec toutes les données de l'anatomie philosophique. La face dorsale du pied est l'analogue de la face dorsale de la main : or, lorsque celle-ci se porte vers la face postérieure de l'avant-bras, elle s'étend; lorsqu'elle se porte vers sa face antérieure, elle se fléchit. Il est donc manifeste que la face dorsale du pied s'étend aussi en se rapprochant de celle de la jambe, et se fléchit en s'inclinant vers la face opposée. Ajoutons que la face dorsale du pied répond aux tendons extenseurs des orteils comme celle de la main aux tendons extenseurs des doigts, et que le mouvement d'extension ainsi considéré, est dû, en partie, à l'action de ces extenseurs, de même que celui de flexion est dû à l'action des fléchisseurs. Bien qu'il y ait de grands avantages à se conformer aux locutions généralement acceptées, et quelque *péril* (1) à s'en écarter, je n'hésite pas cependant à rompre sur ce point avec la tradition. Je désignerai donc, sous le nom d'extension, le mouvement par lequel la face supérieure du pied se porte vers la face antérieure de la jambe, et sous celui de flexion, le mouvement en vertu duquel sa face inférieure ou plantaire se porte en bas et en arrière. » (SAPPEY, *Trait. d'anat. descript.*, t. I, p. 682.)

Il est probable que c'est la réforme adoptée par le professeur d'anatomie qui, pour diverses raisons sans doute, séduisit M. Lannelongue et lui fit donner des pieds bots équin et talus la définition que nous avons reproduite. Malheureusement, son inspiration ne fut pas heureuse. M. Sappey est un excellent préparateur d'anatomie, qui a exécuté des préparations vraiment admirables, particulièrement des préparations du système lymphatique où il a même fait nombre de découvertes intéressantes ; mais il n'a guère l'encollure d'un philosophe, fût-ce même d'un philosophe anatomique, pas plus qu'il n'a un talent de professeur. La fermeté de ses convictions philosophiques n'est pas, d'ailleurs, supérieure à celle de beaucoup de ses sentiments, et, sur les représentations d'un de ses protecteurs, M. Denonvilliers,

____

(1) Le *péril*, ici, n'est pas redoutable, mais il est probable que l'auteur a employé ce mot sans bien se rendre compte de sa véritable signification, ce qui lui est arrivé plus d'une fois dans son *Traité d'anatomie*, fort remarquable d'ailleurs à beaucoup d'égards.

aussi habile préparateur que lui, professeur infiniment supérieur, mais pas beaucoup plus grand philosophe, le réformateur ne fit aucune difficulté pour renoncer à sa réforme, et pour revenir à la vieille manière d'envisager la flexion et l'extension du pied, bien que celle-ci fût « *en opposition avec toutes les données de l'anatomie philosophique* ». Deux ans après avoir opéré sa réforme, il annonça donc, par la déclaration suivante, sa renonciation et son retour à l'opinion orthodoxe, si énergiquement condamnée deux ans auparavant :

« Dans le premier volume de cet ouvrage, dit-il (p. 683), à l'occasion des mouvements de l'articulation tibio-tarsienne, j'avais cru devoir m'écarter de la tradition et appeler extension le mouvement par lequel la face supérieure du pied se porte vers la face antérieure de la jambe, et flexion celui par lequel sa face plantaire se dirige en bas et en arrière. Mais après avoir discuté ce point d'anatomie avec M. le professeur Denonvilliers, je n'hésite pas à reconnaître que cette opinion, fondée en apparence, est erronée en fait. Elle était fondée, si l'on compare » (français douteux) « le mouvement par lequel la face dorsale du pied se porte vers la face antérieure de la jambe, au mouvement par lequel la face dorsale de la main se porte vers la face postérieure de l'avant-bras, et si l'on considère ce dernier comme un mouvement d'extension. Mais je pense avec M. Denonvilliers qu'il ne doit pas être regardé comme un mouvement d'extension. La main se fléchit lorsque sa face palmaire s'incline en avant ; elle s'étend lorsqu'après avoir été fléchie, elle est ramenée sur le prolongement de l'avant-bras ; elle se fléchit de nouveau si sa face dorsale s'incline en arrière. Tout mouvement par lequel les quatre sections des membres tendent à s'*échelonner* (?) sur le même axe est un mouvement d'extension ; tout mouvement par lequel elles s'écartent de cet axe commun est un mouvement de flexion. Tel est le principe sur lequel s'est appuyé M. le professeur Denonvilliers pour soutenir l'opinion traditionnelle ; ce principe je l'accepte pleinement. Or, le renversement de la face dorsale de la main en haut et en arrière, étant un mouvement de flexion, il devient évident que l'élévation de la face dorsale du pied est un mouvement de même ordre. Ainsi amendée, l'opinion ancienne reste donc la mieux fondée ». (SAPPEY, *Trait. d'anat.*, t. II, p. 426.)

Nous ne savons si M. Lannelongue a suivi l'exemple de rétractation donné par M. le professeur Sappey, mais il nous paraît intéressant d'examiner si cette rétractation est fondée sur des motifs rationnels, et si la théorie à laquelle M. Sappey a fini par se rattacher, sous l'influence de Denonvilliers, est préférable à celle qu'il avait tenté de substituer à l'ancienne. Nous disons à l'ancienne, quoique la théorie de la flexion et de l'extension n'ait peut-être pas été formulée très catégoriquement et surtout appliquée logiquement avec une très grande rigueur, ce qui était, du reste, fort difficile, ainsi que vont le démontrer les considérations suivantes :

Que doit-on entendre par *flexion* et *extension*, au point de vue physiologique ?

Littré et Robin (deux meilleurs philosophes que Denonvilliers et Sappey), quoiqu'ils n'eussent pas toujours, Robin surtout, le mérite de traduire leur pensée avec une grande correction, ni, ce qui est plus grave, avec une parfaite lucidité, — Littré et Robin, donc, définissent ainsi qu'il suit la flexion et l'extension :

« *Flexion*, en physiologie, est le mouvement dans lequel une section d'un membre se courbe sur une autre située au-dessus d'elle : il a pour effet de *rapprocher* les parties entre elles, de les ployer. (LITTRÉ et ROBIN, *Dict. de méd., chir. et pharm.*, art. flexion.)

« *Extension*, en physiologie, est le mouvement qui a pour but de *séparer* les parties en les allongeant les unes à la suite des autres. » (*Ibid.*, art. extension.)

Ces deux définitions sont loin d'être heureuses : d'abord, les mouvements de flexion ne *rapprochent* et ne *séparent* rien, les diverses portions des membres ou du corps qui se fléchissent ou s'étendent étant continues et ne cessant jamais de l'être. Tout ce que Littré et Robin peuvent avoir voulu dire, c'est que, dans la flexion, certains points des membres ou du corps (car les mots flexion et extension ne s'appliquent pas aux membres seulement) se rapprochent, et s'éloignent dans l'extension.

Dans la seconde définition, les auteurs, qui parlent *d'allonger les parties les unes à la suite des autres*, semblent indiquer que, dans leur pensée, étendre des parties, c'est les rapprocher d'une même ligne droite et, par conséquent, fléchir est le contraire.

C'était aussi la pensée de Denonvilliers, que, dans son

langage alambiqué, le professeur Sappey traduit ainsi :
« Tout mouvement dans lequel les quatre (pourquoi
quatre ?) sections des membres tendent à *s'échelonner*
(singulier mot, on ne voit pas trop ce que viennent
faire les échelons dans cette affaire ?) sur un même axe
est un mouvement d'extension. »

Sans alambiquage et sans échelons, dans la doctrine de
Littré, de Robin, de Denonvilliers et de son converti en
philosophie, Sappey, flexion signifie tout simplement un
mouvement qui écarte une portion quelconque d'un
membre de la ligne droite qui en est l'axe, et extension,
tout mouvement qui ramène ou tend à ramener toutes
les parties dans cet axe. Cette opinion de Denonvilliers
que le mouvement qui rapproche la face palmaire de la
main de la face antérieure de l'avant-bras, est une
flexion, et encore une *flexion* le mouvement qui rapproche sa face dorsale de la face postérieure du même
avant-bras, traduit la pensée du professeur bien plus clairement que le langage alambiqué et *échelonné* de M. Sappey. D'après cette théorie, M. Schwartz, si sa définition
avait été intentionnelle, aurait eu raison de parler d'une
flexion *dorsale* et d'une flexion *plantaire ;* mais la suite
de son discours prouve qu'en parlant de ces deux flexions,
il a agi plus machinalement que théoriquement.

Dans cette théorie, du reste, la *flexion* se rapproche
beaucoup plus de l'acception vulgaire du mot que le sens
fort anarchique qu'on lui donne en physiologie et en
orthopédie ; mais ce que ni Littré, ni Robin, ni Denonvilliers, ni Sappey, ni *a fortiori* Lannelongue, Schwartz

et autres n'ont remarqué, c'est que les acceptions variées et *anorchiques*, c'est-à-dire contradictoires, sont tellement passées dans l'usage, qu'il y aurait les plus grandes difficultés à le réformer, et que la réforme en serait même, croyons-nous, impossible. De la théorie *philosophique* que Sappey a adoptée, *en apparence*, se déduit inéluctablement cette conséquence bizarre, ou pour mieux dire absurde, que tous les muscles qui impriment un mouvement de courbure à une partie sont tantôt fléchisseurs, tantôt extenseurs, et qu'on serait bien embarrassé pour déterminer leur action prédominante, et pour leur donner un nom d'après cette action, suivant l'usage universellement adopté. Par exemple, la *flexion* palmaire est nécessairement produite par un muscle *fléchisseur ; la *flexion* dorsale par un autre *fléchisseur ;* mais pendant que ce dernier fléchisseur courbe la main vers la partie postérieure de l'avant-bras, il la ramène dans la direction de l'axe de celui-ci, il est par conséquent extenseur et fléchisseur à la fois ! Cette conséquence est tellement forcée, que Sappey, par exemple, après avoir constaté que le grand et le petit palmaire rapprochent la face dorsale de la main de la face postérieure de l'avant-bras, et déterminent conséquemment la *flexion* dorsale, ne leur donne pas moins avec tout le monde le nom d'*extenseurs*. Aussitôt sa théorie *philosophique* formulée, il lui donne donc un démenti flagrant, aussi avons-nous eu raison de dire qu'il n'adoptait sa théorie qu'en apparence, peut-être sans bien s'en rendre compte ; n'est pas conséquent qui veut avec ses propres principes. Les faits montrent bien d'autres contre-sens dans cette théorie, et si l'on voulait l'appliquer à la physiologie et à l'orthopédie du pied (1), il faudrait changer presque complètement et le langage physiologique relatif aux fonctions de cet organe et la nomenclature des pieds bots. Nous ne tenterons pas cette entreprise, et nous nous en tiendrons à l'usage adopté par le commun des martyrs. Comme, en définitive, les langues sont faites pour s'entendre quand on parle et quand on écrit, et que la nomenclature usitée ne cause jamais d'équivoque, quelle que soit la variété de déviation dont il soit question, il n'y a aucune bonne raison pour opérer une réforme dans la nomenclature de tout le monde, et nous y revenons sans plus tarder.

Aux quatre variétés de pied bot que nous avons décrites, différents auteurs en ont ajouté une foule d'autres, parfois très nombreuses, qui peuvent « ouvrir un champ très vaste, suivant l'expression de Malgaigne, à qui sent le besoin d'une classification particulière » ; les variétés qu'on a voulu ajouter à la classification *classique*, ont presque toutes pour bases soit des com-

---

(1) Pour ne citer qu'un exemple, l'*extenseur* commun des orteils courbe, — c'est-à-dire, dans la théorie Denonvilliers-Sappey et même Littré-Robin *fléchit*, — ces organes d'environ 45° sur la face dorsale du pied. De son côté le *fléchisseur* commun des orteils n'arrive qu'à mettre leur première phalange à peu près en ligne droite avec l'axe du pied, c'est-à-dire dans l'état d'*extension* parfaite, suivant la théorie. Cependant ni Littré, ni Robin, ni Sappey, ni, nous le supposons, Denonvilliers, n'ont imaginé de changer les noms du fléchisseur commun et de l'extenseur commun des orteils. Ce n'est pas tout que de faire des théories philosophiques, il faut voir un peu plus loin que son nez, et *réfléchir* à ce qui en retourne.

binaisons, des variétés entre elles, ce qui donne des variétés mixtes, qui sont les plus fréquentes, car les quatre formes types que nous avons décrites se présentent rarement à l'état vraiment type, à ce qu'on pourrait appeler l'état de pureté ; mais il suffit d'être prévenu de ces variétés mixtes et de les mentionner, sans qu'il soit nécessaire de leur donner une dénomination spéciale. Notre père en avait jugé autrement, avec raison suivant nous, pour une forme dans laquelle beaucoup d'orthopédistes ne voient qu'une variété de pied équin, variété signalée d'abord en 1826 par Stolz, de Strasbourg, et que notre père a cru devoir admettre comme cinquième variété sous

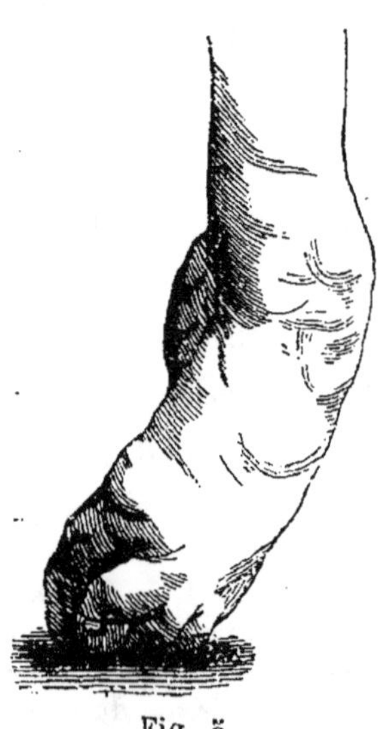

Fig. 5.

le nom *déviation du pied en dessous*. Dans cette forme, en effet, le poids du corps ne porte plus ni sur les bords du pied, interne ou externe, ni sur la face plantaire des orteils ni sur le talon, mais bien sur la face dorsale des orteils, quelquefois même sur la face dorsale du pied presque tout entier comme on en verra plus loin un exemple. Dans ce dernier cas surtout, il nous paraît vraiment très rationnel de désigner la déviation par une dénomination spéciale.

Quant aux variétés fondées sur le degré de l'affection, on en pourrait créer pour ainsi dire à l'infini, suivant le caprice de chaque classificateur. « Dieffenbach, dit avec

raison M. le professeur Lannelongue, subdivise chaque
variété en cinq degrés, en tout vingt formes ; mais ce
chiffre serait-il encore suffisant ? »

Malgré cette judicieuse réflexion, le même professeur
est disposé à considérer, au premier abord, il est vrai,
la classification de Philipps comme la plus naturelle et
la plus simple : « Cet auteur, dit-il, divise chaque variété de pied bot en trois degrés ; chacun de ces degrés
est en rapport avec l'attitude du pied. Dans le premier
degré de la déviation, le pied est dans une attitude physiologique, mais cette attitude est invariable ; dans le
deuxième degré, l'attitude du pied est encore plus physiologique, mais exagérée ; dans le troisième enfin, le
pied est dans une attitude vicieuse. Le premier degré
dépend de la rétraction d'un muscle, le deuxième dépend
de la rétraction d'un groupe de muscles, le troisième
est lié à une déformation du squelette. »

Nous ignorons si, au second abord, cette classification
a paru à M. Lannelongue aussi simple et aussi naturelle qu'au premier ; ce qu'il y a de sûr, c'est que lorsqu'elle n'aurait que le défaut d'être fondée sur la fausse
théorie de la contraction musculaire, contraction dont
Philipps sait toutes les étapes (imaginaires) comme si
elle était visible à l'œil nu et qu'elle eût lieu sur les
muscles à découvert ; quand elle n'aurait que ce défaut,
— et elle en a bien d'autres, — cette classification ne
mériterait pas qu'on s'y arrêtât ; c'est déjà trop de
l'avoir mentionnée.

Cette classification n'est pas, du reste, une classification

proprement dite, c'est-à-dire un arrangement d'objets
d'après leurs caractères apparents, de façon à permettre
à l'observateur de les reconnaître et à ceux qui en parlent, de s'entendre ; c'est une classification doctrinale que
M. Lannelongue ne paraît pas bien distinguer d'une
classification, car aussitôt après avoir parlé de la précédente, il expose comme une suite naturelle des idées
la classification de Bonnet (de Lyon), dont l'examen
n'était pas là à sa place, du moins sans transition.

Schwartz a commis une méprise contraire, en repous-
sant ce qu'il appelle la classification de notre père sous
prétexte qu'elle préjuge de la pathogénie de l'affection
classée.

D'abord, la nomenclature n'est pas une classification,
moins encore l'expression d'une doctrine, et il faut ou
méconnaître complètement le sens des mots, ou ignorer
ce qu'est la pathogénie pour découvrir dans les dénominations proposées par notre père un indice quelconque
de pathogénie. Ces dénominations sont de purs synonymes de celles universellement adoptées, et qu'on dise
stréphendopodie ou déviation du pied en dedans, c'est
exactement la même chose ; or, nous ne sachons pas
que déviation du pied en dedans préjuge une opinion
pathogénique quelconque. Mais de nombreux passages
du traité de M. Schwartz, méritoire d'ailleurs à beaucoup d'égards, prouvent, ainsi que nous l'avons déjà
fait remarquer, qu'il n'a pas une notion juste de tous
les mots qu'il emploie. Ce qu'il y a de sûr, c'est que les
motifs qui ont empêché l'adoption des mots que notre

père a proposé de substituer à des périphrases, ne peuvent avoir la moindre valeur ; nous disons ne peuvent avoir, car en réalité, de ces motifs, on n'en a jamais donné, sauf celui de M. Schwartz que nous venons de citer, et qui n'a eu aucune influence sur la destinée de la nomenclature de notre père, laquelle n'avait plus aucune chance d'être adoptée quand M. Schwartz a écrit. Malgaigne ne l'a pas adoptée, mais il ne la critique pas, à moins qu'on ne considère comme une critique cette remarque que les mots de la nomenclature « ont la physionomie du grec du XIXe siècle. » Mais on aurait pu faire observer à Malgaigne que *tous les mots scientifiques*, — et il y en a quelques milliers, — ont exactement la même physionomie que ceux proposés par notre père, et Malgaigne n'a certainement pas eu la prétention, — heureusement pour lui, — de réformer toute la langue de la chimie, de la physique, de la géologie, etc., etc. Ce qui a empêché la nomenclature de notre père d'être adoptée, ce n'est donc aucun motif tiré de la raison (1) ; c'est, d'une part, que les mots, comme les livres et les idées, ont leur destinée,

(1) Faudrait-il considérer comme un motif raisonnable d'exclusion ce reproche, d'ailleurs mal fondé, de Malgaigne : «M. Duval a sévèrement jugé les mots anciens » ? Ce reproche serait-il fondé, que ce ne serait guère une raison pour faire repousser une innovation utile ; mais la vérité est que le reproche n'a pas même l'ombre de fondement : notre père s'est borné à constater que les dénominations anciennes n'étaient pas justes, et qu'elles exigeaient des périphrases qu'il serait préférable de remplacer par un mot unique et exact pour chaque variété de difformité, ce qui n'a rien que de conforme à la saine critique la plus modérée, et aux non moins sains principes de la philosophie naturelle.

et que notre père était trop modeste et trop peu remuant
pour contribuer beaucoup à se rendre la destinée favorable ; nous en verrons ailleurs des preuves plus importantes et plus édifiantes. Malgaigne, du reste, en historien impartial qu'il est, tout en n'adoptant pas la
réforme proposée par notre père, n'a pas cru pouvoir se
dispenser de la faire connaître, du moment qu'elle
« figurait, — ce sont ses expressions, — dans un des
ouvrages les plus importants sur la matière. » (*Leçons
d'orthop.*. p. 107.) Nous ne croyons pas pouvoir faire
moins que le célèbre professeur et critique, et en reproduisant ici la nomenclature de notre père, nous avons la
conviction que tous les esprits justes et impartiaux en
trouveront les termes, d'une part, conformes aux règles
adoptées par tous les savants dans la formation et la
désignation des choses et des idées nouvelles, et, d'autre
part, plus euphoniques qu'une foule d'autres mots analogues consacrés par un usage universel.

Le pied bot en général est d'abord désigné sous le
nom de *stréphopodie* (de στρεφειν, *tordre*, *tourner*, et de
πους, ποδος, pied).

Pour désigner le pied bot varus ou pied *tourné en
dedans*, le réformateur avait proposé le mot de *stréphendopodie* (formé du radical ci-dessus indiqué et de
ενδον, *en dedans*).

Le pied bot *valgus* ou pied tourné *en dehors*, était
désigné par le mot *stréphexopodie* (du même radical et
de εξω, *en dehors*).

L'équin ou déviation du pied en bas, avait reçu le

nom de *stréphocatopodie* (du même radical et de κάτω, en bas).

Enfin, le talus se nommait *stréphanopodie* (toujours du même radical et de ἄνω, *en haut*).

La cinquième variété admise par notre père et par Stoltz, sous le nom de *déviation du pied en dessous*, lui avait fait créer la cinquième dénomination de *stréphypopodies* (toujours de στρέφειν et de ὑπω, *en dessous*).

Le défaut d'usage peut donner à ces dénominations une apparence étrange au premier abord ; mais, pour peu qu'on veuille y réfléchir un instant, on conviendra qu'elles ne sont pas plus étranges ni moins supportables pour l'oreille que les mots *métrhémorrhoïdes* et *méthylspiroïlique*, pour en prendre deux parmi une innombrable quantité d'autres beaucoup moins *prononçables*, et qui ont passé dans le langage universel comme une lettre à la poste, si l'on nous permet la comparaison.

Ce légitime hommage rendu à une pensée juste de notre père, nous allons passer sommairement en revue quelques-unes des déviations mixtes auxquelles peuvent donner lieu les cinq variétés précédentes, — qui, ainsi que nous l'avons dit, se présentent rarement à l'état de type pur, — et indiquer quelques variétés de ces types, résultant du degré de déviation qu'ils peuvent offrir, tout en conservant à peu près leur caractère de simplicité.

La combinaison la plus fréquente, tellement fréquente, qu'on pourrait la considérer comme le type de la déviation, ainsi que l'ont constaté tous les orthopédistes, c'est la complication qu'on pourrait appeler varo-équiniste, dans laquelle le varus est associé à un degré plus ou moins prononcé, souvent très prononcé d'équinisme. Suivant que le varus où l'équin dominait, dans cette

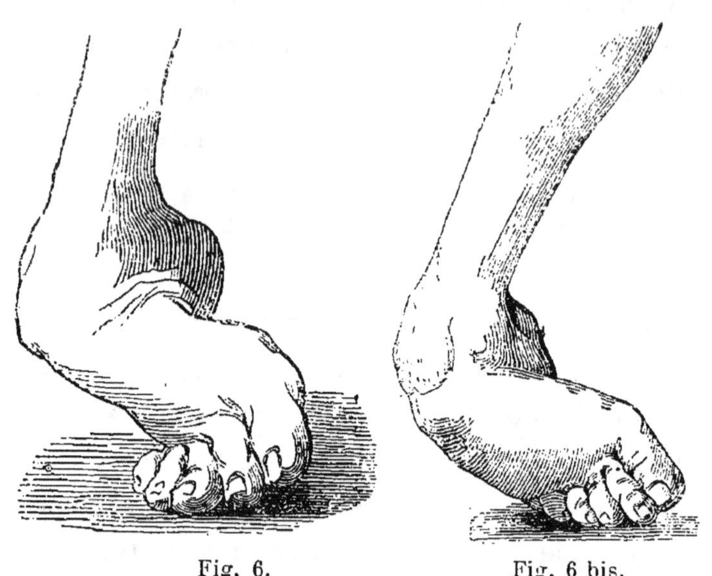

Fig. 6.   Fig. 6 bis.

forme mixte, notre père lui donnait le nom de varus-équin dans le premier cas, et d'équin-varus, dans le second.

Dans les deux cas dont les figures ci-jointes sont la représentation, il n'existait pas de prédominance bien marquée d'un des types sur l'autre ; les cas étaient bien mixtes.

Nous citerons d'autres exemples de combinaisons mixtes dans les articles que nous allons consacrer à l'étude de chaque type en particulier, ainsi qu'au chapitre du traitement ; nous y mentionnerons aussi plusieurs différences de degrés que les diverses déviations peuvent offrir. Terminons-en d'abord avec les questions de classification.

S'il n'est pas exact, comme le prétend M. Schwartz, que la nomenclature de notre père préjugeât le moins du monde aucune question de pathogénie ou de doctrine, cela est, au contraire, très exact pour la classification de Bonnet (de Lyon) ; elle ne préjuge même pas, à proprement parler, une théorie ou une pathogénie, elle en est l'expression pure et simple ; par malheur, la théorie est fausse, et ce n'est pas la première fois que Bonnet, esprit, assurément, très distingué et très cultivé, a commis des erreurs à peine pardonnables, entre autres celle qui lui fait recommander, comme traitement de certaines affections, l'immobilité absolue à des enfants en bas âge pour lesquels le mouvement est la moitié de la vie (voir notre travail sur *la Scoliose*, Paris, chez J.-B. Baillière et fils, 19, rue Hautefeuille). Bonnet commence par faire une critique très vive, — ainsi que Schwartz le fait remarquer avec plus de justesse que Malgaigne ne l'a fait pour notre père, — de la classification classique, à laquelle il reproche de donner une idée mauvaise des déviations : tout varus est en même temps équin ; tout valgus est en même temps talus ; la classification ne comprend pas toutes les variétés ; elle renferme sous la même dénomination des espèces distinctes. M. Lannelongue a fait, d'après Malgaigne surtout, de la classification de Bonnet une critique que nous ne pouvons mieux faire que de reproduire :

« On sait que les muscles du pied sont animés par

deux nerfs : le sciatique poplité interne, le sciatique poplité externe ; chacun de ces nerfs prend sa part de muscles, et par suite sa part dans les mouvements produits. Dès lors, on peut lui rapporter les troubles survenus dans ces mouvements. De là, deux groupes de difformités distinguées par Bonnet : le pied bot poplité interne, le pied bot poplité externe. Chacun de ces groupes comprend à son tour une série de variétés, qui ne sont pas, comme on le prétend, des difformités distinctes, mais des degrés variables d'une même difformité ; c'est qu'en effet, dans chacun d'eux la déformation présente une marche toujours ascendante, régulière et déterminée par la rétraction successive ou simultanée des muscles innervés. Puis, Bonnet donne les caractères de chaque variété, d'après l'ordre de succession de ces déviations.

PIED BOT POPLITÉ INTERNE	PIED BOT POPLITÉ EXTERNE
1° Élévation du talon.	5° Abaissement du talon.
2° Flexion antéro-postérieure du pied sur lui-même.	4° Extension forcée du pied sur lui-même.
3° Adduction de l'avant-pied.	3° Abduction de l'avant-pied.
4° Renversement du talon en dedans.	2° Renversement du talon en dehors.
5° Augmentation de la courbure transversale du pied.	1° Diminution de la courbure transversale de la plante du pied.

« Comme le dit Bonnet lui-même, ce tableau présente deux échelles, sur lesquelles les caractères des cinq degrés de pied bot se trouvent placés parallèlement dans un ordre inverse d'évolution.

« Avec son sens critique habituel, Malgaigne a surpris en deux endroits la théorie en défaut. D'abord, à propos de l'action du muscle jambier antérieur : Animé par le nerf poplité externe, ce muscle est élévateur du bord interne du pied, et cependant, dans la théorie de Bonnet, la formation du valgus coïnciderait avec sa rétraction. Sur le second point, la chose est plus sérieuse ; il suffit de jeter les yeux sur le deuxième tableau, pour voir que Bonnet considère le talus comme le dernier degré de la déviation, et que, conséquent avec lui-même, il n'admet pas le talus comme variété primitive. Cependant Little a publié de cette variété un dessin, reproduit par Bouvier, qui la considère d'ailleurs, avec tout le monde, comme très rare. W. Adams la mentionne, et nous avons eu l'occasion de disséquer un talus simple congénital des plus intéressants ». (LANNELONGUE, *Du pied bot congénital*, p. 11.)

Voilà bien jugée la classification-théorie de Bonnet, et cependant il n'est rien dit, dans cette appréciation, de la rétraction elle-même dont l'action prétendue n'est pas plus réelle que celle des nerfs C'est ce qui sera discuté quand il sera question de l'étiologie.

Est-il nécessaire de parler de la classification, encore étiologique, et en outre *physiologique* et très compliquée d'Onimus ? Pour le peu d'utilité que cela aurait, nous serions entraînés bien loin ; il nous paraît donc préférable de nous abstenir et de passer à l'étude de chaque forme de déviation en particulier ;

Peut-être devrions-nous auparavant nous occuper

d'une catégorie de pieds bots dont quelques auteurs ont fait un élément de classification, les pieds bots accidentels. Mais au point de vue de la classification des formes, ils n'offrent que ce qu'on observe dans les pieds bots congénitaux que nous avons eus en vue jusqu'ici. Les différences entre les deux catégories dépendent de l'étiologie, et en entraînent d'ailleurs beaucoup d'autres très importants dans le pronostic et dans le traitement ; nous étudierons donc dans ces divers articles, les pieds bots accidentels.

CHAPITRE II

Article 1er. — Du pied bot varus,
(Stréphendopodie, de Vincent Duval).

Comme nous l'avons déjà dit, la déviation du pied en dedans est à beaucoup près la plus fréquente, et on la rencontre surtout chez les enfants nouveau-nés ; mais, même chez eux, elle se présente rarement à l'état simple, et ils n'en souffrent guère, quand elle se maintient à cet état ; mais presque toujours, elle se complique d'équinisme, et assez souvent même celui-ci prédomine au point que c'est par lui qu'il faudrait désigner principalement la difformité, en mettant son nom le premier, dans la dénomination composée.

Tant que l'enfant ne marche pas, la déviation peut paraître avoir à peine d'inconvénients ; mais dès les premières tentatives de progression, la difformité s'accentue, et la marche continuant sans qu'on prenne des précautions, elle continue généralement à se développer jusqu'à prendre les proportions les plus alarmantes, du moins quant à la régularité et presque à la possibilité de

la déambulation. Celle-ci est souvent assez difficile
et pénible pour que les enfants ne s'y livrent qu'avec
beaucoup de répugnance, et cette circonstance les pré-
serve parfois en grande partie des altérations des muscles et surtout des os, que nous aurons à décrire à l'ana-

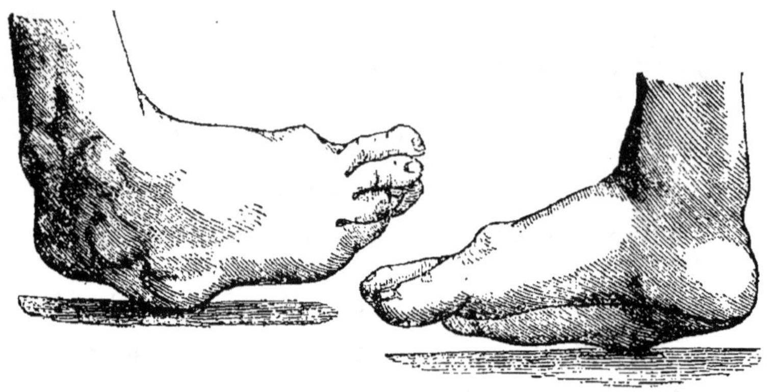

Fig. 7 bis.   Fig. 7.

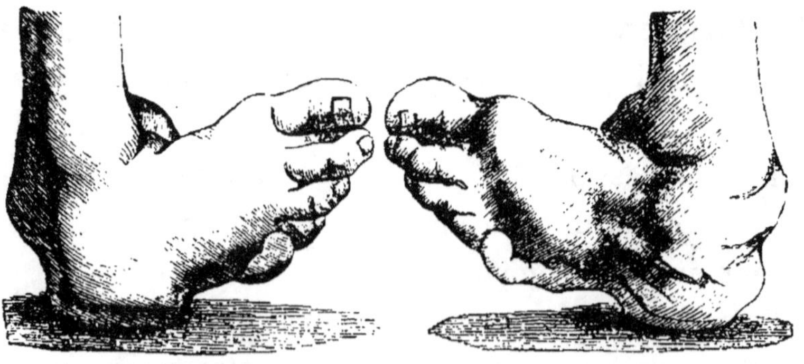

Fig. 8 bis.   Fig. 8.

tomie pathologique; néanmoins, un certain nombre
n'ont pas la patience de se modérer assez dans leurs tentatives, surtout quand ils ne souffrent pas beaucoup, et
ils arrivent à des degrés de déformation dont nous pou-

vons, dès maintenant, montrer quelques échantillons, dessinés d'après nature, comme toujours.

Lorsque leur difformité n'est pas encore très prononcée, les stréphendopodes s'appuient, dans la station, sur une partie du bord externe du pied et de la face plantaire ; mais cette attitude ne tarde pas à exagérer la déviation du bord externe en dedans, et progressivement, le stréphendopode est amené à s'appuyer sur le quart, le tiers, la moitié de la partie moyenne de la face dorsale du pied, de façon à ce que tout l'avant-pied est renversé en dedans ; il peut alors se former et il se forme souvent des durillons, des espèces de callosités, dans divers points et les organes peuvent revêtir les formes représentées par les figures 7 et 7 bis, 8 et 8 bis, et 9. Dans ces cas, le poids du corps peut ne porter que sur un de ces durillons qui simule tant bien que mal un véritable talon, et recouvre la tubérosité antérieure du calcanéum, la face dorsale du cuboïde et l'intervalle marqué entre le cuboïde et le calcanéum.

Quelquefois, le point d'appui a lieu sur la tubérosité postérieure du cinquième métatarsien (fig. 11). La tête articu-

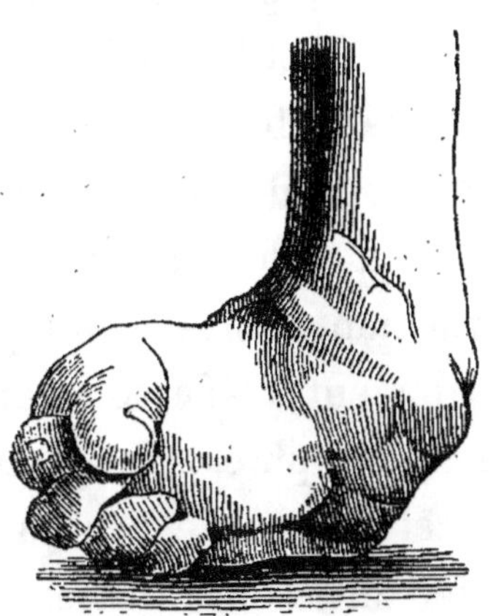

Fig. 9.

laire de l'astragale abandonnée par le scaphoïde, la tubérosité antérieure du calcanéum et le cuboïde, qui s'est éloigné d'elle, fournissent dans certains cas une espèce de trépied suffisamment large pour donner à la station une assiette assez solide.

Dans tous les cas de varus, la malléole externe est située plus bas et plus en arrière que dans l'état normal; elle touche presque le sol, tandis que la malléole interne, poussée en avant cesse d'être visible, et peut même être remplacée par une dépression à la place où l'on devrait l'apercevoir. La pointe du pied est presque toujours portée en haut et très en dedans, tellement que, parfois, le gros orteil semble près de toucher la jambe. La face dorsale est monstrueusement exagérée, et, au contraire, la face plantaire plus concave et profondément sillonnée de plis. Le talon, chez quelques sujets, est tellement remonté et tourné en dedans, qu'il paraît ne plus exister du tout. Outre les gros durillons qui fournissent les point d'appui du corps, il en existe souvent une foule de plus petits sur la face dorsale du pied, sur les pointes où les os font saillie, et donnent à cette face un aspect raboteux des plus étranges.

Le membre abdominal, siège de la difformité, est généralement moins développé que dans l'état sain, principalement au-dessous du genou; les muscles en paraissent atrophiés. Notre père a remarqué qu'une exception à cette atrophie générale devait être faite pour le jambier antérieur, qui conserve beaucoup plus que tous les autres son volume et sa force de contraction. Du reste, tous les autres organes, vaisseaux, nerfs, ligaments, participent à cette atrophie générale, ce qui est une conséquence nécessaire des difficultés de l'ambulation,

et par, suite de ses difficultés, de son insuffisance pour
entretenir une nutrition et un développement puissants.
La manière pénible dont le sujet marche, obligé qu'il
est de soulever chaque pied tout d'une pièce, comme s'il
était ankylosé, le fait vaciller à chaque pas et l'expose
d'autant plus à des chutes, que le centre de gravité se
trouve toujours en dehors de la malléole externe, et ne
tend plus à reporter le corps vers le membre opposé,
comme cela a lieu dans l'état normal, ainsi que nous
l'avons précédemment fait remarquer, en décrivant la
structure du pied normal. Cette difficulté de la marche
ne contribue pas médiocrement à empêcher le sujet de
s'y livrer volontiers, et concourt ainsi indirectement à
entretenir le défaut de nutrition et l'atrophie qui en est
la conséquence.

Art. 2. — Du Valgus (Stréphexopodie, V. D.).

Cette forme de déviation est non seulement beaucoup
plus rare, d'une manière générale, que la précédente,
mais elle l'est aussi, relativement, comme forme congénitale ; sur les milliers de cas observés par notre père, il
ne l'a constatée que dix fois sur les deux pieds ensemble,
quinze fois sur un seul pied, tandis que l'autre était
affecté de stréphendopodie ou de tréphocatopodie, et
vingt-deux fois sans que l'autre pied fût déformé.

Quand il est congénital, le valgus est caractérisé par
une forte déviation en dehors du pied, qui ne peut toucher le sol que par la moitié antérieure de son bord

interne, en appuyant principalement sur le premier
métatarsien et le gros orteil; il existe toujours un écartement entre les surfaces du premier métatarsien et du
premier cunéiforme ; le même déplacement a souvent
lieu entre le scaphoïde et la surface articulaire de la tête
de l'astragale. Il n'est pas rare de rencontrer ces trois
écartements sur le même pied. Le bord externe de la
poulie articulaire de l'astragale et le côté correspondant
de cet os sont seuls reçus dans la cavité tibio-péronière.
La tubérosité postérieure du calcanéum est déviée en
dehors, et sa tubérosité antérieure l'est en dedans, vers
la plante du pied.

Le tendon d'Achille est souvent raccourci ; les muscles péroniers le sont toujours, ainsi que les trois derniers tendons de l'extenseur commun des orteils. Le
bord interne du pied est convexe ; il semble partir de la
malléole interne devenue saillante et portée beaucoup
plus en avant que dans l'état normal, et quelquefois de
la tubérosité postérieure du calcanéum. Le bord externe
du pied, au contraire, est concave, et le centre de sa
concavité répond à l'articulation calcanéo-cuboïdienne.

La dépression ou gouttière qui sépare le tendon
d'Achille du tibia a l'air de se prolonger jusqu'au-dessous du scaphoïde. La plante du pied est souvent creu-
sée, et des plis nombreux et profonds la sillonnent en
tous sens.

Un certain nombre de stréphexophodes n'ont pas le
pied déformé, mais seulement dévié en dehors sans raccourcissement notable des muscles du mollet ; les péro-

niers seuls n'ont pas la longueur nécessaire ; c'est à leur défaut d'étendue que sont dus les mouvements de rotation et de torsion que subit, dans ces cas, la poulie articulaire de l'astragale dans la cavité tibio-péronière. Les déviations du pied en dehors sont presque toujours accompagnées d'aplatissement de la voûte du pied.

Dans quelques cas, on observe les particularités suivantes :

Tantôt, l'avant-pied fortement incliné en dehors doit cette direction forcée à la brièveté des péroniers, à celle des muscles du bord externe du pied et des quatrième et cinquième tendons de l'extenseur commun des orteils. Le cou-de-pied est affaissé, la face inférieure du calcanéum et le scaphoïde touchant le sol ; les rapports de ces deux os sont dérangés. On a vu le premier cunéiforme éloigné de plus d'un centimètre de la partie interne de la surface du scaphoïde avec laquelle il s'articule. Dans ces cas, la face inférieure du calcanéum, la face articulaire de l'astragale, le scaphoïde, le premier cunéiforme, le premier métatarsien et le gros orteil formaient, par un bizarre assemblage, la base de sustentation.

Dans quelques cas analogues à l'un de ceux décrits au commencement de cet article, le pied, quoique très dévié en dehors, est cependant peu déformé. La principale cause de déviation consiste dans l'affaissement du bord externe de la poulie articulaire de l'astragale et dans l'augmentation de volume de son bord interne. Quand on veut ramener le pied sous la jambe et dans son axe, les seuls muscles qui se tendent sont les péroniers. Cette variété de valgus a les plus grandes analogies avec le pied plat : la déformation du pied consiste principalement dans l'affaissement de la voûte plantaire et dans la saillie de la malléole. On admet d'ailleurs assez généralement et avec raison que le pied plat peut être considéré comme le premier degré du valgus.

Si le valgus congénital est très rare, il n'en est pas de même du valgus accidentel, qui est relativement assez fréquent ; il offre des particularités que nous mentionnerons dans l'article que nous consacrerons au pied bot accidentel, à propos de l'étiologie.

Art. 3. — Du pied bot équin (Stréphocatopodie, **V. D**.)

A peu près autant que le varus, auquel il s'associe souvent, l'équin peut offrir une foule de nuances, depuis une élévation simple et peu prononcée du talon jusqu'au point où l'axe du pied ne fait qu'une ligne droite avec celui de la jambe, ou même fait avec celui-ci un angle opposé à celui qu'il forme dans l'état normal.

Le stréphocapode atteint à un degré modéré s'appuie souvent, dans la station et dans la progression, sur la face inférieure des articulations métatarso - phalangiennes, comme dans le cas dont la fig. 10 est la représentation. Mais cette variété est assez rare ; ordinairement l'équin, même à un degré peu prononcé, se complique d'un peu de déviation en dedans ou en dehors. Quand la complication a lieu en dehors, le point d'appui est principalement ou même presque exclusivement sur les deux premiers orteils et sur les articulations avec le métatarse, comme la fig. 11 en est un exemple. Quand

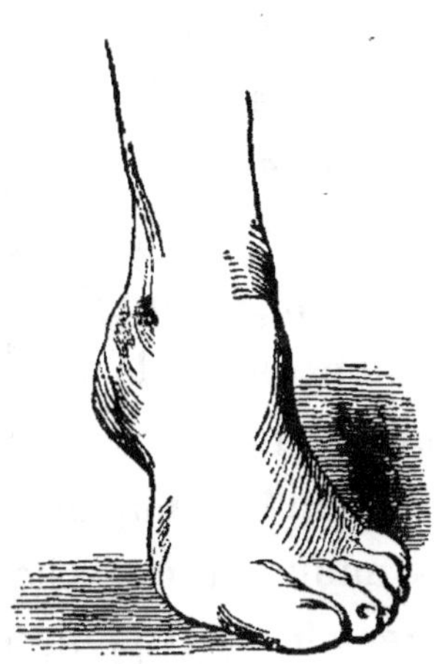
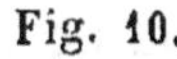

Fig. 10.

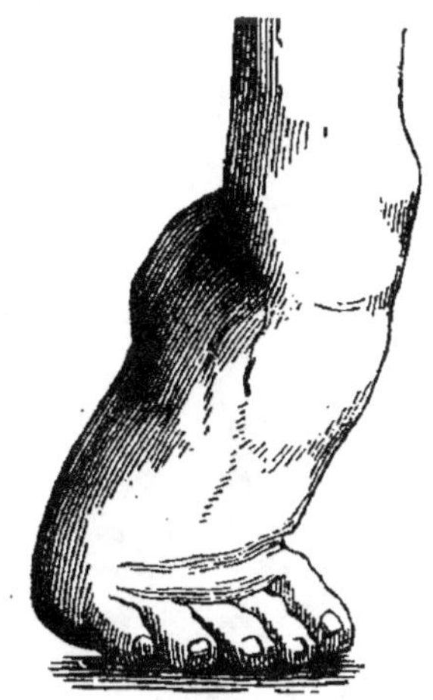

Fig. 11.

la complication a lieu en dedans, le poids du corps porte, au contraire, sur les trois dernières articulations méta-tarso-phalangiennes et les orteils correspondants. Enfin, dans des cas où l'équin, quoique très prononcé, est exempt de complications, cas qui sont fort rares, le poids du corps peut porter sur tous les orteils et les articulations métatarso-phalangiennes correspondantes. C'est l'exemple que présentait le stréphocatopode dont lafig. 12 offre le dessin.

Les diverses complications dont nous venons d'indiquer les principales s'expliquent en général facilement par l'action des muscles qui entrent en jeu pour les produire ; nous y reviendrons plus tard. Pour le moment, nous devons nous occuper de l'évolution du pied équin, suivant ses degrés et suivant les circonstances qui en peuvent favoriser le développement.

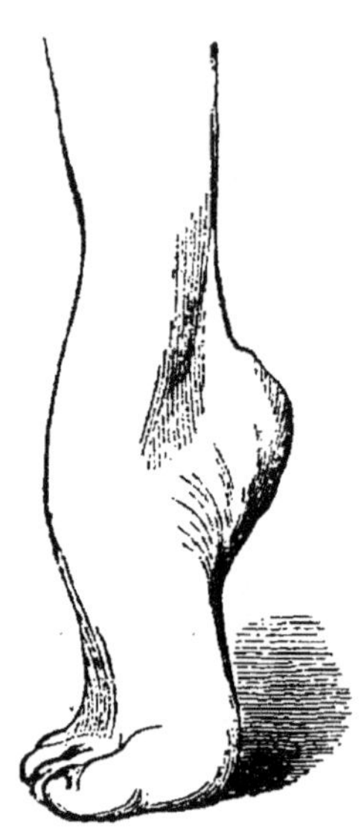

Fig. 12.

L'élévation du talon chez les stréphocatopodes est toujours en rapport direct avec le raccourcissement des muscles du mollet. Quand il ne s'en faut que de quatre ou cinq centimètres pour que le talon touche le sol, le pied est à peine déformé ; si le malade ne presse point sa marche, et s'il a pu se munir d'une chaussure artistement faite, il peut, à la rigueur, dissimuler son pied bot. Mais s'il est obligé de hâter le pas et à plus forte raison de courir, le sujet ne peut s'empêcher de boiter, à cause du détour circulaire qu'il est obligé de faire décrire au membre devenu trop long d'une étendue égale à celle dont le talon est remonté, et à cause, plus encore peut-être, de l'impossibilité où il se trouve de fléchir le pied sur la jambe.

Lorsque, au contraire, les muscles du mollet étant raccourcis, le talon se trouve assez relevé pour que l'avant-pied ou son extrémité antérieure occupe un plan postérieur à l'axe de la jambe, la difformité est forcément évidente : les orteils et les articulations métatarsophalangiennes sont écartés les uns des autres de façon à élargir d'un quart ou d'un tiers la base du support du corps. La plante du pied devient démesurément concave : cette concavité est d'autant plus anormale que le raccourcissement des muscles propres à la plante du pied est plus grand. Du reste, notre père a fait observer avec raison que, contrairement à l'opinion de certains auteurs, cette concavité n'existe pas toujours. Il a observé des cas où la stréphocatopodie était très développée et dans lesquels la concavité n'existait pas, tandis qu'en revanche, il l'a vue poussée à un degré extrême sous des pieds fort peu déviés. Ce qui nous permet d'établir, disait notre père, que le pied équin peut exister sans raccourcissement des muscles de la face intérieure du pied ni de l'aponévrose plantaire.

Notre père ajoutait même à cette juste remarque un fait fort curieux ; c'est celui de la guérison d'une jeune fille doublement atteinte de stréphocatopodie, chez laquelle la plante des pieds, au lieu d'être concave, était convexe.

Quand la déviation est ancienne, il arrive assez souvent qu'il existe une flexion plus ou moins prononcée de la jambe sur la cuisse. Cette flexion tient au raccourcissement des muscles biceps crural, demi-tendineux et demi-membraneux, suite naturelle du supplément de longueur que l'extension très exagérée du pied a apporté au membre abdominal : le sujet, pour pouvoir marcher, porte forcément le genou en avant et semble dérober sa jambe sous lui. On comprend bien qu'une telle nécessité dans la progression doive peu à peu devenir une véritable difformité. Les difformités de cette espèce, consécutives au pied bot, sont, du reste, assez rares ; il faut, pour les produire, un très grand développement de la déviation ; il faut surtout que celle-ci soit ancienne.

Le pied équin congénital est peu fréquent, et quand il se rencontre, il est ordinairement peu développé ; c'est quand il se développe accidentellement qu'il peut prendre de grandes proportions ; nous les étudierons plus loin. A l'état natif, il est rarement simple, ainsi que nous l'avons déjà indiqué ; la complication ordinaire, nous dirions presque volontiers sans exception, est le varus ; nous dirons ailleurs les modifications que la difformité entraîne dans les organes qui sont en rapport avec le pied.

Dans la complication avec le varus, la déviation des orteils en dedans, ou plutôt dans le sens de leur flexion, est tellement prononcée, qu'elle arrive à constituer la cinquième variété de pied bot admise par notre père, et dont nous croyons devoir nous occuper aussi comme variété distincte.

Art. 4. — Du talus ou déviation en haut.
(Stréphanopodie, V. D.).

La quatrième variété de pied bot, le *talus*, est, avec la cinquième, la forme la plus rare. Dans cette forme, ainsi que le montre la fig. 4, page 4, le pied présente sa face dorsale couchée sur la région antéro-interne ou antéro-externe de la jambe ; les orteils, par conséquent, sont dirigés en haut, le talon, en bas, et la plante, en avant. Les muscles extenseurs des orteils, le jambier antérieur et les péroniers sont raccourcis. Quand on essaye d'éloigner le pied de la jambe, on éprouve une résistance puissante qui oblige à ne pas insister sur la tentative.

En général, le pied lui-même est peu déformé : la mortaise tibio-péronière n'embrasse la partie de l'astragale que dans sa partie antérieure ; tout le reste de la face supérieure de cet os se trouve reporté derrière la jambe, à la partie antérieure du tendon d'Achille. Le calcanéum, dirigé verticalement, s'appuie sur le sol par sa tubérosité postérieure.

La rareté de cette forme est assez grande pour que sur les *milliers* de pieds bots observés par notre père, il ne l'ait rencontrée que treize fois. Six des sujets étaient atteints depuis la naissance, et de ces six, trois avaient les deux membres déformés de la même façon, les autres étaient stréphanopodes d'un côté et stréphendodes de l'autre. Dans les sept autres cas, la difformité était d'origine accidentelle..

Dans un cas observé par notre père et dont nous avons nous-même conservé le souvenir, la déviation en haut était tellement prononcée, que le dos du pied touchait la face antérieure de la jambe ; tous les orteils étaient fléchis en sens contraire comme convulsivement, et la tubérosité postérieure du calcanéum servait seule de base de sustentation comme de progression. Ce cas, vraiment extraordinaire, qui attira à la clinique du professeur Breschet l'attention des nombreux médecins et élèves qui la suivaient, et sur lequel les pronostics les plus fâcheux furent portés, n'en fut pas moins guéri après trois mois, pendant lesquels on pratiqua la section de plusieurs tendons. Tous les médecins qui eurent occasion de voir le stréphanopode avant et après le traitement, — et ils furent nombreux, — regardèrent le résultat obtenu comme un des plus beaux faits de l'orthopédie.

Art. 5. — De la déviation en-dessous.
(Stréphypopodie, V. D.).

En parlant de la classification des difformités, nous avons déjà représenté un spécimen de la stréphypopodie, qu'on peut considérer comme un de ses premiers degrés; elle est loin de s'arrêter toujours à ce degré, comme vont le prouver les autres spécimens que nous allons placer sous les yeux du lecteur. En voici un qui est déjà plus accentué que celui représenté par celui de la fig. 5 (p. 14). Le stréphypopode qui en était atteint marchait déjà sur les phalanges du gros orteil et un peu du second. Cet exemple représente encore un spécimen de

Fig. 13.

ce que notre père, qui admettait trois degrés de cette

variété, rangeait dans le premier degré. Dans ce degré, le point d'appui a lieu sur la face dorsale des orteils et des articulations métatarso-phalangiennes ; le métatarse est dirigé obliquement de haut en bas et d'avant en arrière ; le talon est situé très haut, et des plis transversaux d'une grande profondeur sillonnent partout la face plantaire. Malgré l'état déjà assez grave où ce premier degré place les stréphypopodes, ceux qui le présentent sont presque toujours des enfants qui ont pu marcher ; à mesure que le corps grandit et devient plus lourd, et que la marche devient en même temps plus fréquente, la difformité passe au second, puis au troisième degré.

Dans le deuxième, la difformité existe surtout entre le métatarse et la seconde rangée du tarse. Le métatarse, plié à angle droit sur le tarse, sert de point d'appui, comme dans le cas représenté par la figure 14, observé et guéri par notre père, ainsi que le précédent, le suivant et un troisième que nous rapporterons au chapitre du traitement. Dans ce degré, les orteils sont quelquefois relevés sous le talon. Cette quasi-luxation du métatarse au-dessous et

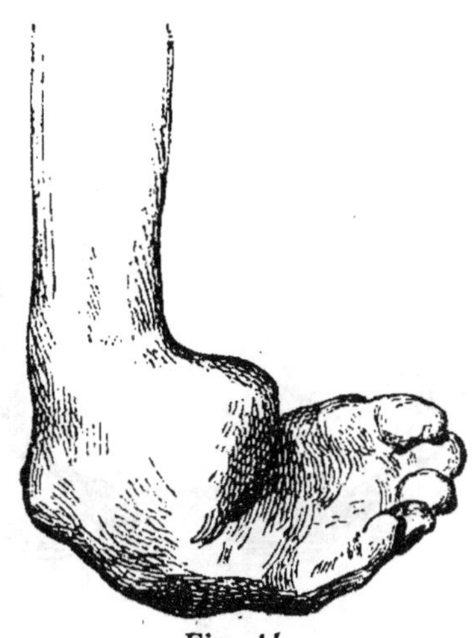

Fig. 14.

en arrière des os de la seconde rangée du tarse, oblige la face antérieure des cunéiformes et du cuboïde à chan-

ger de rapports et à devenir inférieure ; souvent, elle la
fait concourir à servir de point d'appui avec la face dorsale du métatarse. Chose singulière, cependant, malgré
la situation de ce point d'appui, monstrueusement anor-
mal, les stréphypopodes du deuxième degré marchent encore assez facilement au moyen d'une chaussure informe,
large et arrondie par le bas, fort analogue à celle que
sont obligés de porter les pieds équins, ressemblance
qui a fait quelquefois, au premier abord, confondre les
deux difformités.

Dans le troisième degré de la stréphypopodie, le pied
est brisé entre la première et la seconde rangée des os
du tarse, avec une sorte de luxation du scaphoïde et du
cuboïde au-dessous et en arrière de la tête articulaire

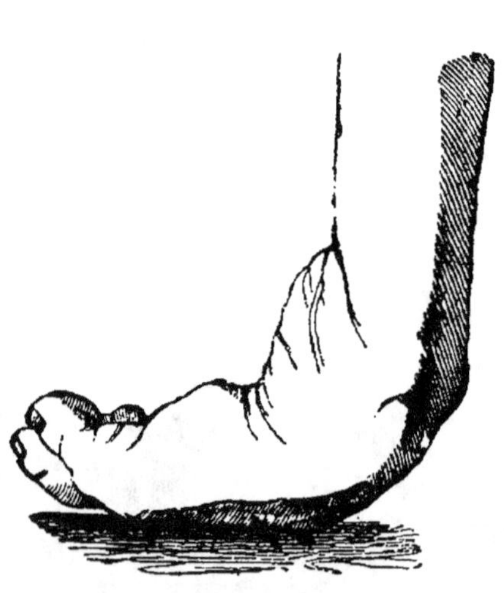

Fig. 15.

de l'astragale, comme de
la tubérosité antérieure
du calcanéum. Le point
d'appui se fait sur la face
dorsale de la seconde rangée des os du tarse, sur
les éminences antérieures
de l'astragale et du cal-
canéum, devenues infé-
rieures. Le métatarse et
les orteils n'ayant pas de
contact avec le sol, reje-
tés en arrière, sont relevés sous le talon et le dépassent
de beaucoup ; vu par devant, le sujet atteint d'une
déformation à ce degré, semble privé de pied et ne

marche que sur des moignons ; vu par derrière, il semble traîner ses pieds après lui. Tel était le cas représenté par la figure 15, cas, cependant, nous le répétons, que notre père parvint à guérir.

La stréphypopodie, quel qu'en soit le degré, est une difformité fort rare, et sur plusieurs milliers de cas, notre père ne l'a observé que seize fois ; chez dix sujets, elle était congénitale, et chez cinq de ces derniers, elle existait sur les deux pieds. On observait en même temps chez les stréphypopodes une roideur singulière des principales articulations des membres, genoux, hanches, poignets, coudes, etc. Ceux qui n'étaient atteints de stréphypopodie que sur un pied portaient sur l'autre un varus ou un valgus.

Des pieds bots mixtes ou composés.

Quoique cette catégorie de difformités soit la plus nombreuse, tellement nombreuse qu'on pourrait presque la dire unique, nous ne lui consacrerons que le titre d'un article ; rien, en effet, d'assez particulier ne se trouve ni dans son étiologie, ni dans sa symptomatologie, ni dans son traitement pour mériter une étude à part ; tout ce qui le concerne est implicitement ou même très explicitement exposé dans ce qui a été dit et ce qu'on dira des formes simples, qui sont d'ailleurs fort rares, ainsi qu'on l'a déjà remarqué. Nous aborderons donc un autre chapitre de cette étude, celui qui se trouve ordinairement en tête de tous les ouvrages, mais que nous avons placé, dans celui-ci, après celui où l'on a défini et indiqué les principales formes des difformités auxquelles il est consacré.

CHAPITRE III.

« Les nombreux travaux *accumulés* depuis l'antiquité jusqu'à nos jours, montrent assez l'intérêt qu'ont accordé aux vices de conformation en général, et *de* ceux du pied en particulier, les chirurgiens *de tous les temps* et *de tous les pays.* » (SCHWARTZ, *Des différentes espèces de pieds bots.* Introd., p. 1.)

Voilà une singulière entrée en matière pour écrire l'historique d'une affection dont Malgaigne, historien chirurgical assez distingué, dit avec plus de raison :

« Toutes ces règles avaient été parfaitement posées par Hippocrate, qui *seul, dans les temps anciens,* s'est occupé du traitement du pied bot, pour lequel rien de nouveau n'a été fait avant le xvie siècle. »

Encore faut-il remarquer que Malgaigne a été généreux envers le xvie siècle, en lui accordant (implicitement, il est vrai), que ce siècle ait produit quelque chose de sérieux, à moins qu'il ne veuille considérer comme tel les quelques mots que l'illustre Ambroise consacre à la description d'un appareil propre pour la cure du pied bot, mais qu'il est impuissant à guérir. Fabrice d'Aquapendente, en 1620, et Fabrice de Hilden, en 1682, s'occuppent aussi de cette cure, mais leurs tentatives isolées n'en laissent pas moins la question dans tel état, que Dionis déclare, en 1736, dans son cours d'opérations professé au jardin du roi, qu'il est fort difficile, *et même impossible*, de guérir ces mauvaises dispositions du pied, lorsqu'elles viennent de naissance.

Des appareils plus efficaces paraissent avoir été imaginés et appliqués, en Angleterre par Jackson, et en France par Tiphaine et Verdier, mais comme ils ont tenu leurs procédés secrets, il est impossible de se faire une idée juste de leur valeur.

Il n'en est pas de même de l'appareil fabriqué par un habile ouvrier serrurier nommé Corlet, sur les indications du médecin suisse Venel : cet appareil des plus ingénieux, et dont nous ne devons la connaissance qu'à l'indiscrétion de son élève, M. d'Ivernois, — car son auteur le tenait soigneusement secret, — cet appareil, qui modifié une innombrable quantité de fois est encore celui qu'on emploie actuellement, a permis d'obtenir les cures les plus remarquables, dans des cas de pieds bots récents et peu compliqués, peu graves, en somme, car les cas anciens et compliqués étaient réfractaires à la plus intelligente application de l'ingénieuse mécanique.

En 1803, l'illustre Scarpa publia sur le pied bot un travail, qui est la première œuvre vraiment scientifique sur le sujet, et qui, aujourd'hui encore, conserve toute sa valeur ; l'éminent médecin de Pavie imagina aussi des appareils destinés à guérir la difformité sur laquelle il avait fait de si remarquables études ; mais ses inventions étaient inférieures à celle de Venel.

Pendant que savants et mécaniciens s'efforçaient de remédier à une infirmité réputée incurable, et dont les faits ne justifiaient que trop la réputation, antérieurement au beau travail de Scarpa, un médecin des environs de Francfort se livrait à une tentative bien autrement importante et scientifique que l'appareil de Venel, tout ingénieux et utile qu'il était et qu'il est resté. Le médecin Thilénius ne tentait rien moins que la grande et féconde innovation de la section des tendons des membres difformes, et ce qui n'était pas moins remarquable, c'est que son premier essai était couronné de succès ; il en publia la relation dans un recueil de Francfort, en 1789.

Les paroles de Thilénius sont si importantes et portent avec elles un tel enseignement, que nous ne croyons pas pouvoir nous dispenser de les reproduire :

« Une fille, âgée de plus de 17 ans, dit-il, portait depuis son bas âge un pied bot en dedans, du côté gauche, qui la faisait marcher sur le bord externe de ce membre. Toute espèce de machines, des frictions de toutes sortes avaient été employées sans succès. Les os étaient tellement déviés, le pied si contourné, le tendon d'Achille tellement raccourci, qu'elle marchait presque entièrement sur le dos du pied, qui était comme retourné sur lui-même, ce qui la faisait boiter considérablement.

La peau s'excoriait fréquemment vis-à-vis l'endroit qui portait le corps et la pression était très pénible.

« Le 26 mars 1784, le tendon d'Achille fut entièrement coupé en travers avec la peau ; la malade perdit à peine une once de sang. Le talon qui étaient fortement élevé descendit aussitôt de deux bons pouces, et cette fille put marcher, le pied tout à fait à plat. L'opérateur, M. Lorenz, maintint le pied dans cette position par un bandage convenable, et la guérison fut si heureuse, que cette grande plaie était parvenue sans aucun accident, six semaines après, à une cicatrisation complète. On employa encore quelque temps des bains relâchants ; le tendon fut frictionné avec l'onguent d'Althéa, et cette fille marcha dès lors naturellement, comme tout le monde. »

Après cette belle observation dans laquelle on pourra faire abstraction des bains *relâchants* et de l'onguent d'Althéa, Michaëlis, médecin à Marbourg, fit un mémoire sur la *section partielle* des tendons, publié en 1811 ; quoique les opérations proposées et pratiquées trois fois par l'auteur, en 1809 et 1810, fussent un progrès à reculons sur le procédé de Thilénius, nous les mentionnons cependant, parce qu'elles prouvent que, dès ce temps, l'idée de la section des tendons était dans l'air. Il faut mentionner aussi une section du tendon d'Achille, pratiquée en 1812 avec succès, quoique suivie d'ankylose, par Sartorius, médecin du duché de Nassau. Comment donc se fait-il qu'après le beau résultat obtenu par Thilénius, la section des tendons et du tendon d'Achille en particulier, fût à peu près tombée dans l'eau, quand le célèbre Delpech, de Montpellier, crut devoir tenter de la repêcher ? Hélas ! ces questions sont souvent difficiles à résoudre, comme toutes celles qui tiennent aux bizarreries de l'esprit humain et à la destinée, c'est-à-dire à l'espèce de fatalité qui gouverne les idées et toutes leurs productions ; nous l'avons déjà signalée, cette destinée ou cette fatalité, à propos des dénominations proposées par notre père ; nous l'avons signalée ailleurs pour une innovation bien autrement importante, celle des applications de l'eau froide par Currie (1). Currie était une des grandes célébrités, sinon la première de son temps, du moins en Angleterre ; la méthode qu'il préconisait avait été appliquée publiquement par lui et sur la plus vaste échelle ; elle avait même déjà eu des imitateurs qui en avaient porté la renommée par delà l'Océan. On pouvait considérer à bien juste titre son avenir comme à l'abri des caprices de la mode ; il n'en fut rien cependant : le légitime retentissement des expériences et des remarquables publications faites par le savant médecin Currie tombèrent dans l'oubli, et ce ne fut que plus d'un demi-siècle plus tard que l'hydrothérapie fut restaurée et définitivement fondée, par qui ? par un grossier paysan d'un obscur village des montagnes presque désertes de la Silésie autrichienne !

Delpech ne se contenta pas de vouloir repêcher la

(1) Voir notre *Traité pratique et clinique d'hydrothérapie*, page 26 et suiv.

section des tendons, il fit sur le pied bot un excellent
travail pour le fond et pour la forme, comme étaient
généralement tous ceux qui sortaient de sa plume, et il
apporta aux procédés employés par les chirurgiens que
nous venons de citer une amélioration importante, celle
de ne pas couper la peau qui recouvre les tendons sectionnés ; malheureusement, il eut le tort de donner trop
d'étendue aux incisions latérales qu'il pratiqua pour
arriver jusqu'au tendon (c'était, dans son cas, le seul
tendon d'Achille) ; il en résulta divers accidents, suppu-
ration prolongée de la plaie, exfoliation du tendon,
adhérence de celui-ci à la peau. Malgré tous ces contre-
temps le malade néanmoins guérit ; mais, soit que ces
accidents eussent découragé Delpech, soit qu'il n'ait
pas rencontré d'autres cas qu'il jugeàt favorables, son
opération, pratiquée le 9 mai 1816, ne fut pas renouvelée
par lui quoiqu'il continuàt toujours à la considérer
comme rationnelle et indiquée dans tous les cas de pied
bot équin compliqué ou non de varus. Aucun autre
chirurgien en France ne fut plus hardi que Delpech, et
l'opération de la ténotomie parut encore une fois abandonnée, malgré les succès dont elle avait été suivie dans
tous les cas où on l'avait tentée.

Stromeyer, de Hanovre, fut mieux inspiré : non seulement il pratiqua, le 28 février 1831, une nouvelle
opération de section du tendon d'Achille, mais il apporta
au procédé employé par Delpech des modifications
importantes, qui devaient en assurer le succès et le
rendre plus prompt. Comme Delpech, Stromeyer ména-

gea la peau qui recouvre le tendon, mais il donna beaucoup moins d'étendue aux deux incisions latérales pratiquées. De plus, il n'attendit pas au *vingt-huitième* jour, pour écarter les deux bouts du tendon coupé, que la substance intermédiaire qui doit les réunir fût épanchée et en partie organisée ; il ramena le pied à sa position normale, le dixième jour chez les adultes et le cinquième chez les enfants ; il attribue en grande partie le seul insuccès qu'il éprouva, sur ces six opérations, à ce que, chez un jeune enfant, il avait attendu le huitième jour pour ramener le pied à sa position et l'y maintenir.

Quelque remarquables que fussent ces succès, ils n'excitèrent en France que peu d'attention, soit qu'on fût sous l'impression de l'abandon apparent de l'opération par Delpech, qui jouissait d'une si grande et si légitime autorité, soit par le fait de cette indifférence que le public le plus éclairé montre parfois pour les meilleures choses, tandis qu'il prend feu, d'autres fois, pour les plus médiocres.

Ce point de l'histoire de la ténotomie, c'est-à-dire d'un des plus heureux progrès de la chirurgie moderne, auquel est attaché le nom de notre père, a été si inexactement écrit, et est encore si mal exposé chaque jour par des chirurgiens qui ont ou qui se donnent la mission d'instruire ou d'éclairer leurs confrères ou leurs élèves, qu'on nous pardonnera de rétablir les faits dans leur exacte vérité ; ce n'est pas seulement un hommage à la mémoire de celui dont nous tenons les premières leçons d'orthopédie, c'est un devoir pour nous et une leçon pour les esprits légers, et malheureusement nombreux qui ne comprennent pas la moralité de l'histoire ou ne veulent pas se donner la peine d'en rechercher la vérité.

Malgaigne lui-même, si excellent critique, quand il voulait s'astreindre à se renseigner exactement sur les faits et à les juger, Malgaigne a obéi à la routine et au préjugé erroné déjà établi depuis assez longtemps, quand il eut l'idée de professer l'orthopédie :

« La ténotomie, dit-il, vint permettre de franchir les obstacles si péniblement surmontés par nos devanciers... Le tendon d'Achille fut le seul que l'on songea à couper tout d'abord, et ce n'est que depuis la publication des six observations de Stromeyer (de Hanovre), publiées de 1831 à 1834, que cette opération, répétée à Paris *par M. Duval et par M. Bouvier*, prit rang dans la pratique. »

Répétée à Paris par M. Duval et par M. Bouvier ! c'est-à-dire que ces deux opérateurs ont un titre égal à l'importation de la méthode en France et à sa vulgarisation, quand le titre d'introducteur et de vulgarisateur n'appartient qu'à un seul, comme nous allons le démontrer ; mais citons encore quelques appréciations :

« Delpech, dit le professeur Lannelongue, ne fit qu'une opération pendant quinze ans ; sa méthode resta à l'état de projet, et la ténotomie vivement critiquée, ne fut pas mise en pratique. » — L'opération de Delpech ne fut pas vivement critiquée, mais pour des raisons mal connues, l'illustre chirurgien ne la renouvela pas.

— « Néanmoins Delpech avait enrichi la chirurgie d'une ressource précieuse, et lorsque son procédé » — lisez sa *méthode* — « modifié par Stromeyer (1831) revint en France, *il fut l'objet d'un accueil enthousiaste*. Duval pratiquait, en 1835, la première ténotomie à Paris, et quatre ans après, Velpeau en comptait plus de 400. »

Cette appréciation est juste, sauf l'accueil, qui ne fut pas enthousiaste du tout, au moins au début, mais elle laisse subsister une équivoque qu'il faut dissiper :

Oui, l'enthousiasme dont parle le professeur Lannelongue fut réel, comme en témoigne éloquemment le chiffre colossal relevé par Velpeau ; mais à quelle époque se manifesta cet enthousiasme ? Est-ce en 1831, lorsque fut connu le premier succès de Stromeyer ? nullement ; est-ce même en 1833, où ses succès furent publiés en Allemagne, ou bien en 1834, où ils furent publiés en France ? pas davantage. Succès et publications furent accueillis avec indifférence et même avec une certaine incrédulité. Le récit du professeur Lannelongue ne traduit donc pas exactement les faits et l'état des esprits. Le texte suivant de Thorens n'exprime pas plus exactement la vérité :

« En France, cette opération, retour de l'étranger, allait être accueillie avec grande faveur. Stœs, d'abord, à Strasbourg, en mai 1835, opérait et guérissait un pied bot varus double, consécutif. Le premier, à Paris, M. Duval opérait, le 23 octobre 1835, un pied bot équin consécutif, et au bout de deux mois, le pied bot était devenu normal. »

On peut faire sur la faveur dont parle Thorens, les mêmes remarques que sur l'enthousiasme constaté par Lannelongue ; il eût fallu dire à quelle époque au juste cette faveur s'était montrée ; faute de cette indication, le point d'histoire reste obscur et le lecteur incertain. Le récit de Schwartz laisse encore plus à désirer ; ici tout est confusion, au point qu'on la dirait intentionnelle, si l'on ne savait que cet honorable confrère ne se rend pas toujours bien compte de ce qu'il écrit :

« C'est à Stromeyer, dit-il, qu'il était réservé de la vulgariser en Allemagne, » — (la ténotomie) — « en 1831 ; il fut suivi par Dieffenbach, tandis qu'en France il nous fallait attendre jusqu'à 1835, Bouvier, Stoess, Scouttetten, V. Duval, J. Guérin, Bonnet, pour faire triompher une conquête qui nous appartenait. »

Dans cette salade de noms propres, y en a-t-il un à qui appartienne le mérite de l'instauration et de la vulgarisation de la méthode, ou bien y ont-ils tous des droits égaux ? Au lecteur ignorant de le deviner ; ce qu'il pourrait supposer, c'est que le principal auteur du progrès signalé est le premier nom inscrit sur la liste c'est-à-dire celui de Bouvier. Il n'est pas probable que ce soit ce qu'a voulu dire Schwartz, que nous croyons un esprit impartial ; mais nous avons la certitude que c'est ce qu'a voulu Bouvier, dont toutes les manœuvres ont pour but de substituer son nom à celui de notre père. Ce fait, ignoré des indifférents, demande à être prouvé, et c'est notre devoir de le faire.

Bouvier était un esprit distingué, quoique faux parfois, mais un caractère envieux, hargneux, et d'une bonne foi souvent équivoque, quand il s'agissait de servir son ambition. Quand notre père eut pratiqué sa première opération devant des témoins assez haut placés dans la science pour que le succès obtenu ne pût être mis sous le boisseau, Bouvier se mit activement en campagne pour trouver un cas qui lui permît de répéter l'expérience de son confrère, et l'ayant trouvé, il s'empressa d'en publier le résultat avec le suivant commantaire :

« Je songeai, pour ma part, à répéter à la première occasion les essais de Stromeyer. En février, » — (notez l'époque en vous rappelant que V. Duval n'a opéré qu'en octobre), — « en février 1835, nous étions *sur le point*, M. Bérard et moi, de pratiquer la section des deux tendons d'Achille, sur une femme d'une quarantaine d'années admise à la Salpétrière pour deux pieds équins réputés incurables, lorsque cette femme vint à mourir d'une maladie accidentelle. »

Ainsi, c'est clair, au mois de février, Bouvier *songeait* à pratiquer la section du tendon d'Achille, *avant que V. Duval,* — qui sans doute n'y *songeait* pas — en eut l'idée, ce qui constitue évidemment en faveur de Bouvier un droit de priorité. Mais continuez pour voir le bouquet :

« Ce ne fut qu'à la fin de la même année, *vers l'époque à laquelle* M. Duval fit, de son côté » — *de son côté,* entendez bien, comme si le songe qu'avait fait Bouvier comptait pour l'opération ! — donc, « ce ne fut que vers l'époque où, *de son côté*, M. Duval fit, pour la première fois, la section du tendon d'Achille, que je *retrouvai* une occasion semblable. »

Voyez le malheur ! Bouvier, qui parlait l'allemand, qui avait donc lu, en allemand, les succès de Stromeyer en 1833, sinon en 1831, — ce qui est probable, car on en parlait en Allemagne, avant la publication des six observations dans le *Rust's Magazin*, — Bouvier qui cherchait, *depuis 1833 au moins*, une occasion de couper le tendon d'Achille, ne la trouva que « *vers l'époque* où M. Duval pratiqua, *de son côté*, » l'opération. Mais le malheur de Bouvier ne fut pas de longue durée. Vincent Duval opérait à la fin d'octobre, et Bouvier qui cherchait en vain, *depuis trois ans au moins*, l'occasion d'opérer, *de son côté* aussi, ne trouvait cette occasion qu'au commencement de janvier 1836, c'est-à-dire moins de trois mois après l'époque où notre père avait pratiqué la sienne ; il est impossible d'être plus heureux après avoir été si malheureux, et son bonheur ne s'arrêta pas là : Bouvier avait cherché sans la trouver une occasion pendant trois ans, et voilà qu'en la seule année 1836, toujours vers l'époque où M. Duval....., etc., il en trouve SEPT et profite de toutes les sept pour pratiquer *sept sections* du tendon d'Achille ! Notre père, modeste et *peu agile*, comme il le disait naïvement, ne réclamant nullement contre les *songes* de son confrère, celui-ci se considérait comme bel et bien l'introducteur de la ténotomie en France, si bien qu'après avoir écrit tout ce qui précède, il sanctionne ses droits en mettant

V. Duval à son rang, dans les lignes suivantes, qui sont comme les tables d'airain de l'histoire et de la vérité :

Après avoir tracé à grands traits la propagation de la ténotomie en Allemagne, dans le Nord, en Angleterre, aux Etats-Unis, le véridique historien continue :

« A Paris, M. Blandin a coupé avec succès le tendon d'Achille ; cette opération a été aussi pratiquée plusieurs fois par M. Laugier.

« A Montpellier, M. Serre a réussi ; Cazenave, à Bordeaux ; Scouttetten, à Metz.

« *Enfin*, l'Académie a reçu de M. Duval de nouvelles observations qui ne présentent pas un résultat moins satisfaisant que les premières. »

Cet *enfin*, placé à la queue d'une interminable liste de noms de toutes les nationalités, semble avoir pour but évident de placer chacun à son rang, et comme le rédacteur ne s'y nomme pas, c'est que, naturellement, sur cette liste, il est le premier. Ce qu'il y a de plus curieux et édifiant, — curieux pourtant jusqu'à un certain point, car c'est la règle que l'intrigue, l'astuce et le *remuement* ont réussi de tout temps, — et ce que notre bien cher et modeste père disait de la science, de la littérature et de l'art n'est pas seulement vrai de ces branches de l'activité humaine, c'est vrai de tout, négoce politique et même vertu ! Que de saints iraient aux gémonies, si l'on possédait la photographie de leur vie; le seul tort de notre père a été de n'appliquer qu'au temps présent une loi de tous les temps, sans en

excepter probablement les préhistoriques. « *Aujourd'hui,*
disait V. Duval, qu'en fait de science comme en fait de
littérature et d'art, l'encouragement et les récompenses
vont aux plus agiles et non pas toujours aux plus
habiles, puisque le noble champ des hautes études est
tout simplement métamorphosé en une sorte de stade
où il s'agit seulement de savoir bien courir, il peut être
nécessaire que nous disions pourquoi notre livre arrive
si tard. » Et il le disait, le noble cœur, c'est que, voulant
écrire un livre sinon tout à fait exclusivement, au moins
principalement pratique, il avait voulu attendre d'avoir
recueilli et de pouvoir publier un assez grand nombre
d'observations, pour que les praticiens y trouvassent des
exemples de tous les cas qui pourraient se présenter dans
leur pratique. Son projet, il l'a réalisé consciencieu-
sement ; mais pendant qu'il travaillait dans l'ombre et le
silence, les *agiles* galopaient sur la piste, et c'est ainsi
que Bouvier est arrivé bon premier sans que beaucoup
de prétendus historiens de la science paraissent se
douter de la vraie cause de son succès. Mais, comme
avant tout, nous voulons que la justice marche ici de
pair avec la vérité, nous nous faisons un devoir de
reconnaître qu'à part ses grands défauts, Bouvier avait
un mérite qui lui aurait assuré dans tous les cas un
rang distingué dans la légion des orthopédistes.

Pour terminer ce que nous avons à dire sur l'historique de la ténotomie, nous devons ajouter que notre
père n'a pas seulement introduit en France la section
du tendon d'Achille, il a établi dans la science l'utilité

de la section de plusieurs autres tendons, notamment ceux du tibial antérieur, du court fléchisseur des orteils de l'abducteur et de l'extenseur du gros orteil, de l'aponévrose plantaire, pour guérir le pied bot varus; la section des tendons du long péronier latéral, pour guérir le pied bot valgus; la section du tibial antérieur, de l'extenseur propre du gros orteil, enfin, de l'extenseur commun, dans les cas de renversement du pied en haut.

Nous devons ajouter encore que toutes ces sections sont restées dans la pratique, et n'entrent pour rien dans la vive critique de Malgaigne sur les énormes abus des sections tendineuses, critique que tous les chirurgiens qui s'occupent d'orthopédie rappellent ou reproduisent à l'envi, sans se douter que cette critique s'adresse presque exclusivement à la pratique abusive de J. Guérin, qui coupait non seulement des tendons, mais des muscles et des ligaments, dans toutes les parties du corps, et qui en coupa 42 dans une seule séance sur le malheureux jeune homme (de 22 ans), le professeur Doubowitzki, lequel ne s'en trouva pas mieux au bout de quelque temps, ou même s'en trouva un peu plus mal. Quant aux sections pratiquées par notre père, jamais aucune d'elles n'a été faite inutilement, et c'est contre toute vérité que Gaujot l'accuse (*Arsenal de la chirurgie contemporaine*, p. 663) de s'être laissé entraîner, avec J. Guérin, à pratiquer des sections abusives. Jamais Malgaigne ni aucun critique sérieux n'ont fait pareil reproche à notre père, et c'est sans avoir jamais commis aucun abus ni subi aucun échec marquant qu'il a introduit la ténotomie en France.

On nous pardonnera d'être entré dans tous ces détails et d'avoir accumulé toutes ces preuves. La ténotomie, personne ne songe à le contester, est une des plus belles conquêtes de la chirurgie moderne, et quiconque a contribué à en assurer l'avenir doit tenir à affirmer ses droits ; si, dans sa modestie, notre père ne les a pas maintenus avec l'énergie qui lui était permise, ce n'est pas une raison pour que nous imitions son demi-silence, et pour que nous manquions à ce que nous devons à sa mémoire, en omettant de revendiquer hautement sa part dans l'établissement d'une méthode à laquelle l'humanité doit et devra encore tant de bienfaits.

Depuis l'extension de la ténotomie, on ne s'est pas contenté de sectionner les tendons ; on s'est attaqué aux os. Nous ne nous appesantirons pas ici sur les tentatives dont plusieurs parties du squelette ont été l'objet ; il en sera suffisamment question au traitement.

CHAPITRE IV

Etiologie (de *αἰτία*, *cause*, et de *λόγος*, *discours*, *traité*);
c'est donc un discours, un traité, une étude sur les
causes des maladies et, dans la spécialité qui nous
occupe, l'étude des causes du ou des pieds bots, car,
outre les variétés de formes que nous avons décrites, il
y a, ainsi que nous l'avons dit, deux grandes variétés
qui, sous les mêmes formes apparentes, peuvent différer considérablement sous plusieurs rapports : les uns
remontent à la naissance, sont les pieds bots congénitaux; les autres, développés plus ou moins longtemps, —
quelquefois très longtemps, — après que l'enfant est
sorti de la vie intra-utérine, ce sont les pieds bots dits
consécutifs ou accidentels. Nous étudierons l'histoire de
ces deux catégories soit dans leur ensemble, soit séparément.

Mais avant d'aborder l'étiologie ou, si l'on veut, l'étude
des causes, le point de vue élevé auquel nous avons
cherché à nous placer dans ce travail, nous oblige à sor-

tir un moment de la routine et des sentiers battus, sauf
à y rentrer quand la force des habitudes prises nous y
ramènera.

L'esprit humain à une telle tendance à se payer de
mots équivoques ou même dénués de sens et à prendre
des chimères pour des réalités, que non seulement le
langage général, mais encore celui des sciences et surtout celui de la médecine fourmille d'expressions sur
lesquelles on a l'air de s'entendre, parce qu'on ne leur
applique jamais le précepte de Locke : *définissez les
termes ;* et qu'on ne s'imagine pas que ce soient uniquement les mots peu usités, d'une petite importance qui
présentent cet inconvénient ; au contraire, ce sont les
mots les plus essentiels et de l'usage le plus
fréquent qui en sont souvent entachés. On sera peut-
être surpris de voir que celui qui occupe une des premières places, en médecine particulièrement, appartient
à cette catégorie, c'est le mot *cause* ! Comment ! le
mot cause, qui est une tête de chapitre de l'histoire de
chaque maladie, un mot employé des millions et des
millions de fois et par les esprits les plus distingués,
voire les plus élevés, le mot cause ne serait pas la
clarté même ? Eh ! non, ce n'est pas la clarté même ;
c'est un mot métaphysique et, comme tous ceux de cette
branche de ce qu'on prétend être les connaissances
humaines, il est assez nébuleux pour friser le galimatias ; si vous ne craignez pas de vous en assurer, faites-
en avec nous l'analyse rigoureuse. N'en prenons pas la
définition dans les lexiques généraux, pas même celui

de l'Académie,qui n'est pas beaucoup plus irréprochable que les autres ; consultons un lexique médical, rédigé par deux académiciens, dont un à la fois membre de l'Académie des sciences morales et de l'Académie française ; prenons le dictionnaire de médecine Littré et Robin, et voyons leur définition:« *Cause*,ce qui produit un effet» ; et pour compléter la défiuition,ils auraient sans doute défini le mot effet par « ce qui est produit par une cause » ! Mais ne les calomnions pas, et constatons qu'au lieu de continuer à suivre cette voie, où ne se serait pas déplu M. de Lapalisse, ils ont vu toutes les difficultés de la question et cherché à éclaircir la pensée qui pouvait se trouver au fond du mot *cause*. C'est donc,nous le savons, *ce qui produit un effet*. Mais pour produire un effet, il faut un effort petit ou grand, ou, en d'autres termes, l'intervention ou l'action de ce qu'on est convenu d'appeler une *force;* voyons donc si, au mot force, les auteurs précédents, ne nous fourniraient pas quelques éclaircissements sur ce qu'ils entendent par le mot *cause*.

Force. « En général, disent Littré et Robin, toute cause d'un effet produit, qu'elle soit ou non mesurable d'après le résultat : C'est tout ce qui produit, empêche, change ou modifie le mouvement, etc. Il est important de ne pas considérer une *force* comme une substance qui anime les corps et qui soit distincte d'eux; car c'est une propriété d'un corps envisagé *dans ses rapports avec les autres propriétés* du même corps ou d'un autre corps. Toute propriété inhérente à la matière brute ou organisée devient *force* dès l'instant que, envisagée dans un corps, elle modifie l'état moléculaire, l'état physique ou les propriétés d'un objet voisin ou éloigné. Par *force*, on entend une manière d'examiner les propriétés inhérentes aux corps bruts ou organisés dans leurs relations réciproques, telles que les êtres nous les offrent à l'état actif, au lieu de les considérer d'une manière indépendante ; indépendance qui n'existe jamais autrement que par un effort d'abstraction. Il y a autant d'ordres de forces que de *propriétés*. Le mot *force*, désignant abstractivement une source quelconque de mouvement, et le mot *propriété*, ont au fond le même sens, puisqu'une source de mouvement ne peut être autre chose qu'une propriété ; ils n'ont un sens différent que pour ceux qui pensent faussement que les forces sont des êtres, des entités, des causes des propriétés. »

· Ces explications auraient pu être encore plus claires ; elles le sont assez, néanmoins, pour prouver que, dans l'esprit des auteurs de la définition, le mot *cause* est une expression métaphorique qui ne peut signifier qu'une propriété *inhérente* à la matière inorganique ou organisée, et que la *force* signifiant la même chose, ne peut non plus être considérée ou étudiée en dehors des phénomènes qu'elle est censée produire. Essayons par quelques exemples de rendre cette vérité plus saisissante. Mais auparavant, montrons que cette habitude invétérée du langage métaphysique peut abuser jusqu'à un certain point les plus grands esprits, et ceux même les moins métaphysiques :

« La recherche de la vérité, dit l'illustre Laplace,

consiste à s'élever, par induction, des phénomènes aux lois et des lois aux forces. »

De cette proposition aphoristique il résulterait que, pour le grand géomètre, les *forces* ou, ce qui est la même chose, les *causes*, c'est-à-dire ce qui peut produire un effet, seraient quelque chose à part et au-dessus des lois ; il n'est pas très difficile de montrer que ce serait là une profonde erreur. Non seulement les *forces* ou *causes* ne sont pas au-dessus des lois ni même des faits particuliers, mais elles ne sont rien et ne nous apprennent rien que les faits eux-mêmes ne nous aient appris (1).

Celui qui a eu l'occasion d'observer — et qui a su en profiter — qu'en versant dans une dissolution de sel de cuisine une dissolution de nitrate d'argent, il se forme du nitrate de soude soluble et du chlorure d'argent insoluble, a constaté *un fait* intéressant, et il a acquis une notion scientifique d'un certain prix ; celui qui a observé cet autre fait analogue, qu'en versant dans une dissolution de sulfate de potasse une dissolution d'acétate de plomb, il se forme de l'acétate de potasse soluble et du sulfate de plomb insoluble, a constaté un second *fait* intéressant, et acquis une nouvelle connaissance scien-

---

(1) Au reste, le grand esprit qui a écrit cette proposition n'a jamais partagé cette erreur, quoiqu'il en ait commis quelques-unes comme il en échappe aux génies même de premier ordre ; il dit ailleurs en effet : «Je n'entends exprimer que des phénomènes du sensorium, sans rien affirmer sur leur nature et sur leurs causes ; comme en mécanique, *on n'exprime que des effets, par les mots force, attraction, affinité,* etc. »

tifique. Mais celui qui a constaté et qui a su remarquer que *toutes les fois* qu'on mélange deux dissolutions qui peuvent former un composé insoluble, leur décomposition est forcée, celui-là a découvert *une loi*, laquelle ne *régit* pas les faits, comme on le dit quelquefois à tort, mais qui en est l'expression générale et qui constitue ce qu'on pourrait appeler la grande science, c'est-à-dire la science proprement dite, la connaissance de quelques faits ou même d'un grand nombre de faits isolés, qui n'ont point d'expression générale ou de *loi*, n'étant jamais qu'un lambeau de science et un acheminement à la science entière.

Maintenant, dans les deux ordres de faits analogues que nous venons d'énoncer, où sont les effets ? Où sont les causes ? Les effets sont clairs ; c'est la formation de quatre corps nouveaux formés par le mélange de quatre composés différents : du nitrate d'argent et du chlorure de sodium, d'une part ; du sulfate de potasse et de l'acétate de plomb, de l'autre. Y a-t-il un des sels qui a joué le rôle de *cause* ou de *force ?* il serait ridicule de le prétendre ; les deux éléments qui avaient plus d'affinité dans les composés nouveaux qu'ils n'en avaient dans les anciens, ont divorcé, d'un côté, et contracté un nouveau mariage, non, assurément, en vertu d'un choix délibéré et conscient, mais en vertu de l'*attraction* ou de l'*affinité* chimique.

L'affinité ? L'attraction ? Qu'est-ce que cela ? C'est une *cause*, une *force*, c'est-à-dire *un mot* qui n'apprend absolument rien à personne et en particulier à celui qui connaissait la *loi* de la double décomposition des sels. La vraie cause active ou la vraie force qui a déterminé les phénomènes, c'est le chimiste qui a mis les solutions en présence ; cependant nous ne croyons pas que personne ait l'idée de lui donner le nom de cause.

Autre cas, qui pourrait donner plus facilement le change sur la véritable interprétation des faits :

Vous faites germer une graine dans une chambre privée de lumière, ou vous y transportez une plante en pleine végétation : la graine germe, mais une fois la tige hors de terre, elle meurt ; quant à la plante, elle s'étiole d'abord, pâlit, et bientôt meurt aussi. Vous pratiquez dans les parois de la chambre une petite ouverture par où peuvent passer quelques rayons de lumière, et la plantule de la graine ou quelques rameaux de la plante se dirigent vers l'ouverture pratiquée, comme pour aller respirer ou absorber le jour ; enfin, vous transformez la chambre obscure en une pièce à parois transparentes où la lumière pénètre de toutes parts, et la végétation de la graine comme celle de la plante se développe luxurieusement. Dans tous ces phénomènes, où sont les causes ? où sont les effets ? la graine a germé, voilà sans doute un effet ; après la germination, elle est morte, voilà sans doute encore un autre effet ; la plantule de la graine et les rameaux de la plante se sont dirigés vers l'ouverture où passaient des rayons de lumière, est-ce encore un effet ? cela paraît certain, à moins qu'on n'admette que la plante ait une volonté, et, dans ce cas, la présence de la lumière aurait pour effet

de déterminer le développement de la volonté (1) !
Tous ces phénomènes sont des *effets*, les *conditions* qui
les ont déterminés sont des *causes* : voilà donc la
lumière une cause de végétation et de mouvements d'apparence volontaire, c'est-à-dire une *force*. Que la
lumière soit une *force*, beaucoup l'admettraient probablement sans trop de répugnance ; mais l'obscurité une
force, cela paraîtrait sûrement moins admissible, et
pourtant cela ne le serait pas moins, car cette *obscurité, force* qui tue, ou si vous voulez, qui empêche de
vivre la plante, a fait germer la graine, laquelle n'aurait
pas germé en présence de la lumière ; ainsi, lumière et
obscurité, cause ou force de vie d'un côté, cause de mort
de l'autre ! Pourquoi ne pas se contenter de voir dans
tous ces phénomènes des *conditions d'existence* comme
nous l'avons dit dans notre introduction, et créer des
mots qui ne nous apprennent rien, et qui, en réalité, ne
signifient rien ?

Pour ne pas insister trop longtemps sur ces vérités
importantes, quoique élémentaires, terminons par un
exemple plus grandiose.

Quand l'immortel Newton eut la science et le génie
de découvrir que tous les corps de la nature s'attirent en raison directe de leur masse et en raison
inverse du carré de leur distance, il eut la plus grande

(1) Tous les jours, des personnes, des savants même, attribuent à la
volonté réfléchie, chez des animaux, des mouvements instinctifs déterminés par les *conditions d'existence*, et qui ne sont pas plus *volontaires*
que ceux de la plante allant chercher la lumière, et beaucoup d'autres
exécutés par les végétaux.

conception qui soit sortie du cerveau humain et il for-
mula la plus grande des lois naturelles ; mais, en se
servant des mots *attirer* et *attraction* pour exprimer un
fait physiquement exact, — mot dont il était peut-être
impossible de ne pas se servir, ou d'autres équivalents,
pour éviter des périphrases, — on avait l'inconvénient
de donner à entendre que le phénomène était produit
par une *force*, — car il n'y a que ce qu'on appelle une
force qui puisse *attirer* ou *repousser*, — et, qui plus est,
par une force *occulte*, puisque les corps qui sont dits
s'*attirer* n'ont aucun rapport direct ni même par l'intermédiaire d'autres corps ou éléments apparents. Mais on
doit faire observer que jamais Newton n'attacha un tel
sens ni au mot *attraction*, ni au mot *pesanteur*, ni au
mot *gravitation*, par lesquels il exprima la grande loi
qu'il avait découverte ; il ne prétendit que constater
un fait général et non supposer une *cause* ou *force*
occulte ; il déclarait même incapables de comprendre la
philosophie naturelle ceux qui croiraient que les astres
s'attirent sans avoir entre eux d'autre intermédiaire que
le vide ; un intermédiaire quelconque qu'il ne nous est
pas donné, quant à présent, de constater doit donc exister;
et l'expression de *force attractive* n'est qu'un voile pour
masquer notre ignorance des vraies et complètes conditions de la pesanteur, voile qui nous est encore, hélas ! si
souvent indispensable en présence d'autres phénomènes.
Ceux dont s'occupent la physiologie et la pathologie peu-
vent-ils se passer de cette triste ressource et se présentent-
ils assez clairement à notre observation pour que nous

puissions nous faire une idée nette, exacte et complète
des conditions dans lesquelles ils se produisent ? Il suffit de parcourir ce que tous les traités de pathologie
consacrent à l'étude de l'étiologie pour se convaincre
dans quel dédale inextricable d'hypothèses de toute
espèce, de distinctions, de sous-distinctions, ils se sont
engagés sans avoir pris la peine, avant de s'aventurer
dans ce chaos, d'essayer de se donner un fil conduc-
teur, si fragile fût-il, en définissant ce qu'étaient les *causes*
qu'ils cherchaient et en tâchant de s'assurer ainsi qu'ils
ne couraient pas après le néant. Nous ne pénétrerons
pas, à notre tour, dans ce dédale de la pathologie générale (nous entendons celle de toutes les maladies réu-
nies) et nous n'entreprendrons pas de démêler cet éche-
veau de causes *internes* et *externes*, *prochaines* (ou con-
tinentes) et *éloignées*, *essentielles* et *accidentelles*, *maté-
rielles* et *formelles*, *communes* et *spécifiques*, *prédispo-
santes* et *déterminantes* (ou efficientes, excitantes, occa-
sionnelles), l'examen de la seule étiologie du pied bot
ne nous fournira que trop de preuves de la triste vérité
que nous venons d'exprimer ; il nous montrera qu'en se
lançant sans réflexion suffisante, par routine, dans cet
obscur chaos, les esprits les plus distingués n'ont pu éviter des erreurs ou des bévues qui peuvent aller jusqu'à
des non sens et à de véritables absurdités.

Disons. d'abord, que tous ceux qui ont traité des
causes du pied bot ont confondu dans un même titre,
sous une même rubrique, *causes* et *théories*, sans plus
chercher d'ailleurs à définir ce qu'est ou peut être une

cause et ce qu'est ou peut être une théorie. Nous verrons à éclaircir ce dernier point, comme nous avons éclairci le premier. Mais auparavant, montrons ce que la préoccupation de la nébuleuse idée des causes a pu inspirer à des esprits distingués sous bien des rapports :

« Il est nécessaire, dit Bouvier, de remonter à l'origine ou à la *cause première* de la déviation, pour apprécier sous un point de vue utile à la thérapeutique le genre de résistance qui met obstacle au redressement des pieds bots. »

Vous voyez-vous obligé de remonter à la *cause première* de la déviation pour apprécier si la section du tendon d'Achille peut être utile à la guérison du pied équin, quand aucun apprenti physicien de quelque intelligence n'ignore qu'il est impossible de remonter à aucune cause première, et que les esprits sensés doivent s'abstenir de la rechercher ! Il est vrai que Bouvier a probablement employé les mots de *cause première* par vaniteuse prétention, et sans avoir cherché à se faire la moindre idée de leur signification.

Cette pensée ténébreuse n'en a pas moins eu des interprètes à qui toute idée prétentieuse ou vaniteuse était étrangère, et qui l'ont répétée par routine ou peut-être quelquefois par naïveté. De ce nombre est Thorens, esprit généralement droit, mais dans une sphère restreinte.

« Nous connaissons maintenant, dit-il, les lésions des divers appareils dans le pied bot varus congénital, leur importance au point de vue de la difformité envisagée comme entité. Mais à quelle *cause première les rapporter ?* » Il trouve que de ces causes premières introuvables qu'aucun philosophe ne cherche plus, les chirurgiens en ont proposé trois, et il en discute quatre, dont l'une, il est vrai, n'est qu'une négation ou une inconnue.

Schwartz, sans parler de cause première ou seconde, et justifiant les remarques que nous avons présentées ci-dessus, ne pose même plus la question de *causes* et de *faits*, mais de *forces* et de *théories :*

« ..... Il semble résulter de là, dit-il, que ce qui joue un rôle essentiel dans la production du pied bot congénital, c'est une *force* qui déforme les os, qui dévie les articulations et les maintient dans leurs déviations.....

« *Quelle est cette force ?* »

Et à cette question qu'il se pose à lui-même, il fait cette singulière réponse, qui prouve que, dans son esprit, — si son esprit suivait les lois de la logique, — le moyen de découvrir une force cachée serait... de faire des théories !

« Quelle est cette force ? dit-il, c'est ce qu'il s'agit de déterminer : trois grandes théories sont en présence ! »

Et ces trois grandes théories sont celles auxquelles Thorens a fait allusion, dont tous les orthopédistes parlent depuis qu'on s'occupe beaucoup d'orthopédie, mais sans jamais s'inquiéter, d'ailleurs, de ce qu'est une théorie, ce que nous allons examiner nous-même dans un instant.

Que beaucoup de chirurgiens aient parlé de causes et de théories sans bien se rendre compte du sens et de la portée de leurs paroles, cela n'a rien qui doive nous étonner démesurément, mais que Malgaigne, esprit généralement lucide, quoique, à la vérité, pas très profond, soit tombé dans la même faute, beaucoup en pourront être surpris ; malheureusement, les textes ne permettent aucune illusion : l'éminent critique n'a pas su échapper à l'influence d'une fausse philosophie médicale.

« En dehors de cette cause qui préexiste au germe, dit-il, nous avons à examiner avec plus de soin celles qui peuvent atteindre le produit pendant son développement intra-utérin. Elles présentent plusieurs explications qui répondent à trois théories fort distinctes : l'une nous montre l'influence des causes qui s'y rapportent agissant dès les premiers temps de la conception, c'est la théorie de l'arrêt de développement ; la seconde... » etc. (*Leçons d'orthopédie*, p. 111 et suiv.)

« Des *causes qui présentent plusieurs applications qui répondent* à trois *théories* » — (lesquelles ne sont que ces mêmes causes), — et dont l'une *montre les causes (!) qui s'y rapportent* » (*!!*), agissant *par arrêt* de développement, c'est-à-dire agissant en n'agissant pas... !!! Qui s'imaginerait que cet affreux galimatias ait pu sourdre de la plume ou tout au moins de la bouche de l'éloquent professeur, si l'on ne savait que parler et écrire sont choses fort distinctes, et qu'écrire légèrement et penser profondément sont choses plus distinctes encore ?

Avant donc que d'écrire apprenez à penser,

a dit un homme qui savait faire l'un et l'autre.

C'est assez avoir insisté sur les généralités relatives aux *causes, forces* et *théories*, il est temps d'examiner ces causes en particulier, d'autant que nous aurons encore à signaler des erreurs qui ne font que confirmer, et parfois répéter, celles que nous avons signalées dans les généralités.

Toutes les formes de pied bot peuvent se présenter dans deux catégories de la difformité très différentes par leur origine, suivant qu'elles existent déjà au moment de la naissance ou qu'elles se développent plus tard ; on les a désignées sous le nom de *pieds bots congénitaux et de pieds bots accidentels ou consécutifs.* Nous étudierons l'étiologie successivement dans ces deux catégories.

Pied bot congénital.

DE L'HÉRÉDITÉ

Si l'hérédité, quoiqu'elle soit considérée comme une cause, n'est pas une cause première (dont la recherche est interdite à tous les esprits sensés), c'est du moins la première en date dans l'étiologie de toutes les maladies où elle est admise, puisqu'elle frappe le sujet pour ainsi dire avant qu'il ne soit formé. Il est donc naturel qu'elle figure ici au premier rang. Mais avant d'écrire les quelques lignes qu'il convient et qu'il suffit de lui consacrer, ne faut-il pas se demander, d'abord, si le nom de cause (la convenance du mot étant admise) doit lui être appliqué ? De quelque façon qu'on l'entende, toute condition qui concourt à produire un effet ou un résultat, ne peut s'entendre que d'une condition active, d'une force, comme l'a très bien exprimé Schwartz ; or, l'hérédité n'est ni un être, ni un état réel, c'est une abstraction ; que peut donc être l'action ou même, si l'on veut et comme on dit, l'influence d'une abstraction ? c'est une question qu'il est presque ridicule de poser et sur laquelle, par conséquent, il n'y a pas à insister.

Mais, conception philosophique à part, il est positif que des parents pieds bots peuvent transmettre leur infirmité à leur progéniture, ou mieux, la transmettent plus fréquemment que des parents bien conformés, ce qui est nécessaire pour démontrer l'hérédité. Les faits qui établissent cette démonstration sont nombreux et cités partout ; il est inutile de les reproduire, mais il est utile de signaler ceux qui sont plus qu'équivoques et qui ont fait de singulières illusions à certains esprits, et de signaler aussi les erreurs d'appréciation auxquelles l'hérédité a donné lieu.

Parmi les faits qu'avec beaucoup de parlementarisme on peut appeler équivoques, sont les suivants, cités on ne sait trop pourquoi par M. Lannelongue, à la suite de la statistique de Chaussier établissant le rapport du nombre des pieds bots à celui des naissances :

« Si de ce rapport, dit-il, on rapproche celui donné par Bouvier dans les cas de mariages consanguins, on est frappé de la prédominance des pieds bots chez les enfants issus d'union consanguine (23 fois plus que chez les autres).

« Il est nécessaire néanmoins de remarquer que cette dernière statistique n'est basée que sur un petit nombre de faits. L'influence de la consanguinité est donc établie par ce rapport, et Devay le reconnaît aussi. « Cette « difformité, dit-il en parlant du pied bot, est très com- « mune dans les familles où l'habitude des mariages « consanguins existent depuis longtemps. »

On est embarrassé pour décider qui raisonne le plus mal de l'auteur citant ou des auteurs cités. M. Lanne-longue constate que la statistique de Boudin — (qui a fait beaucoup de statistique et généralement de la mau-vaise) — ne comprend qu'un petit nombre de faits ; la conclusion logique à laquelle on s'attend après cette constatation, c'est que la statistique — (nous entendons celle-là) — n'a aucune valeur ; pas du tout, M. Lanne-longue conclut : « la consanguinité est donc établie par ce rapport ! » Quant à l'appui que cette statistique, nulle par insuffisance du nombre de faits, tirerait du témoi-gnage du Dr Devay, le langage seul de celui-ci en prouve suffisamment la nullité ; non seulement des familles *qui ont l'habitude des mariages consanguins depuis longtemps* ressemblent singulièrement à des familles chimériques, mais quiconque a les moindres notions exactes de statistique et a lu les ouvrages du Dr Devay, ne peut ignorer que ses statistiques et ses raisonnements valent encore moins, s'il est possible, que ceux de Boudin.

Voici une erreur d'appréciation ou plutôt plusieurs erreurs qui sont plus affligeantes, car elles sont d'un professeur éminent, de Malgaigne ; mais nous savons déjà que Malgaigne philosophe, ou même écrivain, était loin de valoir Malgaigne professeur.

« Le fait de l'hérédité, dit-il, a été constaté du côté du père *ou* de la mère. » Pourquoi ou et non pas *et*, car l'hérédité a été constatée du côté des deux parents, et elle ne pouvait pas ne pas l'être, car il n'existe pas et ne paraît pas pouvoir exister une hérédité propre à un seul des sexes.

L'hérédité étant constatée pour Malgaigne, comment donc peut-il écrire, immédiatement après cette constatation : « Je ne suis donc pas plus disposé à accepter l'*hypothèse* des déviations originelles que celles des luxations du même genre. » Hypothèse, un fait constaté ! ce serait à y perdre son latin, si l'on en avait. Il y a pourtant une raison à cette énorme inconséquence : Pour accepter la déviation *originelle*, qui signifie, ici, héréditaire, Malgaigne exigerait, paraît-il, que l'hérédité fût *fatale*. « Mais, dit-il, l'hérédité est loin d'être fatale, d'une part, et, d'autre part, dans l'immense majorité des cas, les ascendants n'ont offert aucune trace de difformité semblable. » C'est presque à se demander si celui qui a écrit ces lignes était en pleine possession de sa raison. Et qu'adviendrait-il donc si une infirmité ou même une maladie était *fatalement* héréditaire ? Eh ! par Hercule ! il arriverait ce que le plus simple bon sens suffit à démontrer : c'est que tout le monde, sans exception, serait, au bout d'un certain temps, frappé de la maladie ou de l'infirmité ; l'hérédité, en effet, n'empêche pas l'innéité, et M. Malgaigne le dit lui-même, puisqu'il constate que, dans l'immense majorité des cas, les ascendants n'offrent pas de traces de difformité. Donc, ceux qui sont difformes transmettant *fatalement* leur état, et ceux qui ne le sont pas le transmettant fréquemment, avant qu'il soit longtemps la population tout entière sera *fatalement* frappée. Voilà à quelles monstrueuses conséquences on peut être conduit nonobstant beaucoup d'éloquence, mais faute d'une dose suffisante de la faculté de réflexion ! Quant à ce que Malgaigne a voulu dire par ces mots, placés à la suite de la constatation de l'hérédité : « La ressemblance du produit est, comme vous voyez, conduite à ses dernières limites, » il serait difficile de le deviner ; on ne voit pas pourquoi la transmission du pied bot serait la *dernière limite* de l'hérédité plutôt que la transmission d'un nez aquilin ou camus, de la couleur des cheveux ou de la syphilis. L'hérédité, comme la génération elle-même, est un des nombreux mystères impénétrables de la nature, et il n'y a, que nous sachions, dans les mystères ni premières ni dernières limites.

Tenons-nous en donc au fait, et concluons que le pied bot se transmet quelquefois (sans qu'on ait encore établi un rapport numérique) des parents aux enfants, mais qu'il ne se transmet *ni ne peut se transmettre fatalement*.

CAUSE OU THÉORIE DE L'ARRÊT DE DÉVELOPPEMENT

Après la *théorie* ou la *cause* de l'hérédité, qui s'exerce sur le germe, il paraît naturel de placer celle de l'*arrêt de développement* qui a lieu chez le fœtus encore renfermé dans l'organe gestateur.

A propos de cette prétendue cause, nous avons le regret de constater une bévue vraiment bien grosse venant d'Isidore Geoffroy-Saint-Hilaire, esprit élevé, sinon tout à fait de premier ordre. Cette bévue, imaginée d'abord par Meckel et appuyée ensuite par Breschet, ce qui ne diminue en rien la responsabilité de Geoffroy-Saint-Hilaire, consiste à attribuer le pied bot à un arrêt de développement, qui aurait lieu à une époque de la vie intra-utérine où le fœtus serait normalement stréphopode.

Comment ! le fœtus serait toujours stréphopode à une certaine époque de la vie intra-utérine, et son développement s'arrêterait à cette époque ? Mais voyons, entendons-nous, si c'est possible : le pied bot du nouveau-né a les mêmes dimensions que le pied qui n'est pas déformé, et quand ils sont déformés tous deux, ils ont le volume qu'ils doivent avoir, chez l'enfant naissant, quand les membres ne portent pas de traces de maladies développées avant ou en même temps que le pied bot. Où donc verrait-on l'arrêt de développement, la supposition du pied bot *normal* fût-elle reconnue exacte, ce qui n'est pas ? Et quand même le nouveau-né viendrait au jour avec un pied bot arrêté au point de développement qu'il doit avoir à l'époque prétendue du pied bot normal, où donc verrait-on là une *cause* ou, comme le dit Schwartz, avec raison en un sens, une *force*, puisque, à partir de cette époque, le pied bot reste tel quel, précisément parce qu'il cesse de se développer? Ce serait donc une force qui, ainsi que nous l'avons dit ci-dessus, agirait en *cessant d'agir!* Est-il bien nécessaire, après cette objection radicale, d'en énumérer une foule d'autres qu'on pourrait opposer au prétendu arrêt de développement? d'objecter, par exemple, comme plusieurs l'ont fait, que si l'arrêt de développement était juste, tous les pieds bots congénitaux devraient être des varus, tandis qu'il en existe d'autres, soit chez les divers stréphopodes, soit, ce qui est plus étrange, chez un seul sujet, qui peut être varus d'un côté et valgus de l'autre? On a cru répondre à cette objection en invoquant des rotations plus ou moins prononcées de la jambe, soit en dehors, soit en dedans, lesquelles peuvent effacer le varus, et même le transformer en valgus, etc. ; outre que cette rotation est impossible dans la jambe, et n'aurait lieu en tous cas que dans la cuisse, elle est, sinon une chimère démontrée, tout au moins une hypothèse gratuite, par conséquent dépourvue de toute valeur, et qui, fût-elle fondée, ne détruirait nullement l'objection radicale faite ci-dessus.

A quoi bon insister davantage? En voilà bien plus qu'il n'en faut pour qu'une théorie soit jugée et qu'il n'y ait pas lieu de dire avec Malgaigne « qu'elle est inha-

bile à *tout* expliquer », mais bien qu'elle n'explique rien.
Voyons si d'autres seront plus satisfaisantes.

COMPRESSION PAR LES PAROIS DE L'UTÉRUS

En voici une digne de tous nos respects, car elle a pour premier père Hippocrate et pour pères adoptifs partiels ou généraux (1) des hommes qui marchent avec gloire dans les sentiers tracés par le *divin vieillard*, A. Paré, Camper, Paletta, Scarpa, Chaussier, Cruveilhier, Malgaigne, etc. Nous la respecterons donc, mais nous ne l'adopterons pas. Quand un orthopédiste-mécanicien présenta à l'Académie de médecine un mémoire sur cette *théorie* qu'il considérait volontiers comme sienne et sur laquelle Cruveilhier fit un rapport en partie approbatif, Velpeau et Breschet la combattirent : « Comment admettre, dit ce dernier, que l'utérus puisse jamais comprimer le fœtus assez longtemps pour dévier les pieds de leur situation normale, si, comme tout le monde le sait, les eaux de l'amnios s'opposent à cette compression ? La supposition de l'absence du liquide amniotique ne saurait logiquement conduire à la conséquence qu'on voudrait en tirer, car cet état ne serait guère durable. Tout le monde sait, en effet, que du moment où les eaux de l'amnios ont coulé, l'accouche-

---

(1) On nous pardonnera cette expression que nous employons pour éviter les périphrases, et pour désigner les chirurgiens qui adoptent en tout ou en partie la *théorie* de la compression utérine.

ment est inévitable, soit que cet écoulement ait lieu spontanément ou accidentellement. Si l'accouchement n'a pas lieu immédiatement, l'enfant meurt ; et, dans aucun cas, on ne saurait admettre que la compression de la matrice puisse déterminer la formation du pied bot congénital. »

Dans les termes où elle est posée, cette argumentation est irréfutable ; mais on peut dire, ce qui est vrai, que les partisans de la compression n'ont pas prétendu qu'il y eût absence, mais seulement rareté, insuffisance des eaux de l'amnios ; en cela ils n'ont pas été heureusement inspirés : d'abord, ils n'ont pas démontré, — ce qui est à peu près indémontrable, — la rareté du liquide amniotique ; mais, cette rareté fût-elle réelle, ils n'ont pas su voir qu'elle aurait de bien autres conséquences que la compression des pieds. S'il existait en face des pieds ou des jambes une tumeur intra-utérine, on comprendrait que ces membres pussent être comprimés isolément et déviés, mais en l'absence d'une telle tumeur, toute compression particelle, isolée, est impossible ; la cavité de l'utérus est un avoïde à peu près régulier, et ses parois sont unies ; sur un liquide insuffisant comme sur un liquide abondant, elles presseraient également sur tous les points, et même davantage sur les points voisins du grand diamètre de l'ovoïde, comme cela a lieu dans l'accouchement. La conséquence d'une telle pression serait de porter plus spécialement sur la tête qui serait non seulement comprimée dans tous les sens, vu l'égalité de tout liquide comprimé, mais surtout de haut en bas, de façon que la tête s'inclinerait sur le cou, et que celui-ci éprouverait des changements de rapports qui ne seraient sans doute pas sans danger pour l'enfant. Les conditions d'existence de celui-ci veulent qu'il ne s'exerce sur lui de compression anormale ni par défaut, ni par excès de liquide; entre la quantité des eaux amniotiques et l'état de tension des parois utérines, il doit y avoir harmonie parfaite, sans quoi la vie du fœtus est compromise ou l'accouchement forcé. Ne sait-on pas que l'injection dans l'utérus de quelques grammes du liquide le plus inoffensif, détermine les contractions de l'organe et l'expulsion du contenu utérin ? Voilà de simples considérations auxquelles les mécaniciens, partisans partiels ou généraux de la *théorie* de la compression, n'ont pas songé et qui démontrent l'erreur de leur conception ; il est pardonnable à Hippocrate, qui ne connaissait guère ni la physique ni la mécanique, de n'en pas avoir tenu compte ; mais Malgaigne et ses contemporains sont moins excusables. A plus forte raison sont moins excusables encore ceux qui, se basant sur quelques faits isolés et mal interprétés, ont tenté de réhabiliter cette *théorie* physiologiquement impossible, tels que Little, Jensen, Gaussail et Bérard, deux bons esprits cependant. Nous en dirons encore quelques mots dans notre résumé.

ACTION MUSCULO-NERVEUSE

On fait honneur à Bonnet (de Lyon) d'une *théorie* dite
musculo-nerveuse plus délicate à bien juger que la précédente, et que l'habile auteur du traité des sections
tendineuses avait puisée dans Delpech, dont il convient
de rappeler les observations :

Dans son orthomorphie, le célèbre chirurgien de
Montpellier rapporte les observations de deux malades
atteints de pied bot varus équin et dont l'infirmité s'était
produite dans les conditions suivantes :

L'un avait reçu un coup de feu dont le projectile (un
biscaïen) avait divisé le nerf poplité externe ; aussitôt
après l'accident, la faculté de mouvement fut abolie dans
la partie externe de la jambe et du pied : les muscles
péroniers, jambier antérieur, extenseur commun des
orteils, extenseur propre du gros orteil, restèrent paralysés. Depuis ce temps, la pointe du pied devint basse
et le pied se déforma graduellement, jusqu'au point de
ne plus pouvoir toucher le sol que par l'extrémité
antérieure du calcanéum, la face dorsale du cuboïde et
la malléole externe.

Chez le second ou plutôt la seconde malade, — car
c'était une demoiselle de 24 ans, — la difformité s'était
produite à la suite d'une inflammation suppurative dans
la partie inférieure et interne de la cuisse gauche, et
qui avait intéressé le nerf poplité interne. Il y eut des
fusées purulentes, des décollements des muscles de la

cuisse et une nécrose du fémur. Pendant cette grave maladie dont la durée fut de trois ans, les muscles de la jambe se contractèrent fortement et il se forma un pied bot varus équin des plus prononcés. Delpech fait, à propos de ces deux cas, les remarques suivantes :

« Ces deux observations démontrent fort clairement, l'une, que la paralysie d'un ordre de muscles congénères livre les os à toute la force des antagonistes, et que cette force purement équilibrante peut suffire pour porter loin la déviation d'un membre. La seconde de nos observations démontre tout aussi clairement que, lorsqu'un nerf ou ses principales branches destinées à produire la faculté du mouvement dans un ordre de muscles congénères, viennent à être soumis à une action irritative, elle peut se transmettre à tous les muscles qui reçoivent leur influence, au point que ces derniers organes se livrent à un effort permanent de raccourcissement capable d'altérer profondément les formes en changeant le rapport d'inclinaison naturelle des os. »

Quoique les deux cas observés par Delpech et exposés avec son remarquable talent descriptif fussent des exemples de pieds bots accidentels, Bonnet (de Lyon) en transporta l'explication dans le domaine des pieds bots congénitaux, et après une critique sévère des théories, proposées avant lui, limita à deux espèces, de degrés variables, tous les pieds bots, le pied bot en dedans et le pied bot en dehors, toutes deux produites par la rétraction des muscles animés par les nerfs sciatiques poplités internes et externes, et, sûr de sa *théorie*, il les désigna par les dénominations de pied bot poplité interne et de pied bot poplité externe. C'est ici que Schwartz a raison de dire que la classification implique la théorie, et non les dénominations proposées par notre père, qui ne font qu'exprimer un fait purement matériel.

Comme on le voit, il ne fallut pas de grands efforts d'imagination à Bonnet pour édifier sa théorie ; il n'eut qu'à appliquer aux déviations congénitales ce que Delpech avait dit des déviations accidentelles et, nous pouvons ajouter, avait démontré. Mais sur cette dernière moitié de la théorie, Bonnet n'a pas été aussi positif que son modèle, aussi a-t-il trouvé des contradicteurs :

« Bonnet a naturellement toute confiance dans sa théorie, dit Malgaigne, et cite à l'appui ce fait que le talus pur n'existe pas, ne peut pas exister, et qu'il n'a été jusqu'à présent décrit ou dessiné que d'après des observations inexactes. Les pièces que nous vous avons montrées tout à l'heure » — (on se rappelle que l'ouvrage de Malgaigne est une impression de ses leçons) — « sont en effet des talus valgus, et c'est là le fait ordinaire ; cependant Bouvier, tout en considérant le talus direct comme très rare, signale un dessin de M. Little qu'il tient pour le plus concluant de ceux qu'il connaisse :

« Quoi qu'il en soit, si l'exception peut à peine être posée pour le talus direct, il n'en est pas moins vrai que la théorie peut être prise en défaut ; il s'agit du muscle jambier antérieur. Ce muscle, comme chacun l'admet, est élévateur du bord interne du pied, et quoique animé par le nerf sciatique proplité externe, contribue par conséquent aux déviations du pied en dedans ; aussi, Bonnet, qui croyait devoir couper tous les muscles, l'avait souvent attaqué dans les cas de varus. Vint la théorie, et Bonnet cessa d'y porter le ténotome, il n'en obtint pas moins de guérisons ; il est presque inutile de dire la conclusion de l'auteur, toute au bénéfice de la théorie : il devenait démontré par cela même que ce muscle était étranger à la production du varus. Singulière préoccupation d'un bon esprit, devenu tributaire d'une théorie sans laquelle il eût conclu certainement comme nous, en disant que cela prouvait seulement qu'il coupait trop de muscles. »

Malgré cette condamnation sans appel, en ce qui concerne l'influence attribuée par Bonnet aux deux nerfs poplités, la question n'est pas définitivement jugée relativement aux rapports qui pourraient exister entre des altérations des muscles, des nerfs ou même des centres nerveux et les pieds bots. Nous disons les rapports, nous verrons plus loin si ces rapports supposés réels, peuvent porter le nom de *théorie*. Cette question, nous l'avons dit, est plus difficile à résoudre que celles que nous avons examinées précédemment ; c'est aussi celle où l'on peut constater entre les discuteurs le plus de contradictions, de confusion et d'inconséquences.

L'influence attribuée au système nerveux sur la production du pied bot peut se manifester, d'après ses partisans, de plusieurs façons différentes : directement par les organes centraux ; par la paralysie de certains nerfs et des muscles qu'ils animent, ou, au contraire, par la contraction ou contracture de ceux-ci. Nous n'exposerons pas dans tous leurs détails les faits et les arguments invoqués à l'appui de cette théorie ; il nous suffira de les indiquer sommairement, ainsi que les objections qu'on peut leur opposer.

Le fait le plus concluant à l'appui de l'influence des centres nerveux est celui qui a été rapporté par Michaux ; en raison de son importance, considérée tantôt comme très grande, tantôt comme à peu près problématique, — et par les mêmes appréciateurs, — nous en donnerons une analyse très sommaire :

Il s'agit d'une femme de 70 ans qui portait depuis sa naissance un double pied bot varus équin. Jamais dans le cours de sa vie, elle n'avait éprouvé aucun symptôme que l'on pût rapporter à une maladie de la moelle épinière.

Après sa mort, dont on ne note pas la cause, on fait son autopsie et l'on constata les faits suivants : « Les masses musculaires des jambes sont d'un volume inférieur à l'état normal ; mais on juge qu'il s'agit là d'un défaut de développement plutôt que d'une atrophie proprement dite ; il n'existe nulle part de coloration jaune des muscles ; ils ont la teinte rouge et la consistance normale. L'examen microscopique n'en fut pas fait.

« Vers la partie moyenne de la région dorsale de la *moelle*, on trouve un premier foyer de myélite scléreuse,

La substance blanche et la substance grise y sont toutes deux le siège d'altérations diverses et très remarquables. Dans les cordons postérieurs et latéraux, les cordons nerveux ont perdu leur direction longitudinale ; au lieu d'offrir sur une coupe transversale l'aspect de disques régulièrement disposés côte à côte que l'on observe dans les moelles saines, on les trouve horizontaux, obliques, irrégulièrement flexueux et séparés les uns des autres par des tractus plus ou moins épais de tissu conjonctif. On est frappé de voir que la partie la plus antérieure des cordons postérieurs apparaît en un point comme emprisonnée au sein de la substance grise, qui forme autour d'elle un cercle à peu près complet, et la sépare absolument des autres parties de ces mêmes faisceaux.

« Les cornes antérieures de substance grise présentent, çà et là parsemés, de petits lacs à bords plus ou moins anfractueux, remplis d'une matière amorphe, finement granuleuse, se colorant fortement par le carmin. Elles renferment encore un bon nombre de cellules nerveuses bien constituées.

« Au-dessus de ce foyer d'altération, les lésions s'atténuent progressivement et assez rapidement. Bientôt la substance grise récupère sa disposition normale, et dans les faisceaux blancs, la sclérose se limite à peu près symétriquement à la partie postérieure des cordons latéraux. »

Vers la dixième ou onzième paire dorsale, on trouve un second foyer assez semblable au premier pour qu'il

soit inutile d'en reproduire la description, et l'auteur
termine par les lignes suivantes :

« En avant des deux foyers, dorsal et lombaire, on
trouve, dans une certaine étendue en hauteur, une sclérose limitée aux cordons postérieurs, conformément, dit
l'auteur qui est un élève de M. Charcot, à *la loi* des
dégénérations secondaires consécutives aux lésions en
foyer de la moelle épinière. »

Conclure de cette observation, que l'on considère
comme la plus concluante, que cette femme de 70 ans
a été atteinte dans l'utérus de sa mère d'un pied bot
paralytique, et, qui plus est, *paralytique et par contraction musculaire,* nous paraît bien hardi, trop hardi pour
que nous osions partager la même opinion ; d'autant
plus que, comme nous le dirons un peu plus loin, lésion
de la moelle et pieds bots peuvent dépendre de conditions plus générales ; que ceux même qui seraient disposés, dans une mesure, à partager l'opinion de l'auteur,
ont, par une contradiction qui leur est assez familière,
une certaine intuition de ces conditions dont l'existence
ruine pourtant une prétendue théorie qu'ils tiennent
tantôt comme probable, tantôt comme certaine, tantôt
comme erronée ou peu s'en faut, comme non démontrée,
en tous cas. De ce nombre est, par exemple, M. Schwartz.
A propos de cette observation de Michaux, il la trouve
ici conditionnellement probante, là incontestablement
démonstrative, ailleurs comme sans valeur. « Est-ce à
dire, se demande-t-il, qu'il n'y a pas de pied bot par
rétraction musculaire consécutive à une contracture

prolongée ? Le cas de Michaux *serait* témoin que non. »
Serait exprime le doute; une page plus haut on lit : « Le
fait le plus remarquable est celui qu'a rapporté Michaux,
qui, dans un pied bot double varus équin congénital, a
trouvé une sclérose des cornes antérieures. » — (70 ans
après la naissance !) — « Le fait est donc *incontestable*,
il y a des pieds bots avec lésions du système nerveux. » La conclusion n'est pas précisément en rapport
logique avec les prémisses ; mais bast ! quand on fait
des *théories* de fantaisie, on n'est pas obligé d'y regarder
de si près.

Le fait de Michaux, considéré comme le plus remarquable, n'est cependant pas le seul qui prouve l'existence incontestable du pied bot congénital paralytique :
en voici encore deux dits *typiques* qui sont dus à M. le
professeur Lannelongue. L'un est celui d'*une* nouveau-
née, âgée de 2 mois, et qui portait le pied droit dans
l'adduction et la flexion. — (On sait que M. Lannelongue
appelle extension ce que tout le monde appelle flexion,
y compris M. Sappey, qui avait opéré une réforme à ce
sujet, voir ci-dessus, p. 8). — La mère s'aperçut de
cette déviation quatre jours après son accouchement.
C'est tout ce qu'on dit du cas.

Le second est celui d'un enfant de vingt jours
atteint à gauche de varus et d'équinisme. Les muscles
extenseurs (lisez fléchisseurs) sont paralysés. L'enfant a
été électrisé sans que les muscles aient répondu à l'ex-
citation galvanique. On recommencera. Ce fait prouve,
suivant M. Schwartz, et sans doute suivant M. Lanne-

longue qui lui a communiqué les deux faits, que c'est la paralysie qui a produit les pieds bots.

Enfin, toujours suivant Schwartz, « Adams cite quelques faits qui sont *incontestablement* paralytiques », comme celui de Michaux, à supposer que des faits puissent être paralytiques. Sont considérés aussi, sinon comme typiques, au moins comme à peu près probants, un cas où Gibb, cité par Thorens, aurait trouvé un foyer hémorrhagique dans un hémisphère cérébral opposé à un membre qui offrait un pied bot, et un autre de Charles Leale, cité par Schwartz, d'après *l'American Journal,* et qui est, dit Schwartz, *à peu près analogue.*

A côté de la paralysie, il y a l'état opposé, la contraction transformée bientôt en contracture et suivie elle-même, d'après J. Guérin, de transformation fibreuse des muscles contracturés. Cette théorie, imaginée, paraît-il (car nous n'avons pas vérifié le fait), par Duverney et adoptée plus ou moins complètement par B. Bell, Joerg, Delpech, et développée surtout par Rudolphi, fut professée avec une chaleureuse énergie par J. Guérin, qui se l'appropria en quelque sorte, et qui soutint que, non seulement tous les pieds bots étaient produits par des rétractions convulsives survenues chez le fœtus et suivies de contractures avec transformation fibreuse, mais que toutes les déviations avaient la même origine. En ce qui concerne la transformation en contracture fibreuse de la contraction convulsive, notre père avait démontré *cliniquement* que les muscles en état de con-

traction convulsive actuelle ou passée conservaient
très longtemps, plusieurs années au moins, leur
structure, leur couleur rouge et leur contractilité, ce
qui lui a permis de guérir plusieurs malades chez
lesquels il existait une contracture depuis plusieurs
années, notamment une jeune demoiselle qu'il traita de
concert avec le professeur Roux.

Malgaigne, de son côté, faisait à la transformation
fibreuse des objections rationnelles sérieuses. Mais le
fait matériel lui-même fut reconnu inexact, et Bouvier,
Adams, Broca, etc., ne trouvèrent nullement la prétendue transformation, dans les dissections qu'ils eurent
occasion de pratiquer. Cependant Little admet la contracture comme cause *essentielle*, dit M. Schwartz, du
pied bot congénital, et il se fonde, continue ce dernier
chirurgien, sur la coexistence de cette contracture,
chez le fœtus, avec d'autres contractures analogues
dans d'autres parties, « les mains par exemple, et les
muscles de l'œil, de la langue, les gastrocnémiens, qui
ont une prédilection à être pris dans les cas congénitaux et accidentels. » M. Schwartz ajoute, de concert ou
non avec Little, ce singulier argument : « Il est reconnu
qu'une émotion perçue par la mère peut agir sur l'enfant et produire des convulsions. » Nous pensions que
l'influence de l'imagination de la mère sur le fœtus avait
été suffisamment réfutée pour qu'elle ne fût plus reconnue pour parole d'évangile ; mais, le fût-elle, nous ne
voyons pas trop en quoi elle pourrait servir d'appui à la
transformation fibreuse des muscles, pas même à la

contracture convulsive du fœtus, comme condition de la
production du pied bot congénital. En résumé, que
l'influence des émotions de la mère soient ou non recon-
nues, nous croyons que la *théorie* de J. Guérin, même
dépouillée de la transformation fibreuse, peut prendre
place à côté de celle de la compression utérine de l'arrêt
de développement, etc.

MALFORMATION PRIMITIVE

Toutes ces prétendues *théories*, admises par les uns,
réfutées par les autres et démontrées par personne,
doivent en résumé, être rejetées, non seulement parce
qu'on ne se fait qu'une idée fausse ou obscure de la
question que l'on discute, mais encore parce qu'en
l'acceptant même dans les termes où on la pose, les
faits lui sont contraires ; mais comme l'esprit médical,
en général, qui affirme souvent avec résolution les pro-
positions les plus hasardées, a une répugnance prononcée pour les conclusions négatives ou sceptiques, il
se rejette volontiers dans l'éclectisme, système qui,
sous prétexte de prendre la vérité partout où elle se
trouve, ne prend guère que des erreurs un peu partout,
ou des équivoques qui laissent l'esprit dans des nuages
où il ne se déplaît pas. Le doute, disait Montaigne, est un
doux oreiller pour les têtes bien faites ; mais les nuages
ne sont pas le doute, ils sont presque toujours, dans
l'éclectisme, l'affirmation dans l'obscurité ; ce qui est
vrai d'une immense quantité de questions philoso-

phiques et médicales, s'est répété à propos du pied bot :
des hommes instruits, et quelques-uns fort distingués,
bien qu'ayant reconnu, au moins en quelques points,
l'inexactitude de chacune des *théories* précédentes, ont
cependant déclaré qu'il fallait être éclectique, et ils ont
admis comme vrai en partie ce qui était faux en totalité ; Malgaigne lui-même, si entier souvent dans ses
opinions, a obéi à la pente routinière commune, et a
pris une portion de chaque théorie ; il n'a fait d'exclusion absolue que pour la *théorie* de la contracture, parce
que c'était celle de son ennemi intime, J. Guérin. Pour
les autres, il dit : « Voilà donc un ordre de causes auquel
il faut accorder une véritable importance ; ce n'est pas à
dire que l'on y trouve l'explication de *tous* les faits,
ni même rigoureusement d'aucun ; il ne saurait y
avoir ici de théorie générale et l'étiologie du pied bot
ne peut être exclusive... » Donc Malgaigne conclut
comme conclut à son tour Schwartz : « En résumé,
nous croyons qu'il faut être éclectique : que certains
pieds bots sont des pieds bots par pression mécanique ;
que d'autres sont dus à des lésions des systèmes nerveux et musculaire ; que d'autres, enfin, paraissent dus
à un arrêt dans l'évolution normale de la ou des extrémités atteintes. » Et pour achever ce résumé, il sup-
pute en gros le nombre approximatif de pieds bots qui
se rapportent à chacune des théories. Tous les autres
auteurs en font autant, et tous, aussi peu satisfaits, sans
doute, de leurs déductions, avouent explicitement ou
implicitement que, malgré toutes ces théories démontrées

chacune pour certaine catégorie de faits, il en faut
chercher une autre qui les embrasse toutes, et cette autre
ils la trouvent, comme Thorens, dans la *théorie de la
malformation primitive*. Revenant sur toutes les concessions faites aux théories précédentes, et ne les considérant plus qu'à peine comme des probabilités, Thorens
dit : « Nous arrivons ainsi par exclusion à l'examen de
la théorie qui voit dans le pied bot une malformation
primitive du squelette, existant par elle-même, au même
titre que les malformations des autres organes. » Et il
donne les raisons qui lui font croire avec Broca,
Hueter, etc., qu'en effet, les malformations du squelette
précèdent souvent, non toujours, celles des parties
molles, ce qui prouve, non pas que votre fille est
muette, mais que le pied bot existe *par lui-même*, au
même titre que toutes les autres malformations. Si
donc, l'on veut savoir en quoi consiste, en définitive,
la théorie de la malformation primitive, la chose est
bien simple, il n'y a qu'à savoir en quoi consiste la
théorie de toutes les autres malformations ! Or, ce en quoi
elles consistent, ils arrivent, enfin, Broca, Lannelongue,
Thorens, Schwartz, etc., à l'avouer dans leur conclusion
finale :

« Lorsqu'on a cherché avec soin, dit M. Lannelongue, on
ne peut s'empêcher d'accorder la plus grande importance
à la malformation primitive des surfaces articulaires.
Mais *en rechercher la cause*, ce serait vouloir pénétrer
les secrets de la vie embryonnaire, et nous savons déjà
combien sont cachés ceux de la vie fœtale. »

Et Thorens, que dit-il ? « Aucune de ces théories, y compris celle de la malformation primitive, n'est suffisante pour expliquer tous les faits, sauf la première, c'est-à-dire la malformation primitive, plus élastique, car elle repose sur des preuves plutôt négatives, c'est-à-dire qui n'en sont pas, que positives, et admet l'existence d'une inconnue (1), cause première de la malformation. On peut lui faire cette objection qu'elle ne fait que reculer la difficulté sans la résoudre. Cela est vrai, mais actuellement la question ne peut être tranchée d'une façon absolue. » Ni actuellement, ni ultérieurement, et cela par une bonne raison, c'est que la question est insoluble dans les termes où on la pose, et qu'on se heurte aux secrets de la vie, non seulement embryonnaire et même fœtale, suivant l'expression de M. Lannelongue, mais aux secrets de la vie purement et simplement, comme nous allons le démontrer. Terminons d'abord le concert de ces aveux ultimes d'ignorance, par une dernière citation que nous emprunterons à un éclectique, c'est-à-dire à un juge qui sait voir et embrasser la vérité partout où elle se trouve.

« Maintenant, dit M. Schwartz après avoir fait sa part à chacune des *théories* sus-indiquées, quelle est la cause initiale, déterminante, des attitudes vicieuses, du défaut d'évolution, de l'état pathologique des centres

____

(1) Une inconnue qui est une cause ! Cela vaut presque la force de la théorie de l'arrêt de développement, laquelle agit quand elle n'agit plus !

nerveux ou des muscles ? C'est ce qu'il est impossible
d'élucider. Nous nous heurtons là à une inconnue qui
ne sera pas résolue de sitôt. »

S'il nous est permis, à notre tour, de tirer une conclusion de toutes ces conclusions, nous dirons que ceux
qui les ont formulées ont montré par là qu'ils pré-
tendent connaître une foule de causes du pied bot, mais
qu'ils en ignorent une, la véritable, et qu'ils l'ignore-
ront toujours, parce qu'ils cherchent cette cause *première*, indispensable, suivant Bouvier, pour fixer le
traitement du pied bot, ce qui, fort heureusement, n'est
qu'une erreur pratique jointe à une bévue philosophique : On ne trouvera pas plus la cause première de
la formation du pied bot qu'on ne trouvera la cause
première de la formation du pied ou de la main, de l'estomac ou du cerveau, de l'ovaire ou du testicule. Ceux
qui parlent de chercher la cause première de n'importe
quelle formation, prouvent seulement qu'ils ne suivent
pas l'exemple de Socrate ni même le conseil d'un philosophe contemporain de moindre taille, qui voudrait
qu'avant de parler et d'agir, on sût bien ce que l'on dit
quand on parle et ce que l'on fait quand on agit. C'est
ce que ne font point ceux qui parlent à tout propos
de causes et de théories ; nous l'avons déjà montré pour
les causes ; c'est encore plus vrai en quelque sorte pour
les théories : On a vu quel rôle important elles joue-
raient dans l'étiologie du pied bot ; or, pas un des théoriciens qui en ont longuement discuté, n'a jugé à propos
de dire ce qu'il entendait et ce qu'on devait entendre

par théorie, ni peut-être n'a jamais songé à s'en informer. Cela est indispensable pourtant si l'on se veut conformer au précepte de Royer-Collard, qu'il faut savoir ce que l'on dit quand on parle. Qu'est-ce donc qu'une théorie ?

« Une théorie, dit Littré, est un rapport établi entre un fait général ou le moindre nombre de faits généraux possibles et tous les faits particuliers qui en dépendent. — Théorie de l'électricité, de la chaleur, de la gravita-tion. — Sa vraie cause nous demeure voilée et toutes nos théories de causes ne sont que des théories d'effets. »

Peut-être cette définition pourrait-elle être un peu plus claire, quoique cela paraisse assez difficile, la chose à définir étant obscure en soi. Littré, aidé de la colla-boration de Robin, — qui n'était pas le meilleur des aides au point de vue de la clarté, — a répété la même définition, en termes peut-être moins obscurs, dans le *Dict. de méd., chir. et pharm.* « La théorie, y est-il dit, est le rapport que le génie établit entre un fait général ou un petit nombre de faits généraux et tous les faits particuliers qui en dépendent. Par exemple, les mouve-ments des corps célestes, l'aplatissement de la terre et les plus grands phénomènes de la nature se lient à un seul fait constaté par l'observation, à savoir que la force de la pesanteur agit en raison inverse du carré de la distance : c'est ce qui constitue la théorie de la gravitation universelle. »

Ainsi modifiée, la définition est encore loin d'être irréprochable ; mais, nous l'avons dit, le sujet est obs-cur en soi : d'abord, il n'est pas exact de dire que les faits

7

particuliers qui se produisent dans les mêmes conditions que le fait général *dépendent* de lui, à moins de
donner au mot dépendre un sens qui n'est ni celui qu'on
lui attribue généralement ni celui qu'il est logique de lui
donner. Mais, même en le prenant dans l'acception qui
paraît être dans la pensée des auteurs, cette acception
serait applicable à la définition d'une *loi* naturelle, mais
non d'une théorie, car les deux mots ne sont pas et surtout ne doivent pas être synonymes ; un exemple vulgaire, — vulgaire scientifiquement parlant, — le fera
bien sentir : Tout le monde sait ce qu'on entend par
théorie atomique. Dalton, qui en est l'auteur, professait
qu'au moment où ils se combinent, les corps doivent être
dans le plus grand état de division possible, c'est-à-
dire des atomes, insécables et indivisibles ; en effet, ils
se combinent dans des proportions en poids définies et
toujours les mêmes, quand un corps ne forme avec un
autre qu'une combinaison ; ou bien, s'ils en forment
plusieurs, dans lesquelles la proportion de l'un d'eux
reste invariable, les proportions variables de l'autre étant
multiples les unes des autres. Pour qu'il en soit ainsi,
il faut que le poids, toujours le même ou en proportions
multiples les unes des autres, soit le poids de l'atome
lui-même, qu'on ne peut évidemment obtenir d'une
manière directe à cause de l'infimité de celui-ci. Quand
les combinaisons ont lieu entre des corps gazeux, elles
se font par volumes égaux ; des volumes égaux de gaz
doivent donc contenir des nombres égaux d'atomes, et
le poids de ces atomes est donné par le poids des vo-

lumes égaux, c'est-à-dire, en d'autres termes, par la densité. D'autres particularités propres aux gaz et aux vapeurs, telles que le même coefficient de dilatation et l'égale compressibilité confirment encore la théorie ; mais il n'y a pas là qu'une théorie remarquablement ingénieuse et peut-être vraie, il y a autre chose. La combinaison des corps en proportion simples ou multiples est un fait général auquel sont conformes — il ne peut s'agir de dépendance —tous les faits particuliers, comme est général le fait de la forme elliptique de tous les orbites des planètes ; mais ce n'est point là une théorie, c'est une loi, *loi des équivalents* dans le premier cas; première loi de Képler, dans le second. En donnant à l'immortelle découverte du grand Newton le nom de théorie de la gravitation, on confond, et Littré et Robin ont confondu avec bien d'autres, une *loi* avec une *théorie*. Une loi est un fait général démontré par l'observation ; une théorie est un fait général qui peut être vrai, mais qui est à démontrer ; c'est le cas de la théorie atomique.

Est-ce le cas du pied bot? Nous espérons pour la raison de tous les théoriciens qui ont professé les *théories* ci-dessus, qu'aucun d'eux n'oserait le prétendre ; ces théories sont bien moins encore une loi. Les lois sont d'ailleurs bien rares en médecine, où ses représentants les plus distingués se plaisent souvent à invoquer la devise : *ni jamais ni toujours*, qui pourrait servir de mot de ralliement aux éclectiques, car les lois naturelles doivent avoir précisément la devise contraire : *ou jamais ou toujours*. Si les espaces parcourus par un corps qui tombe sont en raison du carré des temps employés, il en sera ainsi *de tous les corps et toujours.* Les éclectiques nous font volontiers l'effet de physiciens qui prétendraient que les pierres tombent tantôt de haut en bas, tantôt de bas en haut. De toutes les théories sur la formation du pied bot congénital que nous avons passées en revue, une seule nous paraît vraie *jusqu'à présent,* c'est la théorie de la malformation dite primitive, parce qu'elle est, ainsi que l'ont reconnu explicitement ou implicitement à peu près tous les auteurs que nous avons cités, la négation pure et simple de toutes les autres. Les auteurs que nous avons cités et qui ont eu le bon sens de reconnaître cette vérité, — négative en ce qui concerne les théories du pied bot et autres, mais très positive au point de vue de la philosophie générale, comme était positif et profitable au progrès l'aveu de Socrate : tout ce que je sais, c'est que je ne sais rien, — auraient pu l'appuyer de quelques faits frappants tirés aussi bien de l'ordre pathologique que de l'ordre physiologique ; ils n'ont pas songé à le faire ou ne l'ont pas su, nous ne suppléerons pas à leur silence. On nous permettra seulement de citer deux de ces faits qui devraient éclairer les plus aveugles, mais qui passent inaperçus ou ne sont pas, du moins, assez remarqués. Qu'on veuille bien y réfléchir !

Un individu, enfant, adulte ou même vieillard, a joui jusqu'à une certaine époque d'une santé florissante, étant d'ailleurs d'une organisation en tous points parfaite, suivant toutes les apparences. A un certain moment, il éprouve des malaises, des douleurs dans les membres, dans les articulations notamment, puis, concurremment avec les douleurs, les organes commencent à se déformer, la déformation augmente chaque jour et peut être portée au point que le corps n'a plus forme humaine. C'est ce que nous avons pu observer, il y a nombre d'années, chez le jeune fils d'un chirurgien des plus distingués des hôpitaux de Paris, et chez un vieillard, qui était un peu fier de sa magnifique stature et de sa belle prestance quand il officiait dans son costume archiépiscopal, un des derniers archevêques de Rouen ; l'enfant de notre confrère vécut environ quatre ans dans ce triste état et finit par succomber, vers douze ans, à une fièvre hectique qui se développa dans les six derniers mois de sa maladie. Quant à l'archevêque, dont le menton touchait les pieds et le reste à l'avenant, il continua à souffrir cruellement pendant plusieurs années, mais sans qu'il éprouvât de fièvre, mangeant à peu près comme dans l'état normal, et il mourut fort âgé sans que l'état de sa maladie déformatrice parût avoir contribué à hâter sa mort. Il est inutile d'ajouter qu'aucun changement d'hygiène ni rien d'inusité, n'avait précédé l'apparition de la terrible difformité, ni chez l'enfant, ni chez le vieillard.

Voilà des faits tirés de l'ordre pathologique ; en voici d'autres tirés de l'ordre qu'on peut appeler jusqu'à un certain point physiologique, si l'on doit qualifier ainsi tout état dans lequel le sujet n'éprouve aucun malaise et jouit de tous les attributs de la santé. Ce fait est loin d'être rare, et nous en avons eu naguère un exemple frappant sous les yeux chez une jeune fille que nous avons encore l'occasion de voir assez fréquemment.

Jusqu'à seize ans, elle avait joui d'une santé parfaite; ses règles étaient apparues depuis un an et s'étaient établies régulièrement sans s'accompagner d'aucun malaise ni trouble quelconque d'aucune fonction; elle était bien conformée, ayant cependant ce qu'on appelle les épaules un peu fortes; mais cette disposition datait depuis longtemps et paraissait invariable. A seize ans et quelques mois, on crut s'apercevoir qu'une des épaules devenait plus forte que l'autre; rien ne fut tenté pour s'opposer à ce développement; il continua graduellement en se compliquant; de telle façon qu'au bout de deux ans, il existait une scoliose des plus prononcées. Pendant toute cette évolution, d'ailleurs, la jeune fille, malgré le grand déplaisir qu'elle éprouvait de sa croissante difformité, n'a cessé de jouir d'une santé parfaite; la fonction menstruelle n'a pas éprouvé le moindre dérangement, et le même excellent état persiste depuis plusieurs années, où aucune apparence de changement morbide, déformation à part, n'a lieu dans la colonne vertébrale.

Chercherons-nous l'explication ou la théorie de ces phénomènes autrement qu'en invoquant ce mystérieux *nisus formativus*, que de nombreux amateurs de mots nouveaux, qu'ils semblent considérer volontiers comme un progrès, se plaisent à remplacer aujourd'hui par *processus*, comme si cette expression nous apprenait

quelque chose et pouvait avoir d'autre objet que de
satisfaire un caprice puéril? Non, nous ne chercherons
point cette explication et nous ne formulerons d'autre
théorie que celle qu'ont adoptée Broca, Lannelongue,
Thorens, etc , la théorie de la *malformation primitive*,
mais en ajoutant plus explicitement encore qu'ils ne
l'ont fait, que cette théorie n'apprend rien, et n'exprime
même rien qu'un mystère qu'on n'éclaircira pas de sitôt,
suivant l'expression de Schwartz.

Cette théorie, non plus que l'observation la plus
attentive et la logique la plus rigoureuse, ne nous faisant
pas connaître la vraie cause du pied bot ou mieux les
conditions de sa formation, pas plus que celles de la
scoliose que nous venons de citer, nous ne pouvons
guère espérer d'arriver à nous soustraire à ces conditions, par conséquent à établir une prophylaxie utile
de la difformité ; mais si nous ne pouvons éviter ces
conditions, nous pouvons du moins souvent en détruire
les conséquences ou empêcher qu'elles ne s'aggravent,
c'est-à-dire instituer un traitement plus ou moins efficace, et cela peut bien nous consoler un peu d'en ignorer
la cause *première*.

Pied bot accidentel ou acquis.

Les conditions dans lesquelles se développent les
pieds bots accidentels ou acquis, c'est-à-dire qui n'existent pas à la naissance, conditions qui ne sont, par

conséquent, pas aussi cachées que celles qui président au développement des pieds bots congénitaux, peuvent laisser l'espoir de remédier assez souvent à leurs effets, et quelquefois même les prévenir.

Avant la thèse soutenue en 1881 par Edmond Routier, on n'avait pas fait l'étude complète des pieds bots accidentels; dans son travail, ce jeune docteur examine et apprécie, dans un très bon esprit, à peu près tous les points de la question, et notamment les conditions du développement, ou, suivant le langage courant, les *causes* de la difformité; des recherches consécutives, le traité des pieds bots de Schwartz particulièrement, ont encore ajouté aux connaissances que nous devons à son travail.

Le pied bot accidentel ne se développe guère primitivement, c'est-à-dire sans être précédé d'autres lésions, comme c'est le cas de la scoliose, que nous avons citée ci-dessus. Routier a rattaché tous les pieds bots aux affections que nous allons énumérer ; c'est à peu près exactement ce qu'a fait aussi M Schwartz.

Lésions cutanées, cicatrices. — Les conditions dans lesquelles le pied bot se produit le plus souvent, sont les cicatrices de la peau et spécialement les brûlures ; on sait quelle énergique propriété de contraction possède le tissu cicatriciel des brûlures; quand cette lésion se produit sur les téguments voisins du pied, la contractilité de ce tissu peut entraîner le pied de son côté et produire ainsi des déviations d'autant plus prononcées que la brûlure est elle-même plus profonde. La déviation sera d'autant plus prononcée aussi que le sujet n'aura pas acquis toute sa croissance et sera plus jeune : on comprend, en effet, que les parties non malades continuent à se développer, tandis que le tissu cicatriciel, s'il ne continue pas à se contracter, reste du moins invariable, il dévie de son côté les parties les plus rapprochées de lui qui continuent à croître, et cela d'autant plus que la croissance de ces parties sera plus considérable, ou, ce qui revient au même, que l'enfant sera plus jeune, toutes choses égales d'ailleurs. C'est ordinairement l'équin et le talus qui se forment dans ces circonstances ; mais les cas en sont assez rares.

Inégale longueur des membres. — Routier a noté cette inégalité parmi les circonstances qui peuvent donner lieu à la formation du pied bot ; le raccourcissement peut se produire lui-même dans les affections articulaires et dans celles qui siègent sur les os.

La *coxalgie* occupe le premier rang parmi les premières, soit qu'il existe ou non concurremment une luxation pathologique ; dans un cas comme dans l'autre, le membre prend des attitudes vicieuses, qui impriment au pied des changements de direction qui deviennent permanentes et constituent alors le pied bot ; il y a souvent, dans ces cas, atrophie du membre, qui porte non seulement sur les masses musculaires, mais sur le tissu osseux lui-même ; c'est ce qu'a observé Berguein sur des enfants envoyés à l'hôpital de Berk-sur-Mer. Routier a observé au bureau central des hôpitaux de Paris, un homme atteint d'une ankylose angulaire du genou, et qui, par suite du raccourcissement du membre qui en résultait, marchait sur le bout du pied, devenu équin.

Les *fractures* sont parfois suivies de déviation. Routier cite le cas d'un homme de 35 ans, qui neuf ans auparavant avait fait une chute de 45 pieds de haut, et s'était fracturé la cuisse gauche et le tibia droit sous les condyles. Il fit un séjour de 24 mois à l'hôpital de Blois, et ne marcha plus. Le pied droit se dévia en varus équin ; le seul mouvement possible était un peu d'extension qui en même temps augmentait le varus. Le malade succomba neuf ans après, principalement à des plaies de poitrine qui avaient compliqué et suivi les fractures. Presque tous les os du tarse étaient altérés ; nous croyons inutile d'en décrire les lésions. Il faut seulement noter qu'il n'existait au moment de la chute aucune lésion congénitale qui ait pu favoriser le pied bot, le sujet étant un ancien militaire, ayant conséquemment un pied qui fonctionnait bien.

Un autre cas d'équinisme se présentait chez un enfant qui avait eu au moment de sa naissance une fracture de la diaphyse du tibia, soignée par M. Marjolin. Notre père, dit M. Routier, lui aurait pratiqué la section du tendon d'Achille à l'âge de deux ans ; mais n'ayant reçu aucun soin consécutif, la difformité se reproduisit. On se proposait au bureau central de le ténotomiser de nouveau.

Des lésions non traumatiques des os peuvent également donner lieu à des déviations. Routier en cite deux cas ; M. Schwartz en cite aussi plusieurs, d'après divers observateurs, carie de l'astragale, nécrose du calcanéum, arthrite tibio-tarsienne, rachitisme. D'après M. Poncet, M. Schwartz cite deux cas, varus et valgus, qui paraissent assez extraordinaires : ils se seraient développés concurremment avec un développement exagéré d'un des os de la jambe, dans un cas, et, au contraire, avec un arrêt de développement d'un des os, dans l'autre cas. Sont-ce deux observations d'une parfaite exactitude ou d'une parfaite interprétation ? On peut se le demander quand on songe qu'on a noté une ostéo-périostite suppurée de l'extrémité inférieure du tibia, dans l'un des cas, et une pareille périostite avec séquestre invaginé, dans l'autre.

Les affections du *système musculaire* sont des conditions dans lesquelles le pied bot acquis se développerait si fréquemment, que les neuf dixièmes, suivant Schwartz, se formeraient dans ces conditions-là. En quoi consistent-elles ? en lésions variées des muscles ou des tissus de leur voisinage, mais qui, foncièrement, se réduisent à ce fait : prédominance d'un muscle ou d'un groupe de muscles sur les muscles antagonistes, d'où résulte une traction permanente des os auxquels les muscles prédominants s'insèrent, et leur déviation, dans ce sens. Quant à la prédominance d'action, elle résulte elle-même de plusieurs conditions qui conduisent à la même conséquence, la contraction permanente des muscles qu'on a désignée par contracture et par rétraction, deux mots auxquels tout le monde n'attache pas le même sens précis. Suivant Schwartz, la contracture est l'état d'un muscle chroniquement raccourci, n'obéissant plus à la volonté, mais cédant à l'anesthésie et ne s'accompagnant d'ailleurs d'aucune lésion de tissu, même microscopique ; la rétraction est l'état d'un muscle chroniquement raccourci également, n'obéissant pas non plus à la volonté, mais ne cédant pas davantage à l'anesthésie et s'accompagnant de lésions de tissu qui sont la dégénérescence graisseuse et graisso-fibreuse ; ce sont à peu près les lésions auxquelles Jules Guérin attribuait toutes les déviations congénitales, et qui existeraient jusqu'à un certain point dans les pieds bots accidentels ; il faut dire jusqu'à un certain point, car J. Guérin ne parlait pas de transformation graisseuse, et, même dans le pied bot accidentel, la transformation fibreuse est très accessoire, *quand elle existe.*

La contraction permanente, contracture ou rétraction, peut se montrer, avons-nous dit, en plusieurs circonstances. L'une d'elles pourrait en sorte être appelée physiologique.

On sait que, dans l'état de repos, les muscles sont toujours dans un certain état de contracture qu'on désigne sous le nom de *tonicité,* et cette tonicité existant dans tous, il en résulte l'équilibre que toutes les parties du corps doivent avoir dans l'état de repos ; le corps, dans l'état de veille, exécutant presque constamment des mouvements automatiques remplacés à chaque instant par des mouvements volontaires, la tonicité se maintient dans un état moyen qui lui permet d'obéir docilement aux ordres de la volonté ; mais cette docilité peut diminuer ou même disparaître quand les muscles restent trop longtemps dans l'immobilité ; quand cette immobilité est gardée dans une attitude non naturelle ou ce qu'on appelle une position vicieuse, la tonicité devient contracture, et la position vicieuse passagère fait place à une position vicieuse permanente que, non seulement la volonté, mais même une certaine force ne peut vaincre ; c'est ainsi que peuvent se produire certaines déviations auxquelles on peut avoir les plus grandes difficultés à remédier ou qui même deviennent irrémédiables.

Dans son *Traité pratique du pied bot* (3ᵉ édit., p. 131), notre père cite l'exemple d'un laboureur de Picardie qui s'était blessé au talon avec un éclat de verre, et qui, pour éviter la douleur que lui causait la plaie pendant la marche, avait pris l'habitude de marcher sur l'extrémité antérieure du métatarse. Au bout de six mois de cet exercice, l'attitude, d'abord volontaire, devint permanente, et il en résulta un pied équin qui nécessita la ténotomie.

Mais, outre ce cas curieux, notre père cite son propre exemple, qui est encore plus remarquable, et qu'il expose lui-même dans les termes suivant : « En 1818 (j'avais vingt ans environ), pendant la convalescence très longue d'une gastro-entéro-céphalite (on sait qu'à cette époque on avait rarement une maladie sans que le gaster y jouât son rôle), il me vint au jarret deux énormes abcès froids qui me retinrent au lit pendant plus de trois mois, obligé, à moins d'intolérables douleurs, de tenir continuellement les jambes à demi fléchies sur les cuisses. Lorsque, débarrassé de ces abcès, je voulus me lever et marcher, je reconnus qu'il m'était impossible d'étendre les jambes sur les cuisses et de fléchir les pieds. J'avais les muscles demi-membraneux, demi-tendineux et les biceps cruraux tendus et raccourcis au point de forcer mes jambes à conserver la demi-flexion où je les avais tenues pendant les trois mois de mon repos obligé. Je me trouvai en même temps une contraction des muscles du mollet qui élevait mes talons de plus de deux pouces. Enfin, il se passa près de quatre mois avant que la locomotion me devînt praticable autrement qu'à l'aide de béquilles très courtes sur lesquelles je me traînais. Après celles-là, j'en pris d'autres, et ce ne fut qu'au bout d'un an de soins continuels, de bains de vapeur, de massages, de frictions, d'extensions variées, que je parvins à remettre mes pieds à angle droit avec mes jambes, et mes jambes aux trois quarts de leur extension normale sur les cuisses. Alors je pus marcher sans soutien artificiel, mais péniblement ; et j'eus besoin de deux années encore pour faire disparaître totalement cette difformité générale de mes membres inférieurs. »

Notre père cite encore d'autres exemples de contracture survenue dans des circonstances analogues, et les auteurs reconnaissent généralement que l'usage prolongé de béquilles trop longues en faisant tenir les pieds dans l'extension, est suivi fréquemment de pieds bots équins secondaires.

Ces cas ne sont cependant pas nombreux relativement à ceux où la contracture se produit dans d'autres conditions, celles où soit un muscle, soit un groupe de muscles paralysés laisse aux muscles antagonistes toute liberté d'exercer leur tonicité ; celle-ci arrive alors promptement à atteindre ses limites physiologiques, et arrivée là, ne tarde pas à se transformer en contracture irréductible.

La paralysie infantile est à beaucoup près la condition la plus fréquente du pied bot équin ; Adams estime que les quatre cinquièmes de ces pieds bots sont dans ce cas, et Schwartz semble disposé à accepter cette proportion comme à peu près exacte. Sans fixer de chiffre, même approximatif, Routier la considère comme devant occuper le premier rang.

La paralysie peut être due elle-même à une lésion du système nerveux central ou du système périphérique ; les lésions de la moelle épinière sont considérées comme celles qui y donnent lieu le plus fréquemment ; elle frappe un plus ou moins grand nombre de muscles : les uns reviennent à leur état normal, les autres s'atrophient, dégénèrent et restent pour toujours impuissants. L'atrophie commence de très bonne heure suivant Duchesne (de Boulogne), et, d'après M. Laborde, qui a fait de la paralysie infantile une étude spéciale, l'atrophie peut commencer de la troisième semaine à la deuxième année. Les autres parties molles peuvent y participer, et même le squelette ; il peut en résuler non seulement l'amaigrissement, le moindre volume du membre, mais parfois aussi son raccourcissement.

Les muscles les plus fréquemment affectés sont ceux de la région antéro-externe, jambier antérieur, péroniers, extenseur commun des orteils. On fait remarquer que l'extenseur propre du gros orteil est presque toujours respecté ; c'est une particularité assez curieuse et dont il est assez difficile de se rendre compte. Les groupes postéro-internes sont beaucoup plus rarement frappés ; c'est encore une circonstance que les chercheurs de causes premières expliqueraient peut-être avec peine, quoiqu'ils soient féconds en explications.

Quant aux muscles restés sains, les modifications qu'ils éprouvent sont celles que nous avons déjà indiquées ; elles s'accomplissent plus au moins promptement et dévient progressivement le pied dans leur sens: tel enfant aura déjà un pied bot irréductible dans les six premiers mois de la paralysie ; tel autre, à la même époque, n'aura qu'une déviation à laquelle les machines pourront encore remédier. Schwartz croit utile de faire remarquer que, dans les cas les plus ordinaires de paralysie du groupe antéro-externe, la pesanteur vient ajouter son action à celle des muscles postéro-internes rétractés, l'enfant restant couché et ne marchant pas. L'influence de la pesanteur, dans ce cas, n'est peut-être pas entièrement chimérique, mais elle ne peut exercer qu'une bien faible influence. Tous les faisceaux des muscles ne sont pas toujours frappés ni en même temps ni au même degré ; certains sont encore à l'état normal quand d'autres commencent déjà à subir la dégénérescence scléro-adipeuse. Enfin, il peut arriver que ceux

qui n'ont pas été frappés d'abord conservent leur intégrité, et même que ceux qui l'avaient perdue la recouvrent. On se trouve alors en présence d'un pied bot
acquis, d'origine paralytique et qui est maintenant sans
complication de paralysie ni de contracture ; de même
il peut arriver aussi que la contracture persiste quand
la paralysie a disparu.

Les lésions des nerfs périphériques peuvent produire
les mêmes effets que celles du système central, et c'est
ce qui a toujours lieu quand la continuité d'un nerf est
interrompue : on se rappelle le cas de Delpech, qui fut
le sujet de la première opération contemporaine de
ténotomie du tendon d'Achille ; beaucoup d'autres cas
analogues ont été observés, qu'il nous paraît suffisant
de mentionner. On note comme fait remarquable que,
dans les lésions des nerfs périphériques, l'atrophie ne
s'établit pas aussi rapidement à un âge avancé que
dans les cas de paralysie infantile. Cette circonstance
tiendrait-elle, en effet, à l'âge des sujets, car les cas
d'origine périphérique se présentent presque toujours
sur les adultes?

Schwartz signale un cas de lésions des nerfs périphériques dans lequel la contracture s'établit d'emblée, sans
paralysie, et fait remarquer que Weir Mitchell en rapporte
plusieurs exemples, mais pour le membre supérieur ;
ces cas seraient toutefois très rares.

La contracture et la déviation consécutive peuvent
se manifester dans plusieurs autres circonstances,
comme inflammations spontanées ou traumatiques des

muscles, tensions directes de ces organes ou des organes et tissus voisins. Notre père en rapporte plusieurs cas :

Une enfant, à l'âge de trois ans, eut la jambe prise sous la roue d'un cabriolet ; l'accident exigea deux mois de séjour au lit ; quand elle en sortit pour marcher, le talon était à un pouce du sol, et à douze ans, quand notre père la vit, l'écartement était de cinq pouces. Elle fut guérie par la ténotomie.

Chez une autre petite fille de dix ans, cinq abcès spontanés de la jambe avaient été suivis d'un équin dans lequel le talon était également à cinq pouces du sol ; la ténotomie remit le pied dans sa situation normale.

Un abcès froid du mollet avait été suivi de pareille déviation chez un enfant de cinq ans.

Un jeune homme de 22 ans, qui, après avoir sauté un fossé avait éprouvé de vives douleurs dans les articulations tibio-tarsiennes, puis, à gauche, des abcès très graves sur les deux malléoles et près du tendon d'Achille, fut atteint, après la guérison très difficilement obtenue des abcès, d'un pied équin que notre père guérit par la ténotomie.

Enfin, notre père rapporte encore un cas de très forte déviation du pied survenue à la suite d'un abcès du mollet ayant succédé à une nécrose de la partie postérieure et inférieure du fémur.

Routier a constaté trois cas analogues. Le premier a été observé par lui sur un enfant de 11 ans et demi, à qui on ouvrit, vers l'âge de six mois, un abcès au lieu d'élection de la ligature de la tibiale postérieure, et qui, marchant après sa guérison, sur la pointe du pied droit, fut atteint d'un pied équin direct et pied creux, avec atrophie d'une partie de l'organe dévié, qui était plus court que l'autre *de toute la longueur,* dit l'auteur, *de la phalange du gros orteil.*

Le second cas rapporté par M. Routier se présenta chez un homme de 39 ans qui, à la suite d'une contusion violente de la région antéro-externe de la jambe, vit se développer un varus équin qui ne parut pas, du reste, devoir être très tenace.

Dans le troisième cas, un pied bot équin succéda à une lymphangite de la jambe gauche, compliquée de deux abcès, chez une domestique de 33 ans.

M. Routier dit avoir observé un cas de varus équin chez un individu qui avait une gomme dans le jumeau interne.

Schwartz cite le fait suivant, assez extraordinaire, qui lui a été communiqué par M. le professeur Lannelongue :

Une enfant d'une dizaine d'années était affectée depuis plusieurs mois d'un pied bot *par rétraction* à laquelle on ne trouvait aucune cause. « Ce ne fut qu'un an plus tard qu'apparut à la jambe un abcès ossifluent, *qui tenait évidemment* la difformité sous sa dépendance. » Voilà un évidemment qui nous paraît singulièrement risqué, à moins d'admettre que l'abcès était au moins en voie de formation un an avant qu'on n'ait su s'en apercevoir; faute de cette erreur de diagnostic, il faudrait admettre l'influence de ce qui n'existe pas encore, ce qui paraît inadmissible à beaucoup de gens, mais pas à tous, à ce qu'il paraît.

FRÉQUENCE DES PIEDS BOTS

On a classé dans l'étiologie l'étude de la fréquence des pieds bots et de quelques autres circonstances de leur histoire; cela n'a pas assez d'importance pour que nous discutions si l'habitude adoptée est ou non susceptible d'objections. Nous la suivrons donc sans la discuter.

FRÉQUENCE DE LA DIFFORMITÉ

Constatons d'abord la fréquence du pied bot, puisqu'on a, — on ne saurait trop deviner pourquoi, — placé la fréquence dans le chapitre de l'étiologie.

Le célèbre anatomiste et chirurgien Chaussier a recherché, au commencement de ce siècle, quel pouvait être le rapport du chiffre des pieds bots à celui des naissances. Dans un discours prononcé en 1812, à une distribution de prix de l'hospice de la maternité dont il était chirurgien, il annonce que sur un relevé de 23,923 naissances, il avait constaté 132 vices de conformation dont 37 pieds bots, soit un pied bot sur 646, en chiffres ronds sur 650 naissances, et un pied bot sur 3,56 déviations.

D'un autre côté, le professeur Lannelongue nous a
fait connaître un relevé fait par le Dr Lediberder, de
15,227 naissances qui ont eu lieu également à la Maternité dans l'espace de dix années, et sur lesquelles on
avait constaté 118 vices de conformation dont 8 pieds
bots, soit un pied bot sur 1,903 naissances, et un pied
bot sur 14 difformités et trois quarts (1 sur 14,75). Lannelongue fait remarquer que « ce résultat s'accorde
assez bien avec celui que nous a transmis Chaussier. »
Mais la vérité est que les deux tableaux, loin de s'accorder assez bien, s'accordent très mal. Il faut être peu familiarisé avec les recherches de la statistique et des lois
qu'elle révèle pour ne pas s'apercevoir que des résultats
déduits de chiffres assez élevés, — et ceux de Chaussier et Lediberder sont dans ce cas, — l'un doit être
inexact, sinon les deux, ou que la base d'appréciation
des deux auteurs relativement à la définition du pied
bot, doit être différente ; or, il n'est pas admissible que
les chiffres de naissances puissent être inexacts d'un côté
pas plus que de l'autre ; c'est donc la définition du pied
bot qui doit l'être. Comme ce n'est ni Chaussier ni Lediberder qui ont constaté eux-mêmes les pieds bots dont
ils ont fait le relevé d'après les registres de l'établissement, il est certain que celui ou plutôt celle, — car
c'était probablement la sage-femme en chef, sinon
même les élèves qui ont qualifié chaque cas en particulier, — les unes étant plus, les autres moins difficiles,
pour admettre une difformité comme pied bot ; mais
on ne peut admettre, cependant, que les moins difficiles

aient qualifié de pied bot un pied parfaitement normal; en
sorte que si le chiffre le plus fort, celui de Chaussier
par conséquent, ne représente pas la proportion des
pieds bots bien confirmés, il est infiniment probable,
pour ne pas dire certain, qu'il représente la proportion
de pieds qui n'ont pas, à la naissance, des apparences
parfaitement normales, qui ont, si l'on veut, des tendances au pied bot. Des tendances analogues et très
prononcées ne sont pas rares ; beaucoup d'enfants nais-
sent avec les jambes légèrement recourbées en dedans
(et quelques-uns, beaucoup plus rares, en dehors), et
peuvent faire craindre une difformité plus sérieuse ;
mais, au lieu de s'accentuer, cette déviation s'atténue
avec l'âge, et même disparaît complétement ; c'est ce
qu'ont observé tous les accoucheurs tant soit peu occupés, contrairement à l'opinion des prétendus orthopédistes qui font de l'orthopédie dans leur cabinet ou
d'après quatre clients, dont trois pelés et un tondu.

Cette discussion sur la vraie signification des relevés
de Chaussier et Lediberder pourra paraître oiseuse, et
— qui sait ? — peut-être inintelligible à quelques
détracteurs de la statistique, qui la gouaillent, si l'on
nous passe le mot, quand elle leur est contraire ou
qu'ils n'y comprennent pas grand'chose, ou qui en font
quand ils croient qu'elle peut leur servir, et qui en font
de la mauvaise, — comme il est arrivé tout récemment
au docteur Michaux (voir la *Médecine Contemporaine*
du 1ᵉʳ octobre 1889), à propos de la prétendue fréquence
du cancer de l'estomac dans la Basse-Normandie !

Tantôt ils s'imaginent ou se plaisent à dire que la statistique est une collection de chiffres qui ont une valeur telle quelle, et auxquels on fait dire tout ce qu'on veut, blanc, jaune, noir ou vert à volonté ; les plus modérés la prennent pour une simple machine à compter ; erreur et ignorance de tous côtés, et quelquefois sottise. La statistique n'est pas une machine à compter ; c'est une machine à faire et à aider à raisonner, la seule même qui permette de raisonner juste sur certains faits, et c'est parce que ses adversaires ne savent pas raisonner et qu'ils ont quelquefois de bonnes raisons pour ne pas raisonner juste qu'ils l'accusent de dire tout ce qu'on veut. Oui, sans doute, on peut lui faire dire tout ce qu'on veut, comme on peut faire une mauvaise opération d'algèbre ou de géométrie, mais ces mauvaises opérations n'empêcheront jamais l'algèbre et la géométrie d'être des sciences exactes, et de conduire ceux qui savent les appliquer à la découverte des plus hautes vérités, inaccessibles sans elles à l'esprit humain. C'est grâce à elles, auxquelles était associée la statistique, qui est une de leurs dépendances, que l'immortel Newton a pu découvrir, par des calculs exacts, et formuler les lois de la gravitation, et que Leverrier a pu voir Neptune dans ses dix ou quinze gros volumes de calculs, avant qu'un observateur l'eût aperçu dans le firmament, où le célèbre astronome avait à l'avance marqué sa place. Ce sont là des vérités qu'il devrait être depuis longtemps inutile et qu'il sera malheureusement longtemps encore nécessaire de rappeler aux médecins, particulièrement à ceux qui se contentent de vérités à peu près et qui, souvent, ont intérêt à s'en contenter. Ajoutons, pour en terminer avec la statistique sur les rapports des pieds bots aux naissances, que cette question ne paraît pas intéresser démesurément les accoucheurs, car, sur une douzaine auxquels nous avons écrit, pour leur demander s'ils avaient fait quelques relevés semblables à ceux de Chaussier et Lediberder, deux seuls ont eu l'obligeance de nous répondre pour nous apprendre qu'ils n'en avaient point fait.

Après le rapport du nombre des pieds bots à celui des naissances, on a voulu connaître le rapport des diverses malformations entre elles ; mais les chiffres recueillis à ce point de vue ne sont pas comparables et n'apprennent guère ce qu'on cherche. On a vu que le relevé de Lediberder donne 118 malformations sur 15,229 naissances, et 8 pieds bots sur les 118, ce qui fait ressortir le rapport du pied bot à toutes les malformations à 1 sur 14,75 ou, en chiffres ronds, à 1 sur 15.

Schwartz, qui ne paraît pas non plus très versé dans l'étude de la statistique, emprunte à Tamplin et à Lonsdale deux relevés qu'il interprète ainsi :

« Tamplin a publié un relevé statistique où, sur 10,217 cas de difformités de toutes espèces, traitées à l'hôpital de Londres, on compte 1,780 pieds bots. Ce qui *nous* donne 1 pied bot sur un peu plus de 5 difformités.

« Lonsdale a donné un relevé de 3,000 difformités ; il y avait 495 pieds bots, ce qui *nous* donne 1 pied bot sur

6 difformités, chiffre qui se rapproche beaucoup de celui que nous venons de citer. »

Schwartz croit que ces chiffres établissent le rapport des diverses difformités entre elles, mais il n'en est rien; ils établissent, l'un le rapport du pied bot à toutes les difformités *traitées* à l'hôpital de Londres, ce qui n'est nullement la même chose; l'autre, le rapport du pied bot à 3,000 difformités recueillies, on ne dit pas où ni comment. Pour que les chiffres de Tamplin établissent le rapport du pied bot à toutes les difformités, il faudrait que leur totalité eût été traitée à l'hôpital, ou, tout au moins, la même proportion de chacune d'entre elles, choses aussi improbables l'une que l'autre. Quant aux chiffres de Lonsdale, on ne sait pas au juste ce qu'ils établissent et Schwartz n'a pas l'air de s'en douter.

D'autres relevés statistiques prouvent que l'honorable chirurgien ne se fait qu'une idée bien imparfaite des principes de la statistique.

Notre père avait constaté que sur 1,000 pieds bots opérés par lui, du 23 octobre 1835 au mois de janvier 1859, 574 étaient congénitaux (364 garçons et 210 filles), et 426, accidentels (233 garçons et 193 filles), ce qui fait ressortir le rapport des congénitaux aux accidentels, comme 100 : 74,21, ou en chiffre ronds, comme 4 est à 3.

D'un autre côté, Schwartz rapporte que Tamplin à recueilli les chiffres suivants :

Sur 1,780 pieds bots, 764 étaient congénitaux et 1016

accidentels, ce qui établit le rapport des seconds aux premiers :: 100 : 132,98, soit, en chiffres ronds, comme 100 est à 133, c'est-à-dire que le rapport est presque exactement renversé ; après quoi, sans s'être rendu compte de ces deux rapports différents, Schwartz fait suivre les deux relevés des remarques suivantes:

« La statistique de Duval s'écarte, comme on le voit, de celle de Tamplin, en ce sens que les pieds bots congénitaux semblent être plus fréquents que les pieds bots accidentels: ce chiffre, d'après ce que l'on voit journellement, est certainement trop faible et nous attachons une plus grande importance à la statistique de Tamplin qui porte sur un nombre de faits presque double. »

Ce langage n'est correct ni au point de vue de la grammaire, ni à celui de la statistique : Schwartz « attache plus d'importance » à la statistique de Tamplin parce qu'elle porte sur un nombre de faits presque double, ce qui veut dire qu'il considère le rapport de 100 à 133 comme mieux établi que celui de 100 à 75. Et pourquoi cela ? parce que le second chiffre — quel chiffre ? — est trop faible, d'après *ce que l'on voit journellement.* » Ce que l'on voit journellement, c'est l'impression vague que Schwartz reçoit des faits qui passent sous ses yeux comme un tableau de lanterne magique, c'est-à-dire qu'il contrôle par cette vague impression dont pas un observateur sérieux ne méconnaît les illusions, des faits matériellement constatés et comptés. C'est justement le contre-pied de ce que la logique commande; c'est consacrer par principe un procédé dont la statistique a pour objet de rectifier les erreurs mille fois démontrées. Mais, il est vrai qu'il n'y a pas seulement ce que l'on voit journellement, il y a les faits de Tamplin qui sont en nombre presque double de ceux de Duval. On voit, à cet argument, que Schwartz a réellement entendu parler de statistique, mais jusqu'à présent, il n'y a pas compris grand'chose. Il a sans doute ouï dire que les grands nombres avaient en statistique une énorme importance, qu'ils étaient même souvent indispensables pour établir des lois, et tout cela est vrai ; mais Schwartz semble croire qu'un nombre double d'un autre détruit toujours les vérités que celui-ci tend à démontrer ; c'est-là qu'est son immense erreur. Si cette opinion était une vérité, elle serait la négation de toute science, c'est-à-dire la négation de la statistique elle-même, c'est-à-dire encore l'impossibilité d'établir par des chiffres un fait général quelconque, puisqu'il pourrait être détruit par un chiffre double de celui qui lui sert de base. Il n'en est pas heureusement ainsi, comme semble le croire M. Schwartz et comme peuvent le croire ceux qui ne connaissent pas les principes de la statistique. Dans les faits de l'ordre physiologique surtout, et pour des raisons qu'il serait un peu trop long et d'ailleurs superflu de déduire ici, les chiffres nécessaires pour établir une loi ne sont pas *infinis*, et, une fois la loi établie par des nombres suffisants, jamais des nombres supérieurs ne peuvent la détruire : quelques milliers d'observations ont établi le rapport de **17** à **16** (en chiffres ronds) entre les naissances des garçons et des filles? des millions d'observations faites dans les mêmes conditions ne feront et ne pourront faire que confirmer ce rapport ; c'est justement ce que les faits de chaque année confirment depuis un siècle en Europe, et confirmeront sans doute dans toutes les parties du globe, quand des statistiques pourront y être régulièrement établies. Si le même rapport n'y était pas confirmé, ce n'est pas la statistique qui serait en défaut ; elle démontrerait, au contraire, que les faits relevés et comparés ne sont pas rigoureusement comparables dans tous leurs, détails, et révélerait ainsi des vérités qui, sans elles, seraient restées ignorées. C'est ainsi qu'en ce qui concerne les naissances, elle a établi que le rapport que nous venons de rappeler, entre les naissances des garçons et celles des filles, n'est pas exactement le même dans la catégorie des enfants nés dans le mariage et hors le mariage.

Sans être tout à fait suffisant pour établir dans toute sa rigueur le rapport des pieds bots congénitaux aux accidentels, le relevé de V. Duval comprend un nombre de faits suffisants pour établir un rapport approximativement exact, et si le relevé de Tamplin établit un rapport différent, c'est que les faits relevés de côté et d'autre ne sont pas comparables dans tous leurs détails, et c'est à une observation attentive à découvrir sur quels points ils diffèrent. Voilà ce que de saines notions sur la statistique auraient révélé à Schwartz, s'il avait pris la peine d'acquérir ces notions, au lieu de faire de la statistique des amateurs de vérités *par à peu près*, c'est-à-dire de ceux qui se contentent de former leurs convictions sur « *ce qu'on voit journellement.* »

En résumé, le rapport des pieds bots congénitaux aux accidentels est-il comme 100 est à 75 ou comme 100 est à 133 ? très probablement ni l'un ni l'autre *exactement ;* c'est aux amis des vérités *démontrées* qu'il est réservé de l'établir.

Les rapports des diverses formes de pieds bots entre elles, ne sont pas démontrés avec plus de rigueur ; mais ils le sont assez approximativement pour qu'ils puissent servir de guide, tels qu'ils sont connus. Notre père avait établi, d'après son premier mille d'opérations, que les diverses formes y figuraient, savoir :

Pieds équins ou équins-varus. . . .	417
Varus	532
Valgus	22
Pieds en dessous (stréphypopodes). .	20
Pieds en haut (stréphanopodes). . .	9
	1000

Notre père n'a pas distingué combien de difformités, dans cet ensemble, étaient congénitales et combien accidentelles. Cette distinction a été faite dans le relevé de Tamplin dont il a été question ci-dessus, en ce qui concerne les pieds bots congénitaux :

Sur les 764 pieds bots de cette catégorie, on compte :

Varus	688
Varus d'un pied, valgus de l'autre. .	15
Valgus	42
Talus	19
	764

On n'a pas noté la proportion de chacune de ces formes pour les 1016 accidentels. Mais on sait, et les auteurs l'ont mentionné dans divers chapitres de leurs ouvrages, que le tableau précédent y est pour ainsi dire renversé ; que l'équin, par exemple, qui ne figure pas dans le tableau précédent, est écrit au premier rang dans les pieds bots accidentels, tandis que le varus, le varus pur surtout, y est à peu près absent.

Le pied bot frappe dans une assez forte proportion les deux pieds à la fois. Sur les 1000 cas relevés par notre père, il a constaté :

Pieds bots doubles.	241
Sur un seul pied.	759

Quand la difformité ne frappe qu'un pied, elle frappe le droit et le gauche dans des proportions égales. Sur les 759 cas simples que nous venons de rappeler, le pied droit a été atteint 367 fois, et le pied gauche, 392 ; cette égalité s'observe dans les deux sexes.

Influence du sexe. — On a cru longtemps, — notre excellent père tout le premier, — et quelques-uns croient probablement encore, que les déviations du rachis étaient plus fréquentes chez les femmes que chez les hommes ; c'est une erreur très compréhensible et dont nous avons donné ailleurs l'explication (1). Dans la question de l'influence du sexe sur le développement du pied bot,

____

(1) Voir notre travail *Des diverses déviations de la colonne vertébrale,* p. 7 ; Paris, chez l'auteur rue du Dôme, 3, et chez J.-B. Baillière, rue Hautefeuille, 19 ; 1885.

l'erreur n'est pas possible : l'influence est certaine. Seulement, elle s'exerce dans un sens opposé à celui qu'on lui attribuait dans la scoliose : ce sont ici les garçons qui sont atteints en plus forte proportion.

Sur les 1000 cas opérés par notre père, les garçons étaient atteints 624 fois et les filles 375 fois ; cette proportion était sensiblement la même dans la catégorie des pieds bots congénitaux et dans celle des pieds bots accidentels.

Ceux de cette dernière catégorie s'étaient développés pour *les dix-neuf vingtièmes,* depuis l'âge de trois mois jusqu'à celui de neuf ans.

Vingt-sept de ces stréphopodes étaient nés avec un côté paralysé ou seulement le membre inférieur du côté atteint paralysé.

Sur ces vingt-sept cas, il y avait dix-huit garçons et neuf filles. La même prédisposition a été constatée par Heine, qui, sur 147 cas de pied bot congénital, a trouvé 97 garçons et 50 filles.

Il y aurait bien quelques considérations à présenter sur cette prédisposition bien prononcée du sexe masculin à la stréphopodie, mais comme nous n'apercevons pas les déductions pratiques ni philosophiques qu'on en pourrait tirer, nous nous bornerons à constater le fait, non sans faire remarquer, toutefois, que cette prédisposition fait partie de celle plus générale qui expose le fœtus et les nouveau-nés du sexe masculin à de plus grands dangers que ceux du sexe féminin.

CHAPITRE V

ANATOMIE PATHOLOGIQUE

Il n'est pas nécessaire de faire remarquer qu'aux modifications des formes extérieures qui caractérisent les diverses difformités du pied que nous avons décrites, correspondent des modifications intérieures qu'il est nécessaire de connaître pour instituer tel ou tel traitement et prévoir les résultats qu'on en peut attendre. On comprend que ces modifications intérieures portent principalement, on pourrait presque dire exclusivement, sur certaines pièces du squelette du pied. Elles diffèrent considérablement dans les deux catégories de pieds bots, les accidentels et les congénitaux, et, dans cette dernière catégorie, elles diffèrent encore notablement chez le nouveau-né et chez l'adulte. Il faut donc les examiner dans ces différentes variétés. Nous n'y comprendrons pas l'étude des lésions sur le fœtus, cette étude ne pouvant avoir de l'intérêt qu'au point de vue de l'étiologie, et les cas où l'on a pu les observer étant d'ailleurs très rares.

A. Lésions anatomiques dans les pieds bots congénitaux.

1° LÉSIONS DU PIED BOT VARUS CHEZ LES ENFANTS DU PREMIER AGE.

Thorens a eu la constance d'étudier avec le plus grand soin ces lésions dans 76 cas de pieds bots dont il rapporte avec plus ou moins de détails les observations ; nous suivrons son consciencieux travail.

Astragale. — L'os qui se dévie le plus et le plus tôt, et le premier qui se présente à l'observation de l'anato-mo-pathologiste est l'astragale. Il est altéré, dit Thorens, dans sa forme et dans sa position. Il est dans l'extension par rapport à la jambe ; il en résulte que la partie postérieure seule de sa poulie se trouve en rapport avec la face inférieure du tibia. Mais, outre cette extension, il semble avoir éprouvé une flexion ou rotation autour de son axe transversal, mouvement qui a eu pour résultat d'abaisser son col, et de l'incliner davantage en bas et en avant. Cette rotation est souvent indiquée par une ligne saillante; une sorte de crète transversale que présente la poulie astragalienne, et qui correspond au bord antérieur de la face inférieure du tibia.

La face supérieure de l'astragale semble, dans beaucoup de cas, plus étroite qu'à l'état normal, et cette diminution de son diamètre transversal se fait surtout au dépens de sa partie interne : tandis que sa face

9

externe est appliquée contre la malléole externe et lui
correspond exactement, la face interne, du moins dans
quelques cas graves, n'offre qu'en arrière une véritable
articulation avec la face correspondante de la malléole
interne. En avant, un ligament interosseux pénètre entre
les surfaces articulaires et en empêche le contact immédiat. Au lieu d'être verticale, cette face est oblique
en bas et en dedans.

La face postérieure est considérablement atrophiée ;
elle n'offre plus le sillon qui loge le tendon du fléchisseur
du gros orteil ; elle semble avoir été comme tassée de
haut en bas entre le calcanéum et les os de la jambe.
Très souvent, elle est réduite à un simple bord tranchant
plus saillant en dedans qu'en dehors. Généralement, elle
est cachée par le calcanéum qui, comme nous allons le
voir, est appliqué contre la face postérieure de la mortaise tibio-péronière.

La face antérieure, au contraire, fortement oblique
en bas, semble avoir augmenté de longueur; mais il
faut, dans cet allongement apparent, faire la part de la
portion de la poulie astragalienne qui est devenue antérieure, par suite de la position d'extension de cet os.
Cette face est entièrement recouverte par les fibres de
la capsule tibio-tarsienne.

Le col de l'astragale se termine en avant et en dehors
par une tubérosité plus ou moins mamelonnée et qui
est comme un vestige de l'astragale. En dedans de
cette tubérosité, et séparée d'elle par un sillon plus ou
moins marqué, est une surface articulaire convexe, à

grand diamètre à peu près horizontal. Dans les cas peu graves, cette surface, avec laquelle s'articule le scaphoïde, empiète plus ou moins sur la face inférieure de l'astragale ; quand la difformité est plus accentuée, elle se trouve tout entière sur la face interne et regarde en dedans et en arrière.

Calcanéum. — Le calcanéum a subi des modifications concordantes avec celles de l'astragale. Il se trouve élevé et doublement incurvé sur lui-même. Sa tubérosité est portée en haut et en dehors ; d'où à la fois l'élévation et le raccourcissement du talon.

L'ancienne face est rapprochée de la face postérieure de la mortaise tibio-péronière, et présente généralement deux facettes articulaires, la postérieure correspondant aux os de la jambe, l'antérieure à l'astragale.

La partie antérieure du calcanéum ne suit pas absolument la déviation de la tubérosité : l'axe de cet os est infléchi sur lui-même, et il en résulte un angle rentrant interne, un angle saillant externe, indiqué par une ligne oblique en bas et en dedans. En d'autres termes, la partie antérieure du calcanéum est moins inclinée de haut en bas, mais davantage de dehors en dedans que la tubérosité. Il y a en même temps rotation de cet os sur son axe antéro-postérieur, d'où il résulte que sa face inférieure devient postérieure et interne, sa face interne supérieure, formant une sorte de concavité en arrière de la mortaise jambière.

Articulations. — Ces déformations du calcanéum entraînent nécessairement avec elles des déviations dans les surfaces et les articulations calcanéo-astragaliennes, sur lesquelles il faut s'arrêter.

L'articulation sous-astragalienne ne peut guère être étudiée qu'après avoir séparé le calcanéun et le scaphoïde d'avec l'astragale, encore maintenu dans la mortaise, et celui-ci d'avec le cuboïde, quand l'articulation cuboïdo-astragalienne que personne ne décrit et que nous avons signalée, existe. Du côté de l'astragale et des os de la jambe, le grand diamètre des surfaces articulaires est oblique en bas et en dedans, et ces surfaces regardent en bas et en dehors. Elles sont constituées en allant de dehors en dedans :

1° Par une facette articulaire située au bord interne de la face postérieure de la malléole externe ;

2° Par une facette articulaire élevée au-dessus de la précédente, et placée au bord externe de la face posté-rieure de l'épiphyse tibiale ;

3° Par une surface astragalienne fortement concave, composée elle-même de deux parties : la postérieure et interne, purement articulaire, continue le plan de la facette tibiale ; l'antérieure et externe n'est articulaire que dans sa partie la plus supérieure, et continue le plan de la surface péronière. Entre les deux, est une gout-tière donnant insertion au ligament interosseux, et répondant par sa direction presque transversale, oblique en bas et un peu en dedans, à l'angle de flexion de l'as-tragale.

Le calcanéum, placé dans la position vicieuse qu'il occupe, offre, à l'union de sa face supérieure (l'ancienne

face interne) avec sa face antéro-externe (l'ancienne face
supérieure), une surface articulaire qui regarde en haut
et en dedans, et dont le grand diamètre est oblique en
bas et en dedans. Elle présente, en outre, une convexité
dans le sens antéro-postérieur. Cette surface est elle-
même divisée en trois parties par des crêtes à peine prononcées : la plus externe et la plus élevée répond aux
facettes articulaires de la malléole externe et du tibia ;
la moyenne, qui contribue surtout à former la partie
convexe, correspond à la partie externe de la cavité
astragalienne, c'est-à-dire en avant, à cette facette que
nous avons vu continuer le plan de la facette malléo-
externe en arrière, au tiers externe à peu près de la
facette qui continue la direction de celle du tibia ; enfin,
la partie interne, qui représente la petite apophyse complètement atrophiée du calcanéum, répond aux deux
tiers inférieurs et internes de la facette de l'astragale,
à cette portion qui va se continuer avec la tête scaphoïdienne.

En résumé, une surface fortement concave d'avant en
arrière, et oblique de haut en bas et de dehors en
dedans, résultant de la flexion de l'astragale, continuée
en dehors par deux facettes formées aux dépens de la
malléole externe et du bord inférieur de la face postérieure du tibia, emboîte une surface convexe d'avant en
arrière, oblique aussi en bas et en dedans, et formée au
dépens des faces internes, devenue supérieure, et de supérieure devenue antérieure du calcanéum. Ce n'est qu'en
arrière, en haut et légèrement en avant, que ces os se

correspondent par des surfaces cartilagineuses ; en avant, ils sont reliés par un ligament interosseux résistant.

Il résulte de cette disposition que le grand axe de l'articulation sous-astragalienne est transversal, par rapport à l'axe du membre, au lieu d'être antéro-postérieur. Si donc, les ligaments ne sont pas trop serrés, si les surfaces osseuses ne s'emboîtent pas trop intimement pour ne permettre aucune mobilité il se passera dans cette articulation surtout des mouvements de flexion et d'extension, et non d'adduction, d'abduction et de rotation comme dans le pied bien conformé. Le mécanisme de cette articulation sera le même que celui de l'articulation tibio-tarsienne.

Mais cette articulation n'existe pas seule entre les os de la jambe et l'astragale d'une part, les os du pied, de l'autre. Immédiatement en dedans de l'articulation astragalo-calcanéenne, les os de la jambe offrent une nouvelle cavité articulaire, limitée en dehors et en avant par la tête de l'astragale, en haut et en dedans, par la malléole interne. Les facettes en sont formées, en dehors, par la facette scaphoïdienne de l'astragale, reportée, comme nous l'avons déjà dit, sur la face interne de cet os ; plus en dedans et en haut, par la nouvelle facette articulaire que la malléole tibiale présente au scaphoïde ; entre les deux est une dépression où s'insèrent les ligaments qui divisent en deux cette articulation.

Dans cette cavité est reçu le scaphoïde. Sa concavité

reçoit la facette convexe astragalienne. Sa tubérosité, portée en haut et en dedans, correspond à la malléole interne par une surface lisse et encroûtée de cartilage articulaire. Ces deux facettes articulaires sont séparées par un espace assez large où viennent s'insérer les ligaments capsulaires de chacune de ces articulations et leurs faisceaux de renforcement.

Dans les cas graves, une articulation supplémentaire se trouve encore entre le sommet de la malléole et le premier cunéiforme.

Cette articulation scaphoïdienne est intimement soli-daire de l'articulation calcanéenne, et l'on conçoit qu'elle doive contribuer à limiter considérablement les mouvements de cette dernière.

Le col du calcanéum et la facette cuboïdienne qui le termine ne présentent rien à noter, si ce n'est leur déviation telle, que la facette cuboïdienne, au lieu de regarder en avant, regarde en dedans, et que son diamètre, qui devrait être vertical, est oblique d'avant en arrière et de dedans en dehors. Dans les cas graves, elle empiète sur la face interne (l'ancienne face plantaire).

Cuboïde. — Le cuboïde a la direction que lui fait la position du calcanéum. Il est dirigé de dehors en dedans et sa face dorsale est devenue antérieure et même inférieure ; elle concourt à former la nouvelle base de sustentation.

Scaphoïde. — Le scaphoïde n'a pas subi d'altération de forme, mais il a été déplacé dans sa totalité ; son grand axe, d'horizontal et transversal, est devenu vertical ; sa tubérosité interne s'est élevée et est arrivée au contact de la malléole interne avec laquelle elle forme une nouvelle articulation complète : capsule orbiculaire, surfaces encroûtées de cartilages. Dans les cas peu prononcés, là où une partie de la face antérieure de la tête de l'astragale est encore articulaire, le scaphoïde garde une position oblique.

Cunéiformes et métatarse. — Les cunéiformes, le métatarse et les phalanges ne sont déviés que dans leur direction ; leur forme est normale. Cependant, dans la majorité des cas, ces os ou les cartilages qui les représentent sont moins développés que chez un enfant du même âge. L'atrophie semble avoir porté plus sur leur face plantaire que sur leur face dorsale ; le cuboïde participe à la même atrophie ; cette altération est en rapport avec la moindre largeur du pied et la plus grande concavité de la plante.

Tibia et péroné. — Les os du pied ne sont pas seuls altérés dans le pied bot congénital, ceux de la jambe participent à l'altération. Il existe une torsion de la diaphyse du tibia, dans sa moitié inférieure, de telle sorte que la face antérieure de la mortaise jambière tend à devenir externe, et la malléole interne, antérieure. Cette déformation, très marquée chez l'adulte, existe dès la naissance, dans les cas très prononcés.

Quant au péroné, il est généralement grêle ; parfois, il est fortement infléchi vers le tibia, de façon à rétrécir considérablement l'espace interosseux jusqu'à le supprimer dans sa partie inférieure. Cette particularité est beaucoup plus fréquente chez l'adulte, ce qui semble indiquer que la marche contribue à la produire.

Les épiphyses malléolaires et la mortaise tibio-péronière ne présentent pas d'anomalies, à l'exception de celles qui résultent de nouvelles articulations. Thorens dit avoir cherché avec soin à constater leur mobilité et l'avoir toujours trouvée nulle sur les pièces fraîches. Mais après des manipulations, des malaxations, insuffisantes pour détacher l'épiphyse de la diaphyse, il a trouvé un peu de mobilité bornée à leur partie cartilagineuse.

Ligaments. — La constatation des altérations osseuses n'offre pas de difficultés; il n'en est pas de même de celle des altérations des parties molles. Thorens fait remarquer, avec raison, que les artifices du scalpel sont obligés de jouer un certain rôle dans la préparation de ces organes pour permettre de les faire plier aux nécessités des descriptions anatomiques ; cette remarque, vraie pour l'adulte, l'est encore bien davantage pour le nouveau-né ; et quand il s'agit d'articulations difformes, on ne peut plus espérer de trouver chez lui tous les faisceaux ordinairement décrits, et l'on est obligé de se contenter d'une description moins précise.

Nous poserons donc comme règle générale qu'à la naissance, dans le pied bot, tous les ligaments sont plus serrés que dans le pied bien conformé de l'enfant nouveau-né: ceux de la face dorsale et externe, c'est-à-dire de la face convexe, sont allongés, tiraillés ; ceux de la face concave, — interne et plantaire, — sont plus serrés et raccourcis.

Les fibres antérieures de la capsule tibio-tarsienne
sont très allongées ; elles recouvrent tout le col de l'astragale, et ne s'arrêtent qu'à l'extrémité antérieure de
sa tête. M. Budin décrit un faisceau externe de renforcement de cette capsule.

Le ligament calcanéo-astragalien est très étendu en
surface, mais ne semble pas plus serré que sur un pied
normal.

Les ligaments les plus importants à considérer, ceux
qui offrent, à la réduction, les obstacles les plus considérables, ce sont les ligaments postérieurs et internes.
En arrière, entre le calcanéum et les os de la jambe,
existe une capsule divisée en deux par un ligament
interosseux, allant du ligament péronier aux crêtes que
nous avons signalées sur la facette articulaire supérieure
du calcanéum. A ces ligaments sont adjoints des faisceaux de renforcement très épais.

En dedans, ce sont les ligaments tibio-astragalien,
tibio-scaphoïdien, qui sont épais, raccourcis, et qui
maintiennent fortement les os dans leur position vicieuse.

A la face inférieure, les ligaments calcanéo-scaphoï-
diens et calcanéo-cuboïdiens sont aussi raccourcis. En
même temps qu'eux, l'aponévrose plantaire, raccourcie
probablement par suite du rapprochement de ses points
d'insertion, mais rarement augmentée d'épaisseur, fait
obstacle au redressement.

Cette disposition n'existe que dans les cas où la difformité est très prononcée ; le plus souvent, au moment

de la naissance, l'aponévrose plantaire est faible et peu développée.

Outre les ligaments proprement dits, il est encore des brides aponévrotiques, des gaines tendineuses, qui, par leurs adhérences aux os déviés, contribuent encore au maintien de la difformité ; mais il existe sous ce rapport trop de différences individuelles pour permettre une description générale méthodique.

Muscles. — Mais un des points les plus importants, si ce n'est le plus important, c'est l'état des muscles. On a vu l'étiologie, les *théories* auxquelles cet état a donné lieu, mais ce n'est pas au point de vue théorique, c'est au point de vue pratique qu'on doit l'examiner ici : il faut constater la direction des muscles, leurs rapports, ceux de leurs tendons surtout, et leurs altérations de structure.

Les tendons des muscles de la région antérieure de la jambe arrivent au pied, comme on sait, en croisant le tibia au-dessus de la malléole interne, et décrivant une courbe à concavité supéro-interne, sont maintenus par l'aponévrose jambière et le ligament antérieur du tarse très résistant.

Le tendon du jambier antérieur est le plus élevé, en même temps, le plus interne et le plus postérieur. Il croise le tibia au-dessus de la malléole, s'applique contre la face interne de celle-ci, passe au côté interne de l'articulation tibio-tarsienne, puis se porte en dedans et en arrière pour s'insérer au premier cunéiforme ; il forme une corde tendue en dedans de la malléole, et plonge dans l'angle rentrant que forme le pied sur la jambe.

Le tendon de l'extenseur propre du gros orteil est parallèle au premier jusqu'au sommet de la malléole ; là il se réfléchit, passe en avant du précédent, se porte en dedans, formant une corde tendue à la face antérieure du bord externe, devenu supérieur, du pied.

Les tendons de l'extenseur commun des orteils se réfléchissent au niveau du col de l'astragale ; ils se dirigent ensuite vers les orteils correspondants, en croisant les tendons du pédieux.

Celui-ci est étalé sur la face convexe du pied et paraît généralement mince et atrophié.

Les péroniers latéraux descendent derrière la malléole interne entre elle et la tubérosité du calcanéum ; au pied, ils ne se logent que rarement dans la gouttière normale ; ils sont le plus souvent placés plus en arrière et se séparent pour aller, le court, longer le bord inférieur du pied jusqu'au cinquième métatarsien, le long, contourner le bord inférieur du calcanéum et suivre son trajet plantaire ordinaire.

Le triceps sural est généralement bien développé ; le raccourcissement porte surtout sur sa portion tendineuse: le tendon d'Achille est plus court et moins large qu'à l'état normal. Par suite de la déviation de la tubérosité du calcanéum, il se trouve déjeté un peu en dehors, éloigné, par conséquent, de l'artère tibiale postérieure. Il est facile à reconnaître par son volume et son état de tension.

Le jambier postérieur a une direction presque verticale ; il est accolé, contre la partie interne de la face postérieure de la malléole interne, et s'enfonce ensuite obliquement en avant et en dedans dans l'angle du pied avec la jambe pour s'attacher au scaphoïde. Dans ce trajet, il est logé dans une gouttière que lui offre la malléole et qui est située un peu plus en avant que sur un pied normal, immédiatement en dedans et en arrière du bord postéro-interne de la malléole. Sa position est importante à reconnaitre sur le vivant, et dans les cas où, comme cela arrive chez les enfants très gras, on ne peut sentir ni le tendon ni le bord interne de la malléole, on le trouvera exactement, dit Little, dans l'espace compris entre le bord antérieur et le bord postérieur de la face interne de la jambe.

Le tendon du long fléchisseur commun des orteils est logé immédiatement en arrière et en dehors du précédent. Il décrit une courbe à concavité supéro-interne pour arriver aux orteils.

Le tendon du fléchisseur propre du gros orteil est placé plus en dehors ; il passe à la partie externe de la face postérieure du tibia, et arrive sur son orteil en décrivant une courbe très prononcée. Il est placé dans une gouttière de la face plantaire du calcanéum, au-dessous de la petite apophyse ; mais il n'est que rarement en contact avec la face postérieure de l'astragale.

Quant aux muscles de la plante, leurs insertions sont normales ; il en est de même de leur direction, rapportée au moins à l'axe du pied. Mais ils sont tous atrophiés. L'adducteur du gros orteil forme généralement un relief saillant au côté plantaire du bord externe, devenu supérieur, du pied.

Il est important de noter les rapports qui existent entre les tendons et les troncs vasculaires et nerveux, au moins en ce qui peut intéresser la médecine opératoire. Disons tout de suite qu'on n'a pas observé chez l'enfant la diminution de calibre des vaisseaux, ni l'augmentation du système veineux, ni l'atrophie des nerfs, dont quelques auteurs ont annoncé l'existence.

L'artère tibiale antérieure occupe sa position normale : au cou-de-pied, elle est assez profonde et assez éloignée en dedans de la saillie que fait le tendon du jambier antérieur, pour qu'on n'ait pas à redouter sa blessure dans une opération de ténotomie.

L'artère tibiale postérieure passe dans la gouttière calcanéenne, en dehors du tendon du fléchisseur commun des orteils, en arrière et en dedans, par conséquent, du tendon du jambier postérieur. Sa déviation en dehors du tendon d'Achille et sa rétraction l'éloignent de cette artère ; il en résulte que celle-ci ne correspond plus au milieu de l'espace compris entre ce tendon et la malléole interne, et paraît plus rapprochée de la malléole que sur un pied normal.

Les nerfs suivent le trajet des artères. Pas plus que celles-ci, ils ne sont tendus et raccourcis, comme l'avait dit J. Guérin.

Dans toutes les observations de pieds bots varus congénitaux que Thorens a recueillies, l'état de la structure

des muscles n'a pas toujours été constaté à la naissance,
mais il croit pouvoir supposer que le résultat de l'examen aurait été négatif pour ce qui est de la transformation fibreuse, ce qui est d'autant plus probable, que,
d'après les recherches de beaucoup d'observateurs qui
n'ont trouvé sur ces muscles aucune trace de cette
modification, même dans les difformités les plus prononcées. Nous rappellerons les modifications que Robin
a trouvées dans un cas de pied bot valgus chez le fœtus
de trois mois et demi ; nous rapporterons ensuite celles
que Thorens a constatées chez l'enfant.

Dans le cas de Robin, les muscles de la jambe du
côté difforme étaient plus grêles ; leurs faisceaux striés
en voie d'évolution étaient plus étroits, à stries plus
pâles que du côté normal.

Chez un enfant d'un mois atteint de pied bot varus,
les fibres du jambier postérieur, du long péronier latéral et du soléaire étaient plus grêles que celles du côté
opposé ; un certain nombre d'entre elles seulement présentaient une striation évidente, dans les autres, de
beaucoup plus nombreuses, cette striation avait plus ou
moins complètement disparu, et le cylindre primitif ren-
fermait des granulations qui se dissolvaient en partie
dans l'acide acétique, des noyaux rendus plus visibles
par l'action de cet acide, et quelques gouttelettes ayant
l'apparence de la graisse.

Dans un autre cas, il existait, dans tous les muscles
de la jambe, quelques rares fibres musculaires primitives
présentant, outre les stries, des granulations graisseuses.

Chez un enfant de 15 mois, observé par Broca, l'extrémité inférieure du jambier antérieur présentait
quelques stries graisseuses ; tous les autres muscles
étaient sains.

Adams et Lannelongue ont constaté une dégénérescence graisseuse complète des muscles ; mais les muscles atteints variaient suivant les cas : tantôt, c'étaient le
jumeau externe et la moitié externe du soléaire, l'extenseur commun et le pédieux ; tantôt, tous les muscles
de la région antérieure de la jambe, les péroniers et la
moitié externe du soléaire ; tantôt, tous les muscles de
la région postérieure, les péroniers et les muscles de la
plante. Adams dit avoir disséqué quatre ou cinq fois des
pieds bots congénitaux offrant cette lésion, et l'avoir
diagnostiquée une vingtaine de fois sur le vivant. Ce
sont ordinairement les extenseurs qui sont atteints ; le
pied est tenu immobile dans sa fausse position ; les
orteils sont fortement fléchis, le gros orteil moins généralement que les quatre externes. Dans presque tous
ces cas, il y avait, en outre, malformation et déviation
des genoux et des hanches, souvent même encore d'autres
parties.

Système nerveux. — Quoiqu'il ne soit pas douteux
que ce système joue un rôle important dans les conditions qui président au développement du pied bot, l'état
anatomique exact dans lequel il se trouve n'a pas été
constaté avec exactitude un assez grand nombre de fois
pour qu'on en puisse déduire quelques règles générales,
encore moins établir des lois. Après ce que nous en

avons dit au chapitre de l'étiologie, nous n'avons rien
de bien intéressant à ajouter. L'examen microscopique
de la moelle n'a donné que des résultats négatifs, et
quant à ce cas de sclérose rencontrée par Michaux dans
la moelle chez une vieille femme que nous avons mentionnée à propos de l'étiologie, il ne nous paraît y avoir
là, quant à présent, qu'à constater une simple coïncidence. Les nerfs ne présentent rien à noter, et leur examen microscopique n'a pas été plus fructueux que celui
des centres nerveux.

2° LÉSIONS DU PIED BOT VARUS CONGÉNITAL CHEZ L'ADULTE

Dire les différences qui existent entre les lésions du
pied bot de l'adulte, d'une manière générale, n'offre
pas des difficultés extrêmes ; mais dire au juste quelles
sont les modifications que la marche et l'âge impriment
dans tel ou tel cas est moins aisé, car on a bien rarement pu suivre assez longtemps une difformité pour
assister à ce qu'on pourrait appeler son évolution, et
quand on observe un pied bot chez un adulte, on sait
bien rarement ce qu'il était exactement chez le nouveau-
né ou chez le tout jeune enfant, avant qu'il eût marché.
Il faut donc se contenter de décrire ce qu'on a constaté,
sans avoir la prétention d'en tracer la genèse.

Envisagés d'une façon générale, dit Thorens, tous les
os du pied bot, chez l'adulte, paraissent atrophiés, ceux
qui sont déformés, et ceux qui, comme les métatarsiens
et les phalanges, ont conservé leur forme normale : ils

sont moins denses, formés d'un tissu moins compact que les os d'un individu sain du même âge.

L'astragale a la même forme que chez le nouveau-né, avec cette différence qu'il existe, chez l'adulte, un allongement assez considérable du col, et que cette partie est devenue oblique en bas. Mais les différences entre l'allongement de la partie externe sont bien moins nettes que chez l'individu bien conformé ; le col semble s'être allongé tout d'une pièce, sans présenter la torsion que nous avons signalée précédemment ; la facette scaphoïdienne regardant directement en dedans, le bord antérieur de l'astragale est aussi devenu plus saillant et plus recourbé en bas. Il en résulte que la face inférieure de cet os, qui forme l'articulation astragalienne, a sa concavité augmentée dans le sens antéro-postérieur, et qu'elle se termine par deux saillies très prononcées, l'antérieure arrondie, descendant bien plus bas que la postérieure, anguleuse, en forme de bec. Cette face arrive ainsi à ressembler assez bien à la cavité sigmoïde du cubitus. Ce mode de développement est celui de la partie interne seule de l'astragale, de celle qu'on pourrait appeler tibiale, en raison de ses connexions. Quant à la partie externe, péronière, elle reste dans un état d'atrophie ; la saillie antérieure de la facette malléolaire externe, l'allongement de son angle antéro-inférieur ne se produisent pas. La facette malléolaire interne continue à présenter aussi l'atrophie de sa surface malléolaire signalée chez le nouveau-né. Sa partie postérieure seule demeure articulaire.

Le *calcanéum*, indépendamment de sa direction modifiée et de sa double inflexion, diffère d'un calcanéum sain par son moindre développement en hauteur ; il en paraît plus allongé. Si on le compare, dans le pied bot de l'adulte et du nouveau-né, on remarque dans le premier une plus grande saillie de la tubérosité postérieure, mais moindre que celle d'un sujet bien conformé : il y a élargissement considérable de la partie antérieure, de la portion de la face supérieure située en avant de l'articulation sous-astragalienne et au-dessus de l'articulation cuboïdienne, élargissement paraissant d'autant plus considérable, que la face postérieure est plus inclinée en arrière et en haut, et que les tubercules inférieurs sont moins développés.

La partie antérieure, située en avant et en dehors de l'articulation astragalienne, au-dessus de l'articulation cuboïdienne, est considérablement accrue, surtout en largeur. Elle correspond au ligament calcanéo-astragalien interosseux, qui la recouvre en s'étalant. Mais on n'y voit qu'indiquée la dépression de la gouttière calcanéenne.

La face externe devenue inférieure, est aussi étalée dans sa portion antérieure, là où elle concourt à former la base de sustentation du pied. Elle se continue avec la face cuboïdienne devenue antéro-interne, par un bord lisse, encore revêtu de cartillage, et recouvert par la capsule calcanéo-cuboïdienne. La partie externe de cette face cuboïdienne a été abandonnée par le cuboïde, qui a éprouvé une sorte de luxation incomplète en dedans ; il en résulte, sur le bord externe et inférieur du pied, une saillie élargie, qui n'existe qu'à peine à la naissance, et qui est formée par l'extrémité du calcanéum.

Les diverses tubérosités, les éminences, les gouttières que présente le calcanéum normal, et qui manquent à peu près complètement, à la naissance, sur cet os déformé, sont ici très peu nettes : la petite apophyse n'est représentée que par un tubercule ; la gouttière péronière n'est marquée qu'à la partie tout à fait antérieure de l'os.

Le *scaphoïde* paraît un des os les plus atrophiés ; mais sa forme générale ne diffère guère chez l'adulte et chez le nouveau-né. Examiné comparativement à un scaphoïde normal d'adulte, il semble offrir un plus grand développement relatif de sa face externe, et une atrophie de son tubercule, qui semble avoir été comme aplati entre l'astragale et la malléole interne, d'une part, le premier cunéiforme, de l'autre.

Le *cuboïde*, à la naissance, n'est que dévié ; chez l'adulte, il est subluxé sur le calcanéum, et son articulation est reportée, comme nous venons de le dire, à l'union de la face plantaire avec l'ancienne face cuboïdienne du calcanéum, empiétant sur l'une et sur l'autre. Il a en même temps éprouvé une sorte de torsion, résultant du plus grand développement de sa face dorsale, de l'atrophie de sa face plantaire ; il offre, par conséquent, une convexité externe assez marquée.

Son articulation avec le cinquième métatarsien a été modifiée également : cet os, chez le nouveau-né, a gardé ses rapports normaux avec le cuboïde ; chez l'adulte, il a été reporté en bas et en arrière ; il s'articule avec la face inférieure (l'ancienne face externe) du cuboïde, et sur un plan postérieur à celui des métatarsiens.

Les *cunéiformes*, atrophiés en totalité, ont leur face dorsale plus développée que leur face plantaire ; mais, en somme, la déformation est peu sensible (1).

Les articulations des deuxième, troisième et quatrième métatarsiens ne doivent être l'objet d'aucune remarque. Celle du premier est placée plus en arrière que dans le pied bot de la naissance.

Dans les cas où la difformité est prononcée, l'articulation du quatrième métatarsien est reportée en bas et en arrière, comme celle du cinquième, mais à un degré moindre.

Il résulte de cette déviation des deux derniers métatarsiens, une augmentation dans la courbure transversale de la voûte plantaire : le pied bot congénital, plus ou moins aplati chez l'enfant, est devenu pied creux chez l'adulte.

(1) Il est bien étrange de trouver une telle appréciation sous la plume de Thorens, quand il a constaté lui-même, en y insistant, que la *plupart* des os du pied sont plus larges à leur face dorsale qu'à leur face plantaire (*Docum. pour servir à l'hist. du pied bot congénit.*, p. 1), ce qui n'est d'ailleurs vrai qu'à moitié, ainsi que nous l'avons fait remarquer dans notre introduction (voir ci-dessus, p. XLVI). On ne peut donc considérer cette forme des os comme une difformité, et l'assertion de Thorens prouve seulement combien scrupuleusement on doit réfléchir et se souvenir même, quand on écrit avec le plus de soin et le plus grand désir d'être exact, comme il a évidemment tâché de le faire en composant son consciencieux travail.

Ainsi que nous l'avons dit, les métatarsiens et les phalanges paraissent atrophiés.

On a rencontré des cas d'ankyloses osseuses des articulations du pied dans la position de varus congénital. Cela n'est pas très rare dans les cas où le pied est bien conformé : Nous avons rencontré dans les auteurs, dit Thorens, des observations de soudure du calcanéum et du cuboïde, du calcanéum et du scaphoïde, de l'astragale et du calcanéum. Notre père a rapporté (*Trait. prat. du pied bot*, 3ᵉ édit. p. 177) un cas des plus curieux d'ossifications par engrenures de la plupart des os du tarse, que nous ne pouvons que signaler ici, la description en étant très étendue. M. Bouvier a recueilli, à la Salpêtrière, une pièce où tous les os du tarse étaient soudés entre eux et avec les os de la jambe.

Sur les pièces qui ont été à notre disposition, nous n'avons pu examiner l'état des cartilages dans les points où les surfaces articulaires ne se correspondent plus. Cependant, autant qu'on en peut juger sur les pièces sèches, ces cartilages ont dû être altérés, ce que prouve l'apparence de l'os sous-jacent : plus lisse, il est vrai, que les parties avoisinantes, il n'offre pas moins une surface mamelonnée, semblable à celle que l'on observe sur les facettes articulaires dans les cas de luxations anciennes. Il y a donc, en ces points, disparition graduelle du revêtement cartilagineux, ce qui est à considérer quand on veut rendre au pied sa forme et ses fonctions normales.

La disposition des *ligaments*, très importante d'ailleurs, est la même que chez l'enfant, ce qui fait qu'il n'y a pas à insister sur cette disposition. Cruveilhier mentionne, comme de nouvelle formation, le ligament et même les cartilages qui existent entre la malléole externe et le calcanéum ; Thorens les a rencontrés déjà nettement conformés chez le nouveau-né. Ce que l'on peut dire d'une manière générale, c'est que, par l'effet de la croissance, les ligaments sont devenus plus serrés et se sont adaptés aux nouvelles conditions d'équilibre où le pied est placé. Plus encore que chez l'enfant, ils s'opposent énergiquement à toute tentative de réduction du pied. Ceux de la face dorsale du pied, la partie antérieure de la capsule tibio-tarsienne, les ligaments dorsaux du tarse sont allongés ; mais les ligaments latéraux, le ligament deltoïdien principalement, les ligaments postérieurs qui unissent le calcanéum aux os de la jambe, les ligaments plantaires, surtout le ligament en Y sont fort serrés, résistants, bien plus que sur un pied d'adulte normal.

Nous avons vu que, chez le nouveau-né, l'*aponévrose plantaire* était, dans la grande majorité des cas, raccourcie par suite du rapprochement de ses insertions ; mais elle est le plus souvent amincie, et participe à l'atrophie, par arrêt de développement, de toutes les parties de la plante. Il n'en est pas de même chez l'adulte ; elle est seulement raccourcie, mais solide, épaisse, fortement tendue, formant entre le calcanéum et la base des orteils une lame fibreuse résistante, s'opposant vigoureusement à toute tentative d'allongement du pied. Généralement, son faisceau interne est plus épais que son faisceau externe.

Les *muscles de la plante* sont raccourcis, de même que cette aponévrose, et ils concourent avec elle à maintenir un des éléments de la difformité, l'enroulement du pied sur lui-même.

Quant aux *muscles de la jambe*, leur trajet et surtout celui de leurs tendons est modifié conformément à la nouvelle disposition du pied, mais ce trajet reste essentiellement le même que chez le nouveau-né.

Le tendon du *jambier antérieur* croise la face antérieure du tibia, au-dessus de la malléole, se dirige obliquement en bas, en dedans et en arrière, formant une corde tendue qui peut être sentie sous les téguments, et plonge dans l'angle que le pied fait avec la jambe, pour s'attacher à la face plantaire du premier cunéiforme et à la base du premier métatarsien.

L'*extenseur propre du gros orteil* et l'*extenseur commun* ont leurs insertions normales ; leurs tendons ont la même direction que chez le nouveau-né ; ils décrivent une courbe à concavité supéro-interne.

Les *péroniers latéraux* passent le long du bord postéro-externe de la malléole externe et descendent presque verticalement sur la face externe du calcanéum ; arrivés à la partie antérieure de cette face, là où elle pose sur le sol, le tendon du court péronier se porte en avant et en dedans du cinquième métatarsien ; celui du long péronier s'incline en dedans et en arrière, et gagne la face plantaire ; par suite de la diminution du diamètre transversal de cette face, il est raccourci, et peut dans les cas graves apporter des obstacles à la réduction.

Le tendon d'Achille est fortement reporté à la partie externe de la face postérieure de la jambe ; il est court et moins large qu'à l'état normal, de plus, par suite de la déviation de la tubérosité calcanéenne, il a subi une torsion telle, que sa face postérieure, au lieu de regarder directement en arrière, regarde en arrière et en dehors.

Le tendon du jambier postérieur est appliqué contre la partie interne de la face postérieure de la malléole interne ; il est maintenu dans une gouttière par un ligament annulaire résistant. Sa direction est presque verticale. Il est porté plus en avant que sur un pied sain, par suite de la rotation du pied, de la torsion même du tibia. Il passe sur le bord interne de la malléole interne. Le jambier antérieur le croise au niveau du bord inférieur de cette malléole ; et au-dessus de ce point, le tendon du jambier postérieur a une direction verticale.

En dehors de lui et en arrière, s'en écartant au niveau de l'articulation tibio-tarsienne, est le tendon du fléchisseur commun, plus en dehors encore, celui du fléchisseur propre. Mais tous ces trois tendons sont situés en dedans du tendon d'Achille. Entre les deux derniers est le nerf poplité interne et l'artère tibiale postérieure.

Outre ces déviations, les muscles peuvent présenter diverses altérations de structure. En règle générale, ils

sont atrophiés, mais il ne s'agit ici que d'atrophie simple, sans dégénérescence. Le volume du membre
difforme est moindre que celui qu'il aurait dans l'état
sain, et cette diminution porte surtout sur les masses
musculaires. C'est un fait purement physiologique, qui
ne dépend que du moindre usage des parties, c'est-à-
dire de leur inertie relative.

Dans quelques cas, cependant, il y a dégénérescence
graisseuse des muscles ; M. Cruveilhier l'a signalée en
insistant sur son caractère secondaire. Mais en la considérant comme assez fréquente chez le nouveau-né et
comme constante chez l'adulte, on a pensé qu'il avait
à tort, trop généralisé le fait. Le cas que le savant professeur cite à l'appui de sa généralisation est équivoque,
et considéré, non sans raison, par Thorens, comme un
pied bot acquis plutôt que congénital.

Quand elle existe, cette dégénérescence graisseuse
n'atteint pas toujours les mêmes muscles : dans les cas
recueillis par Thorens, elle a envahi, tantôt les péroniers latéraux, tantôt les muscles de la région postérieure de la jambe, sauf le jumeau interne ; dans le cas
cité par Cruveilhier, le jumeau interne était le seul
muscle qui eût échappé à la transformation graisseuse.

Cette transformation, chez l'adulte, n'est donc pas la
règle, d'où cette conclusion pratique qu'avant d'entreprendre un traitement, il faut constater l'état de la contractilité musculaire.

Quant à la transformation fibreuse, on sait maintenant
qu'elle n'existe pas.

Le trajet des troncs vasculaires est modifié conformément à la difformité. Quant à leur développement exagéré qui aurait à peu près constamment lieu, suivant J. Guérin, la dissection de plusieurs cas, a prouvé qu'il n'en était rien, et que les vaisseaux sont même quelquefois atrophiés, ce qui est naturel, vu la moindre activité du membre.

Système nerveux. — Le peu de mots qu'on en a dit précédemment sont suffisants pour nous dispenser d'y revenir ici.

Bourses muqueuses de nouvelle formation. — Ces organes adventifs se forment souvent sur les points où le pied touche le sol ; il suffit de les signaler.

Lésions d'autres organes que le pied. — Soit que les conditions générales qui président au développement du pied bot aient eu aussi une influence sur des parties avoisinantes, soit que la difformité du pied lui-même ait eu des conséquences pour les parties en connexion plus ou moins directe avec lui, toujours est-il que les déformations s'étendent souvent autour de lui, et parfois assez loin. Thorens résume et range en deux groupes les déformations qui existaient dans les soixante-seize cas qu'il a réunis et dont il a publié les observations plus ou moins détaillées dans son travail.

Dans le premier groupe, sont comprises des déformations articulaires variées des genoux et des hanches ; dans le second, des varus, peu nombreux, du reste, coïncidant avec l'absence de certaines parties du squelette, notamment de l'un ou même des deux os de la jambe. On sait que ces absences des parties du squelette sont plus fréquentes dans la main bote.

Mouvements. — Sur des pièces fraîches ou préparées pour leur conserver leur souplesse, on constate qu'il ne se passe, chez l'adulte, aucun mouvement appréciable entre le tibia et l'astragale ; chez le nouveau-né, on trouve entre ces deux os une mobilité obscure. Quelques mouvements limités ont lieu entre l'astragale d'une part, le calcanéum et le scaphoïde de l'autre ; mais les plus étendus sont ceux qui se passent dans l'articulation médio-tarsienne, entre les cunéiformes et le scaphoïde, entre le cuboïde et le calcanéum ; on néglige le jeu des articulations des métatarsiens.

Tous ces mouvements, réduits à de simples glissements, sont trop solidaires les uns des autres pour qu'on puisse les étudier séparément ; il faut les envisager dans leur ensemble, en les rapportant à la direction qu'ils tendent à imprimer à la totalité du pied. Comme dans le pied normal, il y a à considérer deux types comprenant chacun trois mouvements combinés : flexion, abduction et rotation (de la plante) en dehors ; extension, adduction et rotation (de la plante) en dedans.

Quant au rôle des muscles, le jambier antérieur, raccourci, élève directement le bord interne du pied, tend à l'appliquer contre la jambe.

L'extenseur propre du gros orteil et l'extenseur commun des orteils n'agissent que sur leurs orteils ; en tirant même avec force sur leurs tendons maintenus dans leurs gouttières, on ne fait mouvoir que les orteils.

Il en est de même du pédieux, extrêmement atrophié d'ailleurs.

Les péroniers latéraux sont les muscles dont la contraction tend le plus à corriger le difformité, surtout le court péronier latéral. Réfléchi par-dessus le bord convexe du pied, il est directement abducteur du bord externe et lutte contre l'adduction et le renversement en dedans exagérés. Le long péronier tend à porter le bord interne dans l'abduction ; mais il le fait en abaissant le premier métatarsien et en augmentant la concavité de la voûte plantaire, tout en tendant à la renverser en dehors. Son action pour combattre les difformités est moins efficace que celle du court péronier. D'un côté, il agit comme extenseur du pied sur la jambe ; d'un autre côté, les os du tarse sont déjà assez serrés par leurs faces plantaires, pour qu'en se contractant, il ne puisse que très faiblement les déplacer dans ce sens, bien plus, dans les manœuvres de réduction, son tendon raccourci, maintient les os serrés du côté de la plante, et il peut opposer au déroulement du pied une résistance assez considérable pour nécessiter quelquefois la section.

La contraction du triceps sural ne peut guère que maintenir la difformité ; elle est impuissante pour augmenter l'extension du pied, poussée déjà à l'extrême.

Il en est de même du jambier postérieur ; c'est à peine si, en se contractant, il élève un peu le bord interne du pied ; mais il lutte puissamment, en vertu de sa tonicité, contre toute tentative de réduction.

Le fléchisseur commun des orteils et le fléchisseur propre du gros orteil ont leur action normale sur les orteils ; mais ils agissent en même temps sur les articulations de l'avant-pied et les articulations médio-tarsiennes pour porter les orteils en haut, en dedans et en arrière, les rapprochant du tibia ; ils tendent donc à accroître la difformité.

Quant aux muscles de la plante, ils ne peuvent agir que sur les orteils pour les rapprocher du talon, et s'opposer ainsi au déroulement du pied.

3° LÉSIONS DU PIED BOT VALGUS

La rareté du pied bot valgus congénital, dont Bonnet (de Lyon) niait même l'existence, mais dont notre père a vu quelques rares exemples, n'a pas donné lieu à des observations assez nombreuses pour qu'on en puisse décrire les lésions chez le nouveau-né et chez l'adulte séparément. Il faut donc se contenter d'une description sommaire et en bloc.

Os. — Comme on l'a déjà vu en gros dans le chapitre de la classification, les os du tarse sont bien moins altérés que dans le varus du même degré.

Le *calcanéum* a exécuté un mouvement de rotation sur son axe antéro-postérieur en vertu duquel sa face concave infero-interne est devenue inférieure ; sa tubérosité regarde en dehors, quelquefois en haut ; l'extrémité antérieure de l'os se dirige en dedans, l'extrémité postérieure, en dehors, mouvement assez étendu, quelquefois, pour que la face externe de l'os vienne s'articuler avec la malléole externe.

L'*astragale* n'a éprouvé qu'un faible déplacement ; quand la tubérosité du calcanéum est élevée, il est nécessairement incliné en avant. Il n'a éprouvé aucune altération de forme ; sa tête vient faire saillie sur le bord interne du pied et contribue à sa conformation vicieuse.

Le *scaphoïde* a exécuté un mouvement de rotation autour de son axe antéro-postérieur. Sa tubérosité est devenue, d'interne, inférieure, et, dans les cas très prononcés, il est rejeté vers la plante du pied ; le bord interne du pied devient connexe, et l'on y rencontre deux saillies, la postérieure formée par la tête de l'astragale, l'antérieure, par l'extrémité interne du scaphoïde.

Le *cuboïde* est porté en dehors, et son bord externe est élevé ; il prend la forme d'un coin dont la surface la moins large est externe.

Un aplatissement de la plante du pied accompagne toujours le valgus ; quelquefois même elle devient convexe, comme notre père en a rapporté deux cas remarquables avec figures.

Les *métatarsiens* ont suivi les autres os dans leurs déplacements : les internes touchent le sol, et les externes sont plus ou moins élevés au-dessus de lui.

Pour peu que l'aplatissement de la plante soit pro-

noncé, la base de sustentation est formée par une sorte
de trépied dont les points d'appui sont le calcanéum, le
scaphoïde, le premier cunéiforme, le bord interne du
métatarse et le côté interne de la plante du pied. Dans
les cas très prononcés de dépression de la voûte plantaire, on trouve entre l'astragale et le scaphoïde, entre
celui-ci et le premier cunéiforme, de petits enfoncements
dus à l'écartement des surfaces articulaires.

Les *ligaments* de la partie interne du pied sont
allongés, ceux de la partie externe raccourcis; c'est tout
ce qu'ils présentent à noter.

Divers auteurs ont noté des altérations variées sur
des organes du voisinage ou même assez éloignés,
telles qu'une hypertrophie congénitale de la cuisse, par
exemple; ces cas isolés n'ont pas d'autre intérêt, —
mais celui-là n'est pas à dédaigner, — que de prouver
que les conditions du développement du pied bot ne lui
sont pas spéciales, mais qu'elles ont une portée plus
générale, et sont le résultat de ce qu'on appelait le
nisus formativus, que nous pourrons appeler le *processus*, pour plaire à certains esprits qui sont heureux de
prononcer des mots nouveaux, à défaut de trouver des
idées nouvelles.

4° LÉSIONS DU TALUS CONGÉNITAL

Cette déviation ne se fait pas remarquer seulement
par son étrangeté, elle est encore singulière par
l'absence de déviations et de déformations osseuses.

Talus accidentel. — Nous n'aurions que quelques lignes à consacrer à cette variété, si l'honorable auteur *des différentes espèces de pieds bots et de leur traitement* n'avait attaché une grande importance à une forme de talus accidentel qui est tellement exceptionnelle, que nous sommes encore à en observer un cas. Suivant Schwartz (et d'après Adams et Nicoladoni), cette variété offrirait deux formes, la première, qui ne différerait pas en apparence de la variété congénitale, et dans laquelle les os ne seraient pas déformés, et la seconde, dans laquelle le calcanéum serait déformé d'une façon tout à fait remarquable :

« Voici, dit-il, ce qu'on a observé et ce qui arrive surtout quand l'individu peut encore se servir de son membre pour la marche (disons-le, ces talus sont le résultat, dans l'immense majorité des cas, de paralysies infantiles portant sur les muscles du mollet). Quand le patient se sert encore de son pied paralysé comme soutien, il pousse *avec lui le corps en avant* (1) ; le calcanéum se courbe dans le même sens, parce que les muscles du mollet, par l'intermédiaire du tendon d'Achille, ne le tirent plus en haut ; il se courbe autant que le permettent les ligaments et la résistance des autres os du tarse. Il en résulte que cet os présente une forme toute particulière, sa partie antérieure se développe *vers en*

---

(1) Nous avons déjà fait remarquer qu'il ne faut pas attacher d'importance à la rédaction du savant auteur ; sans quoi on devrait croire que, dans son opinion, un patient et son corps feraient deux, ce qui n'est évidemment pas la pensée de M. Schwartz.

11

bas (sic) et constitue comme une sorte de pilon sur lequel le membre s'appuie ; la face inférieure du calcanéum devient par cela même fortement concave. Mais, fait autrement remarquable, la plante du pied se creuse, elle s'appuie sur le sol, mais par sa partie antérieure seulement, même le bord externe est élevé sous forme de voûte au-dessus du sol, et les appuis de la voûte sont en arrière de la proéminence calcanéenne, en avant les têtes des deux métatarsiens extrêmes. La tubérosité postérieure a pour ainsi dire disparu, et le tendon d'Achille aplati est appliqué contre la face postérieure de l'articulation du cou-de-pied.

« L'on admet généralement que cette seconde forme, le *talus* pied creux, est consécutive à la première, que le poids du corps a ramené vers le sol le tarse et le métatarse, d'où l'exagération de la voûte par flexion plantaire forcée dans l'articulation médio-tarsienne, d'où la saillie en bas du talon. Nicoladoni n'est pas de cet avis. Adams a montré déjà que les ligaments de la face plantaire sont rétractés et épaissis et qu'ils résistent très énergiquement à la réduction de la difformité. L'aponévrose plantaire est aussi rétractée et épaissie : il en est de même des muscles plantaires dont l'action vient s'ajouter à celle que nous venons déjà de signaler.

« Le tout, comme on peut le voir, s'est produit chez un sujet bien constitué qui a été soldat, qui marchait donc très bien, et il a suffi de huit ans pour amener toutes ces déformations. »

L'importance de ces lésions a porté l'auteur à rapprocher ce cas des pieds bots congénitaux ; Schwartz fait
observer avec raison qu'il n'existait cependant là « que
peu de déformations de l'astragale, caractéristiques pour
ainsi dire du pied bot congénital. »

Schwartz a eu lui-même l'occasion de disséquer un
pied bot équin varus paralytique provenant d'une fille
de dix-huit ans à laquelle on avait pratiqué l'extirpation
de cet os ; voici la description qu'il en donne :

« Un premier point qui frappe, c'est la déviation du
col en dedans et l'aplatissement de la tête de haut en
bas ; un second point, c'est la concavité exagérée de la
face inférieure et la profondeur de la gouttière du
sinus du tarse ; enfin, les surfaces articulaires étaient
cartilagineuses là où elles étaient encore en rapport
avec les surfaces de même nature (partie interne de la
tête de l'astragale, partie postérieure de la poulie, face
inférieure) ; dans les autres points, le cartilage avait disparu et était remplacé par des lamelles et des grains
osseux de nouvelle formation. »

Ces constatations suggèrent à Schwartz les remarques suivantes :

« Il y avait une différence considérable, comme intensité de la difformité, entre ces os et les astragales d'enfants pris sur des pieds bots congénitaux ; il avait fallu
plus de douze ans pour l'amener à ce point ; la malade
n'avait jamais porté d'appareil prothétique. »

Malgré la contradiction qui existe matériellement
entre les deux constatations qui précèdent, on peut

cependant poser en règle générale que les lésions sont moins graves dans l'équin accidentel que dans l'équin congénital, ce qui est loin d'être indifférent pour les espérances qu'on peut fonder sur l'efficacité du traitement.

Sur ces lésions, Meusel, Hueter, Albert ont cependant présenté des remarques que Schwartz résume dans des termes que nous croyons devoir reproduire :

« Quand le pied équin date de très longtemps, dit-il, et qu'il est fixé dans son attitude, les os peuvent subir des modifications de forme sur lesquelles nous devons insister. Par suite de la subluxation de l'astragale en avant de la mortaise, la partie de la poulie qui n'y est plus contenue s'élargit, l'espace tibio-péronier se resserre sur la portion moins large de l'os en rapport avec les malléoles, et il est impossible de faire réintégrer l'astragale dans sa situation normale. En même temps, la portion de la surface articulaire qui n'est plus soumise à la pression du poids du corps et aux frottements du cartilage opposé s'altère, le cartilage devient rugueux et disparaît même par place pour être remplacé par des productions ostéoïdes ; nous retrouvons là les altérations des vieux pieds bots congénitaux chez les adultes. Adams a constaté des lésions analogues, non seulement sur l'astragale (poulie et partie supérieure de la tête), mais encore sur les parties inférieures des têtes des métatarsiens.

« Les ligaments sont allongés, tiraillés au niveau de la face dorsale du pied ; ils sont raccourcis et épaissis au niveau de la face plantaire. Parmi eux se distinguent surtout les ligaments calcanéo et scaphoïdo-cuboïdiens. L'aponévrose plantaire et les cloisons intermusculaires sont rétractées, et rendent souvent absolument impossible le redressement du pied. Quand l'équin est très prononcé, quand l'enroulement sur la surface plantaire est intense, les orteils se fléchissent sur le métatarse, se retournent vers la plante.

« Quant aux muscles, leur état anatomique diffère suivant les cas. Le seul tendon important est celui d'Achille, et lui ne change pas de direction; il est généralement fortement tendu pour peu que l'on cherche à réduire la difformité.

« La structure des muscles est presque toujours altérée. Tantôt, c'est une atrophie complète des muscles antérieurs de la jambe dont il ne reste plus que quelques vestiges et les gaines, de telle sorte que cette face antérieure est quelquefois en forme de gouttière; tantôt, c'est une dégénérescence graisseuse ou fibro-graisseuse plus ou moins avancée; tantôt, enfin, ils sont simplement allongés, comme distendus.

« Les muscles postérieurs, et, parmi eux, le soléaire et les jumeaux, sont rétractés et atrophiés, beaucoup plus courts; dans les cas anciens, les muscles profonds sont pris aussi. Parmi ceux de la plante du pied, le court fléchisseur est aussi rétracté et aide avec l'aponévrose plantaire à la production exagérée de la cavité de la plante. »

Nous sommes un peu surpris que M. Schwartz n'ait

pas ajouté à ce résumé quelques réflexions pour en
atténuer un peu la portée (1). Il est évident pour nous
que cette appréciation des trois auteurs que Schwartz a
résumés peut s'appliquer à quelques cas d'équins accidentels, mais ne s'applique pas à la grande majorité.
S'il en était autrement, le traitement de cette catégorie
de difformités réussirait bien rarement, tandis que notre
observation, aussi bien que celle de notre père nous a
prouvé que, convenablement appliqué, ce traitement est
souvent couronné de succès.

Dans les deux cas très remarquables que notre père
a publiés, avec figures, malgré des déviations monstrueuses, qui avaient fait croire, dans un cas, à des chirurgiens éminents à la carie des os et à la nécessité
d'une amputation, ces os étaient en réalité sains, malgré
leur déplacement, et la ténotomie, secondée par les
machines, put donner au pied à peu près sa forme
normale et ses fonctions. Dans un autre cas, un pied
bot talus, chez un fœtus à terme, disséqué par le professeur Lannelongue, les os ne paraissaient pas altérés,
bien que l'auteur avertisse que, faute de terme de
comparaison, il n'ait pu en apprécier avec exactitude la
forme et la longueur. Dans un autre cas disséqué par

(1) On ne comprend même guère qu'après ce silence, en quelque
sorte approbatif, Schwartz ait résumé dans cette phrase laconique les
lésions du pied bot accidentel : « Les altérations de forme des os du
pied ne répondent nullement comme intensité à celles que nous obser-
vons dans les variétés congénitales correspondantes. » Cette observation est juste, mais elle aurait peu de portée au point de vue pratique,
si celle de Meusel, Hueter et Albert était aussi fondée qu'elle sem-
blerait l'être d'après l'analyse de Schwartz.

Nicoladoni, les os ne paraissaient guère plus altérés ; on note seulement que le calcanéum n'offre qu'une très faible concavité en bas. — Dans tous ces cas, il s'agissait de difformités congénitales.

5° LÉSIONS DANS L'ÉQUIN

Cette forme est ou à peu près ou complètement niée à l'état congénital, en tant que forme pure. Cependant Hueter, Little, Brodhurst disent en avoir vu des cas (très légers), et les professeurs Panas et Dubreuil l'admettent et le considèrent même comme un peu moins rare qu'on no le croit généralement. Notre père le mentionne, mais sans insister sur sa réalité, toujours en tant que forme pure, bien entendu.

On comprend que, dans ces circonstances, on ne puisse guère posséder des données anatomo-pathologiques positives ; c'est donc par un simple motif d'ordre que nous avons parlé ici de cette forme de déviation.

B. Lésions anatomiques dans les pieds bots accidentels.

Pied équin. — Si l'équin congénital est problématique, l'accidentel est non seulement très réel, mais à beaucoup près le plus fréquent de tous, car notre père avait déjà supputé qu'il constituait, seul ou associé à un certain degré de varus, les neuf dixièmes des pieds bots accidentels ; c'est le motif pour lequel il est ici placé en tête de ce paragraphe.

Mais si l'on est fixé sur sa fréquence, il s'en faut qu'il en soit de même sur les lésions qu'il comporte, soit dans le squelette, soit dans les parties molles. Les occasions d'autopsies sont très rares ; Routier, après ses laborieuses recherches, n'en rapporte qu'un cas, et Schwartz, dans son ouvrage sur les pieds bots, en rapporte un autre cas.

Dans son observation, Routier a constaté les particularités suivantes :

« Les muscles sont grêles et jaunes ; ils étaient déjà trop vieux pour permettre un examen histologique.

« Sous la peau, la graisse est abondante et forme des paquets sous les articulations métatarso-phalangiennes et sur la face interne du talon.

« Les orteils sont subluxés en arrière ; les tendons extenseurs font corde.

« Le tendon d'Achille s'insère sur le calcanéum, mais il n'existe pas de séreuse entre l'os et le tendon, et celui-ci paraît être reporté en dedans en même temps que le calcanéum semble avoir fui en haut et en dehors.

« Cet os semble raccourci, et, de plus, courbé de façon à présenter une concavité interne.

« Angle saillant au niveau de l'articulation cuboïdienne. Les muscles courts de la plante semblent partir en masse de la tubérosité interne, et les tissus, entre cette tubérosité et la malléole interne, qui recouvrent les coulisses tendineuses, sont lardacés.

« L'articulation tibio-tarsienne présente des lésions intéressantes : les ligaments antérieurs et postérieurs sont épais, lardacés. L'astragale est en abduction forcée, et les mouvements sont à peu près nuls.

« Le cartilage d'encroûtement du tibia est traversé de droite à gauche par une fissure à bords mousses ; il présente, comme celui de l'astragale, une couleur rouge ; celui-ci offre de plus plusieurs érosions, surtout sur la lèvre interne de la poulie.

« Adhérences nombreuses entre les malléoles et les faces latérales de l'astragale ; du côté interne, il n'y a plus vestige d'articulation.

« Au niveau du col de l'astragale, un trou qui communiquait avec la fistule cutanée.

« Le scaphoïde, le cuboïde dont les cartilages sont aussi malades, sont subluxés en dedans et en bas ; un tissu lardacé épaissit tous les ligaments.

« Articulation sous-astragalienne :

« Le calcanéum est immobilisé par rapport à l'astragale ou à peu près ; il est aussi descendu que possible, et ici, on voit qu'à cause du plan incliné, il a tourné.

« L'extrémité de la surface postérieure articulaire de l'astragale le déborde en arrière.

« Ces surfaces paraissent malades ; il y a comme des adhérences vers les parties malades. »

A la suite de ces constatations, l'auteur présente les remarques suivantes :

« Au point de vue de la formation du pied bot, il nous

semble que, dans ce cas, les muscles ont tout fait ; le sujet n'ayant, dit-il, jamais marché, — depuis son accident bien entendu, — on ne peut en accuser aucune pression.

« D'autre part, les observations (1) sont tellement caractéristiques qu'on aurait pu croire avoir affaire à un pied bot congénital : il y a déformations des os, lésions articulaires. »

« Dans le second de ces types, il n'y a que des déplacements très faibles, le varus pouvant être considéré comme le résultat extrême passé à l'état permanent de l'ensemble des mouvements que comprend ce type. L'extension est à peu près impossible : le calcanéum appliqué en arrière contre la mortaise jambière, le scaphoïde accolé à la malléole interne l'arrêtent, dès qu'elle tend à se produire. Il ne subsiste que cette partie des deux mouvements connexes, d'abduction et de rotation de la plante en dedans, tant qu'elle peut se passer dans l'articulation médio-tarsienne.

« Le premier type est plus important à considérer : c'est lui, en effet, qu'il faut faire suivre au pied quand on entreprend de lui rendre sa forme normale.

« La disposition de l'articulation sous-astragalienne lui permet d'exécuter un très léger mouvement de flexion ; et la disposition oblique des surfaces le transforme de flexion directe en flexion accompagnée d'abduction et de tendance au renversement en dehors, par suite de l'élé-

______

(1) C'est sans doute *altérations* qu'il faut lire, l'ouvrage étant d'ailleurs plein de fautes typographiques.

vation et du transport en dehors de l'extrémité antérieure du calcanéum. Il y a, en même temps, légère
rotation du scaphoïde sur l'astragale, par laquelle
la tubérosité du scaphoïde tend à s'éloigner de la malléole.

« Mais ce mouvement est arrêté bientôt par la rencontre de la tête astragalienne avec la face supérieure
externe du calcanéum contre laquelle elle s'applique ;
la résistance des ligaments postérieurs qui relient le
calcanéum aux os de la jambe, et surtout la résistance
des ligaments tibio-astragalien interne et tibio-scaphoïdien. Mais, même après l'arrêt des articulations sous-
astragaliennes, on peut encore augmenter le déplacement commencé, en agissant sur les articulations des
cunéiformes et du cuboïde avec le scaphoïde et le calcanéum.

« Nicoladoni a eu l'occasion de faire l'autopsie d'un
adulte qui présentait la conformation indiquée plus
haut. Le début du mal remontait au jeune âge. Tous les
os du tarse étaient sains, excepté le calcanéum, qui
offrait l'altération de forme que nous avons décrite précédemment. Il est courbé en bas dans toute la partie
qui est située derrière l'articulation astragalo-calcanéenne (1). »

(1) Nous ne savons si beaucoup de nos lecteurs auront bien compris
les étranges et surtout obscures explications qui précèdent ; si oui, ils
seraient plus heureux ou plus perspicaces que nous. Nous ne saurions
comprendre, par exemple, que le poids du corps ramène vers le sol le
tarse et le métatarse, quand ce poids repose en entier sur le calcanéum,
comme cela a lieu dans le talus, puisque c'est précisément là son

On a trouvé, dit Schwartz, les muscles de la région postérieure presque toujours malades, offrant les altérations que nous avons signalées précédemment dans d'autres déformations, tandis que les péroniers et les muscles plantaires étaient sains. Cependant, il a été dit quelques lignes plus haut que les muscles plantaires étaient contractés et épaissis!

Les coïncidences et la fréquence relative de cette variété n'ont pas assez d'intérêt pour que nous nous y arrêtions.

Valgus accidentel. — Après le pied équin, le valgus est le plus fréquent des pieds bots accidentels.

Il est difficile d'expliquer pourquoi le professeur Gosselin a tenté de comprendre dans le valgus accidentel l'affection appelée par les Français valgus douloureux, par les Allemands pied plat inflammatoire, et par lui tarsalgie des adolescents. Schwartz fait observer avec raison que tout, dans cette maladie, diffère du pied bot proprement dit, lequel n'est ni inflammatoire ni même douloureux, au moins quand le sujet garde le repos et le plus souvent quand il marche. Nous élaguerons donc la tarsalgie des adolescents de ce travail, comme

caractère essentiel; si le poids du corps portait sur le tarse et le métatarse, il ne serait pas nécessaire de les *ramener* vers le sol, — puisqu'ils sont sur le sol, — et le talus ne se formerait pas. L'auteur a vu sans doute quelque fait où le talus était compliqué de pied creux, sorte de contradiction due à quelque circonstance particulière et mal appréciée du *nisus*, ou, pour les amateurs du néologisme, *processus formativus*, et il a imaginé, pour tacher de s'en rendre compte, l'explication entortillée qu'on vient de lire, et que nous croyons plus propre à obscurcir le fait qu'à l'élucider.

Schwartz l'a éloignée lui-même du sien, ce que Malgaigne avait fait aussi, dans ses leçons d'orthopédie.

Comme les autres difformités accidentelles, le valgus se développe souvent, dans la paralysie infantile ; elle atteint plus spécialement le jambier antérieur ou les deux jambiers ; il arrive quelquefois aussi que le triceps sural est pris, et alors il y a en même temps talus. Comme dans toutes les autres difformités aussi, les deux membres peuvent être envahis, l'un d'une façon, l'autre, de l'autre.

Quelquefois, le valgus se développe après des convulsions, suivies elles-mêmes de contracture ou de rétraction ; la difformité est ordinairement, dans ces cas, très prononcée et accompagnée de la tension des tendons des péroniers et des extenseurs.

On a beaucoup insisté sur la coïncidence du valgus et du rachitisme dont on le considère comme un effet, et l'on a fait remarquer que, dans ces cas, le valgus était une difformité accidentelle qui, à l'opposé de la plupart des autres, offrait de graves lésions des os et avait une plus grande gravité ; remarques oiseuses, suivant nous, car dans un cas de rachitisme, c'est celui-ci qui est tout, et le valgus n'est en comparaison qu'un épiphénomène insignifiant.

Quand la difformité se présente consécutivement à des fractures mal consolidées, à des lésions inflammatoires graves des articulations ou des tissus environnants, l'affection ne présente encore rien de particulier, et ce n'est que lorsqu'on a combattu par les moyens

usuels ces mouvements inflammatoires, ou remédié aux
inconvénients des mauvaises consolidations, que l'orthopédie peut et doit intervenir. La difformité, dans tous
ces cas, est un état accessoire.

LÉSIONS DANS LE VARUS ACCIDENTEL.

Cette difformité est en quelque sorte le contre-pied
du varus congénital : autant celui-ci est fréquent,
autant celui-là est rare. Il est curieux, du reste, que ce
qui lui est applicable l'est, dans de moindres proportions, à toutes les autres déformations : l'échelle de la
fréquence relative des pieds bots accidentels est celle des
congénitaux renversée. Quant aux lésions, ce sont
celles du varus congénital d'autant plus atténuées que la
difformité s'est développée à une époque plus éloignée
de la naissance. Cette appréciation générale est suffisante pour en donner une idée ; il serait inutile d'entrer
dans des détails circonstanciés. Disons seulement que
lorsqu'il se développe très tard, l'atrophie des muscles,
qui est en général considérable, celle des nerfs et des
vaisseaux, qui l'est aussi beaucoup, quoique à un
moindre degré, et, enfin, l'altération des os sont très
peu prononcées. Chez un officier observé par Meusel,
et atteint de varus paralytique par blessure du nerf
poplité externe à un âge avancé, il ne s'était produit
aucune modification du squelette même après plusieurs
années. Le varus, du reste, n'était évident que lorsque
le malade soulevait le pied pour marcher ; dans le repos

ou lorsque le pied touchait terre, la conformation paraissait normale.

Comme le varus congénital, l'accidentel est souvent compliqué d'équin.

CHAPITRE VI

DIAGNOSTIC

Il peut paraître singulier, au premier abord, qu'il puisse y avoir un chapitre *diagnostic* dans l'histoire du pied bot: un pied difforme ne frappe-t-il pas les yeux, à première vue ? Cela est vrai dans l'immense majorité des cas, cela n'est pas vrai dans tous ; chez l'enfant qui vient de naître, la déformation, quoique réelle, peut être assez peu prononcée pour passer inaperçue pendant plus ou moins longtemps, à ce point qu'un praticien qui fait profession d'orthopédie, nie aux accoucheurs le talent de connaître un pied bot chez un enfant qui vient de naître ; c'était là une aberration que nous avons dû relever, mais nous n'en approuvons pas moins ces sages paroles du professeur Lannelongue, que les accoucheurs, comme les sages femmes, ne devront jamais perdre de vue :

« Toutes ces déviations », les déviations congénitales, « ne présentent pas le même degré ; l'une dépasse à peine les limites d'une attitude normale, l'autre consiste dans un déplacement articulaire évident. Or, ces variations extrêmes, on peut les rencontrer même à la naissance ; detelle sorte que, faute d'attention, une déviation légère peut passer inaperçue, et rendre plus tard le diagnostic étiologique incertain. On ne saurait donc assez recommander le précepte formulé par les accoucheurs, de procéder méthodiquement à l'examen de toutes les parties du corps de l'enfant qui vient de naître, sans en excepter les pieds. Il y a pour nous une autre raison d'agir ainsi que celle tirée d'un futur diagnostic étiologique ; ce motif est d'une certaine importance quand l'enfant doit être envoyé immédiatement en nourrice, ce qui a lieu fréquemment à Paris. Si l'enfant est atteint d'une difformité passée inaperçue, elle ne manquera pas, sauf les cas où elle disparaît spontanément, de s'accentuer dans un temps plus ou moins prochain, et lorsqu'elle deviendra assez prononcée pour ne pouvoir être méconnue, il est très possible qu'on accuse de son développement le défaut de soins de la nourrice, cause de dissentiments toujours regrettables entre celle-ci et les parents, ce que l'examen d'un médecin attentif ou d'une sage-femme peut toujours prévenir. »

Mais le diagnostic ne comprend pas seulement la constatation de la difformité ; il doit en déterminer la variété comme forme ; il doit déterminer si elle est congénitale, ou accidentelle, et, dans ce dernier cas, dans quelles conditions elle s'est développée, à la suite de paralysie infantile, de contracture simple, dépendant elles-mêmes de lésions des centres nerveux ou des nerfs, à la suite d'inflammations, d'abcès des muscles ou des parties voisines, de ces fractures dont nous avons rapporté des exemples ; il doit déterminer si la difformité est réductible ou irréductible ; dans ce dernier cas, quelles sont les parties qui résistent le plus ou s'opposent complètement à la réduction ; si elle existe seule ou bien est compliquée d'autres lésions de la jambe, du genou, de la hanche, sans parler des autres lésions qui peuvent exister, soit dans les membres supérieurs, soit dans les organes nerveux centraux ou la partie du squelette qui les protège.

Sauf les cas de déviation très légère dont nous avons parlé chez l'enfant qui vient de naître, la variété de forme ne saurait offrir de difficultés. Cependant Adams cite, pour les pieds bots accidentels, des erreurs de diagnostic qui paraissent bien étranges, si étranges, qu'on a quelque peine à les comprendre. Schwartz en parle dans les termes suivants : .

« C'est surtout dans les formes légères de pieds bots accidentels, et avant tout de pieds bots paralytiques, que la lésion passe quelquefois inaperçue ou trompe complètement le chirurgien. Dans ces cas, en effet, la difformité survient souvent sans aucun trouble général de la santé, elle ne se manifeste que lorsque l'enfant commence ses premiers essais de progression, par des troubles dans la marche et la station, sans que l'attitude légèrement déviée du pied attire l'attention. C'est alors qu'il n'est pas rare de voir se renouveler les erreurs de diagnostic que cite Adams.

« Un cas d'équin varus paralytique léger fut pris pour une coxalgie ; l'enfant était tombé et avait appelé l'attention sur la hanche qui avait porté ; la cause de la chute était un léger degré de varus équin.

« Dans un autre cas analogue, on pensa à une fracture; dans un autre encore, à une luxation de la hanche.

« Ces faits, ajoute M. Schwartz, montrent assez combien il faut être circonspect. Dans tous ces cas, la paralysie était restée localisée dans quelques muscles seulement et la nature de la lésion avait passé inaperçue. »

Il est bon d'être toujours circonspect ; mais ce que les erreurs citées par Adams nous paraissent surtout prouver, c'est qu'il faut être attentif. Qu'on laisse passer inaperçues des difformités légères, tant que l'attention n'est pas appelée sur elles, cela se conçoit sans peine ; mais qu'un chirurgien, appelé pour un accident, ou même pour une raison quelconque, à faire l'examen d'un membre, prenne une difformité, si légère soit-elle, et une paralysie, quelque limitée qu'elle soit à *quelques* muscles ou même à un seul, prenne, disons-nous, cette difformité paralytique pour une coxalgie, une fracture ou une luxation, cela paraît dénoter un défaut d'attention ou une ignorance à peine concevable chez un rebouteur, mais tout à fait extraordinaire chez un chirurgien. Nous aimons à croire que l'auteur des erreurs que signale Adams n'est pas lui-même ; mais nous trouvons qu'il est un peu indulgent pour cet auteur, quel qu'il soit. Quant à M. Schwartz, qui ne nous semble pas non plus tout à fait assez sévère, nous avons la certitude que

jamais il ne commettra une des erreurs contre lesquelles
il met ses confrères en garde ; nous sommes loin, cepen-
nant, de le blâmer de la précaution qu'il croit devoir
prendre, car nous savons qu'on ne saurait trop se pré-
munir contre la légèreté de certains praticiens, qui
s'imaginent trop souvent qu'un titre dispense de toute
observation attentive.

L'erreur suivante, que signale encore M. Schwartz,
est plus concevable, quoiqu'un examen un peu sévère
eût permis de l'éviter :

« De même, dit-il, que les formes légères d'équinisme, celles que Andry a le premier décrites, donnent
lieu aux mêmes erreurs ou à des erreurs analogues :
dans un cas, on regarde le malade comme atteint d'une
contracture de l'extenseur propre du gros orteil ; il
(qui ?) avait un pied équin au premier degré par raccourcissement du tendon d'Achille, consécutif probablement
(pourquoi ce probablement ?) à une rétraction, suite de
convulsions. »

Nous croyons que cette erreur, sur laquelle d'ailleurs
on ne nous donne que des renseignements insuffisants
aurait pu être facilement évitée, mais nous sommes
cependant loin de la considérer comme l'analogue de
celles qu'on a citées plus haut, à moins qu'on élargisse
considérablement l'étendue de l'analogie. Nous croyons
même qu'on aurait pu éviter l'erreur sans recourir à la
méthode, moins sûre que bizarre (1), que Schwartz sem-

____

(1) « Elle consiste à faire stationner ou marcher le sujet soupçonné
d'une déviation sur une feuille de papier recouverte de noir de fumée.

ble conseiller, et « qui a été vulgarisée, dit-il, par Onimus
et Rohmer » ; l'étude attentive des mouvements physiologiques de chaque muscle, aidé, *au besoin,* du concours
de l'électricité et un examen direct attentif de la forme
des parties dans leurs diverses attitudes, suffisent parfaitement à toutes les exigences d'un diagnostic exact et
précis. Nous aurions une triste idée de la justesse de coup
d'œil d'un observateur qui ne saurait pas apprécier à la
vue une altération, si faible fût-elle, de la forme du
talon ou des autres portions du pied. Au reste, dans les
milliers d'examens que des orthopédistes instruits, notre
père, Bouvier, J. Guérin, Stromeyer, Dieffenbach, etc.,
nous ne sachons pas qu'une des erreurs que craint
M. Schwartz ait été commise, ni même que les difficultés qu'il signale se soient présentées à leur observation,
au moins à un degré qui aurait rendu un diagnostic
impossible par les moyens qu'ils avaient l'habitude de

Les parties de la plante du pied qui appuient » — (qui appuient quoi?)
— « enlèvent une certaine quantité de la *matière colorante*, et nous
pouvons voir de la sorte quelles sont celles qui ne touchent plus le
sol, quelles sont celles qui le touchent quand elles ne le devraient
pas.

« Dans les cas d'équinisme très léger, le talon ne touche presque pas
le sol et alors le papier reste noir en arrière, tandis que le noir de
fumée est enlevé sur toutes les autres parties qui répondent à la plante et
surtout au *talon antérieur.* Dans les cas d'équin varus, la partie externe
et antérieure de la plante donne seule son empreinte. Dans les cas de
talus très léger, le talon seul appuie ; quand le talus est creux, les
points intermédiaires entre le talon antérieur et le postérieur restent
absolument noirs.

« Nous possédons, grâce à cette méthode, ajoute Schwartz, un
moyen excellent de nous rendre compte des plus légères différences
de la pression de la plante du pied sur le sol, soit pendant la marche,
soit pendant la station. »

mettre en usage, moyens d'ailleurs moins sujets peut-
être à induire en erreur que celui que préconisaient
Onimus et Rohmer, lesquels, il faut bien le reconnaître,
offrent assez de délicatesse pour ne donner plus ou
moins souvent que des indications équivoques.

Diagnostic de l'origine du pied bot ou de ce que l'on
a appelé aussi d'un mot dont on abuse beaucoup sans le
comprendre, parce qu'il est de soi fort peu compréhensible, le mot *nature;* ici, le mot signifie simplement : le
pied bot est-il congénital ou accidentel ?

« Il est de toute évidence, dit M. Lannelongue, que
le diagnostic du pied bot congénital ne présenterait
aucune difficulté s'il était toujours possible de remonter
à l'époque à laquelle la déviation s'est montrée ; mais
souvent, on ne possède que des notions incertaines, et
alors, en présence d'un pied bot, on doit se demander
s'il est acquis ou congénital, rechercher s'il y a rétraction
ou paralysie. Ces difficultés s'élèvent à tous les âges, mais
surtout dans les premières années qui suivent la naissance, parce que, vers cette époque de la vie, on rencontre fréquemment les paralysies musculaires qui sont
si souvent la cause du pied bot. »

On arrive assez facilement à s'assurer s'il y a ou non
rétraction ou paralysie, et, comme le pied bot congénital
n'est à peu près jamais la suite d'une paralysie, l'absence
de ce phénomène exclura à peu près complètement
l'idée de l'origine congénitale de la difformité. La forme
vient aussi apporter au clinicien un élément de diagnostic : on sait que l'équin direct est presque sans exemple

dans le pied bot congénital ; il est, au contraire, le plus fréquent parmi les congénitaux : sur trente-deux cas, Heine a compté vingt-cinq équins, deux varus, deux valgus et trois talus ; Laborde, sur trente-trois pieds bots paralytiques, a compté vingt-sept équins directs et équins valgus, quatre valgus ou varus et deux talus. Cette différence de fréquence dépend, on le comprend, de ce que la paralysie infantile frappe de préférence certains groupes de muscles ; les plus fréquemment atteints sont, comme on peut le prévoir, ceux de la région postéro-externe.

Laborde a donné, comme signe presque certain du pied bot paralytique, les caractères suivants : « La présence chez un enfant, dit-il, d'une déviation anormale de chaque pied, d'une espèce différénte, ou de sens contraire, constitue un signe important, presque pathognomonique du pied bot paralytique. Tel est le cas de l'existence d'un varus ou varus équin d'un côté, et d'un valgus du côté opposé. C'est, en effet, le propre de la paralysie infantile de produire ce résultat par l'atteinte de groupes musculaires différents d'un côté et de l'autre. »

Tous les auteurs sont d'accord pour reconnaître que les déformations acquises sont plus simples que les congénitales. Leur différence est telle, que notre père avait cru pouvoir écrire que, « dans les cas de pied bot consécutif, le diagnostic est d'une simplicité remarquable. A moins d'être bien novice, le praticien saura distinguer à l'instant la déviation consécutive de la

déviation native, surtout quand cette déviation consécutive est la suite d'une lésion de l'appareil cérébro-spinal ;
car, venue ainsi, la difformité revêt une apparence toute
particulière. Le pied est plutôt enroulé que dévié, ce
qui tient à ce que les muscles fléchisseurs ont été les
premiers à subir la contraction et le raccourcissement ;
les os du tarse, du métatarse et les orteils sont rapprochés les uns des autres, de manière à donner au pied
une figure toute rétrécie ; l'enroulement du pied, sa
torsion sur lui-même semblent partir de l'articulation
tibio-tarsienne, ordinairement très relâchée, très vacil-
lante. La saillie de la tête articulaire de l'astragale et de
la tubérosité antérieure du calcanéum est, en général,
moins forte que dans le pied bot natif non compliqué
de paralysie post-utérine. »

Cette grande simplicité de diagnostic que la très
gr nde habitude, on peut dire l'immense expérience,
devait faire trouver à notre père, n'est pas telle qu'elle
puisse dispenser tous les cliniciens moins habitués aux
difformités, ni même toujours les plus expérimentés, de
l'examen minutieux de tous les organes, dont il est
d'ailleurs utile de connaître les modifications.

Les muscles de la jambe sont toujours plus ou
moins altérés, dans le pied bot paralytique ; à une première période, ils n'éprouvent qu'une diminution de
volume, jointe à une flaccidité plus grande et à un
défaut de réaction quand on les excite ; à cette époque
aussi l'exploration galvanique de la contractilité musculaire peut être d'un grand secours ; si on la trouve

abolie, on peut affirmer que le muscle est frappé d'impuissance, ou altéré dans sa texture ; dans le pied bot congénital, les muscles, nous l'avons vu, restent intacts. Cependant, on ne saurait conclure de l'intégrité de la contractilité musculaire sous l'influence du galvanisme, à l'inaltération de la structure du muscle ni à l'absence de paralysie cérébrale, d'après cette opinion de Duchenne (de Boulogne), que toute paralysie dans laquelle la contractilité électro-musculaire est conservée est une paralysie cérébrale, et que toute paralysie dans laquelle cette propriété est abolie est d'origine spinale.

Dans le pied bot accidentel paralytique, les lésions restent assez rarement limitées au pied ou même aux parties qui l'avoisinent : l'exploration du dos, du cou, de la cuisse particulièrement, révélera d'autres paralysies partielles, avec ou sans déviation du squelette.

De plus, la marche de l'affection fournira un autre élément important de diagnostic : une fois déclarée, la paralysie musculaire persiste, la nutrition du membre souffre, son volume s'amoindrit. En outre, en raison d'une assez grande solidarité qui existe entre les muscles de la jambe et ceux de la cuisse, ceux-ci participent à l'altération des premiers ; par suite, au pied bot vient s'ajouter une déviation du genou, la circulation y est affaiblie, la température abaissée, les mouvements réflexes abolis.

Nous avons vu que l'hypertrophie graisseuse envahit souvent les muscles ; Schwartz cite, d'après Lucas-Championnière, une sorte de prolifération plutôt que dégénérescence graisseuse assez extraordinaire et qui paraît fort rare. Dans ce cas, la jambe du côté affecté était surchargée de graisse et plus grosse que celle du côté opposé. Mais n'était-ce qu'une simple coïncidence avec le pied bot ? Cela paraît probable.

Dans le pied bot congénital, au contraire, le membre s'accroît, en général, proportionnellement au développement du reste du corps ; les saillies musculaires sont normales, la circulation est active, sinon même exagérée, et, en conséquence, il en est de même de la chaleur. Dans l'un, la marche est incertaine, pénible, parfois douloureuse, le membre étant impotent ; dans l'autre, la marche n'éprouve d'autres difficultés que celles résultant de la déviation matérielle elle-même, du déplament de la base de sustentation.

« Le diagnostic du pied bot congénital avec les difformités dues aux contractures que l'on observe dans la première enfance, dit M. Lannelongue, paraît, au premier abord, présenter des difficultés des plus sérieuses. Le cas le plus embarrassant est celui où les convulsions sont survenues dans les premiers mois, et dans lequel la déviation peu prononcée n'a pas attiré l'attention ; mais à l'époque de la marche, la déviation se prononce, et l'on doit se demander si elle est d'origine congénitale. Au contraire, lorsque le pied bot n'apparaît que plus tard, on retrouve dans les renseignements antérieurs des indices étiologiques plus certains » — (dites au moins plus probables, puisque les autres ne sont nullement certains) — « cependant ici encore,

comme pour le pied bot paralytique, toutes données
peuvent faire défaut, et l'on doit alors puiser les éléments de diagnostic dans l'état des parties. Le pied bot
par contracture revêt certains caractères spéciaux, et sa
forme nous rend bien compte du mécanisme de sa production. »

Bien rarement la contracture consécutive aux convulsions se localise dans un groupe de muscles ; le plus
souvent elle en frappe un très grand nombre, ou le plus
ordinairement tous ceux d'une même section. Si la
puissance musculaire est égale dans les divers sens de
mouvement de membre, celui-ci prend une attitude
moyenne. Les recherches de Todd, de Charcot, de Bouchard sur la contracture des vieillards l'ont établi jusqu'à l'évidence. Y a-t-il, au contraire, dans le membre,
des muscles dont l'action soit beaucoup plus énergique
dans un sens, leur excès de puissance, leur excès de
contracture, oserai-je dire, va se révéler et entraîner le
membre dans une attitude déterminée ; or, le pied se
trouve dans ce cas. Les muscles postérieurs de la jambe
extenseurs et adducteurs du pied, ont un poids et un
volume qui attestent cette prédominance d'action. Le
pied sera donc entraîné par ces muscles et se placera
dans l'extension et dans l'adduction, quelquefois uniquement dans l'extension ou beaucoup plus rarement dans
l'abduction. La malformation sera un équin varus ou
quelquefois un varus seul. Envisagée en elle-même, la
déviation va présenter les caractères de simplicité que
l'on retrouve dans ces attitudes lorsqu'elles sont phy-

siologiques ; de plus, elle sera lente à se reproduire,
lente à faire des progrès. Les altérations des os y sont
rares, par suite, ainsi que nous l'avons dit ci-dessus,
les saillies du dos du pied moins prononcées que dans
la difformité congénitale.

On doit accorder une grande importance à l'étude des
mouvements, car ils sont presque toujours possibles ;
si la contracture n'est pas ancienne, on arrive presque
toujours à la vaincre par quelques manœuvres prolongées. Si elle est de longue date, la résistance des muscles contracturés est, il est vrai, plus grande, cependant
on peut encore faire exécuter quelques mouvements
aux parties, et, alors, dans ces tentatives de réduction,
on éprouve une sensation toute spéciale, qui est signalée par Bouchard : la partie se réduit brusquement
comme un ressort qui se détend, et l'on a donné le nom
de bruit de ressort à cette sensation ; c'est la contracture qui a été si brusquement vaincue.

D'ailleurs, il n'est pas jusqu'à l'attitude du sujet
atteint de pied bot, qui ne révèle, dans la marche,
l'origine de l'affection, ainsi que nous l'avons exposé
ci-dessus.

Quant aux difformités consécutives qui se sont développées à la suite de blessures de nerfs, de fractures,
d'abcès situés le long du membre abdominal, de contu-
sions intenses des muscles, de ceux du mollet spécialement, des brûlures, des cicatrices qui leur succèdent ou
de cicatrices d'une autre origine, leur diagnostic ne
saurait offrir de difficultés sérieuses.

CHAPITRE VII

PRONOSTIC

La peine qu'on est souvent obligé de prendre pour arriver à un diagnostic positif serait une peine peu utile, si le diagnostic ne conduisait à des conséquences pratiques; ces conséquences sont de divers ordres.

Les plus importantes sont d'éclairer et de fixer le chirurgien et le malade sur la question de savoir si la difformité est curable ou incurable : Dans le premier cas, quel traitement il convient de lui appliquer ; dans le second cas, quel est l'avenir réservé au stréphopode, au double point de vue de la santé physique et des conséquences sociales ou physiologiques que sa difformité peut entraîner. Ce sont toutes ces conséquences que nous allons passer successivement en revue.

Les conséquences physiologiques peuvent être envisagées sous le rapport purement physique ou sous le rapport moral ou social.

La première considération physiologique qui se présente au médecin dans toute maladie est celle de savoir si elle menace ou non l'existence ; sous ce rapport, le pied bot, comme du reste toutes les malformations, sans en excepter celles du rachis, est une affection bénigne en ce sens qu'elle ne compromet pas la vie ; quand celle-ci est mise en danger, c'est par les complications dont le pied bot peut s'accompagner, ou pour mieux dire par les affections graves dont il est lui-même une complication ou une dépendance, telles que les affections des centres nerveux, des lésions graves des membres ou d'autres parties, telles qu'il en existait dans le cas observé par Routier sur un ancien militaire qui avait fait une chute volontaire de quarante-cinq pieds de haut.

Le second point de vue physiologique qui s'impose est relatif à l'exercice de la fonction dévolue au pied ; il serait superflu d'en faire ressortir l'importance. Des différences considérables existent sous ce rapport entre les deux grandes catégories du pied bot.

PIED BOTS CONGÉNITAUX

On a vu que dans les pieds bots congénitaux même assez prononcés, la marche est médiocrement gênée ; le corps s'accommode aux bases anormales de sustentation qui résultent de la difformité ; les mouvements se coordonnent d'après les exigences qu'elle impose, et ces mouvements acquièrent une certaine régularité et prennent de la force, en rapport du reste avec le développement musculaire du membre. Il n'en est pas de même pour le pied bot accidentel : la contracture rend la marche plus incertaine; il y a des mouvements exagérés, mal coordonnés, involontaires; de plus, il existe souvent d'autres désordres que ceux dont le pied est le siège : désordres du cou, des membres supérieurs, du rachis. Enfin, dans le pied bot congénital datant d'un certain temps, l'état du stréphopode est généralement fixe et ne varie pas plus par d'autres causes que celui d'un sujet en état parfait de santé, tandis que le stréphopode accidentel peut craindre assez souvent de voir récidiver ou s'aggraver l'affection dont la difformité a été la conséquence.

Une considération à la fois physiologique et sociale se tire du caractère héréditaire de la difformité : un stréphopode, surtout le congénital, ne doit-il pas craindre, s'il contracte mariage, de transmettre son infirmité à sa progéniture? Ce que nous avons dit de l'hérédité au chapitre de l'étiologie répond implicitement à cette question; nous n'avons pas besoin de rappeler la remarque saugrenue de Malgaigne que l'hérédité n'est pas fatale; le stréphopode n'engendrera donc pas fatalement des enfants difformes; mais en engendrera-t-il plus qu'un individu bien conformé, et dans quelles proportions? Voilà ce qu'il aurait été curieux de rechercher; mais c'était moins facile que de raconter qu'on avait vu une famille dont la plupart des membres ou même tous étaient stréphopodes. L'homme, médecin ou charbonnier, est ami du merveilleux et de l'inusité; il est heureux de constater des faits qui lui paraissent sortir de la règle commune, et d'en tirer des déductions prématurées et à perte de vue ; quant aux études patientes et souvent pénibles qu'exigent la recherche et la découverte des lois naturelles, elles ont moins de séductions pour lui, et c'est pour cela qu'on ignore quelles sont les chances d'un stréphopode d'engendrer des enfants difformes. Ce que tout praticien attentif doit avoir observé, c'est que ces chances, loin d'être fatales sont assez peu communes, car il n'est presque aucun de nous qui ne connaisse de nombreux stréphopodes qui ont des enfants bien conformés, et, par contre, de nombreux parents bien conformés qui ont des enfants stréphopodes.

Quant aux conséquences sociales qu'on pourrait appeler morales que Schwartz paraît avoir eu en vue en écrivant l'appréciation que nous allons citer, nous croyons qu'il l'a singulièrement exagérée :

« Il n'est pas nécessaire d'insister longuement pour faire saisir combien ces difformités influent sur l'état social de l'individu qui en est atteint. Des exemples illustres nous montrent combien le pied bot peut attrister la vie de ceux qui en sont atteints. Nous n'aurions qu'à citer ceux bien connus de lord Byron, de Talleyrand. »

Nous croyons que M. Schwartz n'a pas bien étudié la vie de ces deux personnages : lord Byron a eu une vie fort agitée et pas mal empreinte de misanthropie, mais rien n'indique que, dans sa misanthropie, son pied bot entrât pour quelque chose, et quant à Talleyrand, il n'a jamais été ni triste ni misanthrope ; s'il ne s'est pas marié, c'est pour de tout autres motifs que ceux qui auraient pu être rapportés au pied bot, et personne n'ignore qu'il a suppléé au mariage par des liens irréguliers fort connus.

Où M. Schwartz a davantage raison, c'est quand il rappelle l'observation de Dieffenbach, que, sur un grand nombre de femmes qu'il a traitées, une seule était mariée. C'est une remarque, qui n'est peut-être pas à l'honneur du sexe fort, qu'une difformité pour la femme est un obstacle sérieux au mariage, tandis que c'en est à peine un très faible pour l'homme.

L'état présent seul ne préoccupe pas plus le stréphopode que tout individu atteint d'une autre infirmité ou de maladie quelconque ; tous se préoccupent à juste titre de l'avenir et désirent savoir si leur état est curable ou incurable, et, en cas de curabilité, à quels soins ils doivent se soumettre pour être délivrés de leur mal, et combien durera leur traitement ? Il n'est pas toujours facile de répondre d'une manière positive à ces questions ; tout ce qu'on peut faire, c'est de poser quelques principes généraux qui, dans certaines limites, guideront le praticien.

Il est à peine utile de dire que le pronostic dépend avant tout du degré de la difformité, de l'état des divers organes et tissus qui composent le pied, les os, les ligaments, les muscles ; la variété ou la forme de la déformation a aussi une importance, ainsi que son origine congénitale ou accidentelle ; enfin, l'âge du sujet est aussi un élément important et quelquefois prépondérant de pronostic. Il convient d'examiner tous ces éléments dans les deux catégories de pieds bots.

Le pied bot congénital étant presque toujours un varus ou un varus équin, c'est de lui surtout qu'il faut se préoccuper. Rarement à la naissance, les différents organes qui concourent à le produire ont atteint un degré élevé d'altération ; les os, comme on sait, quoique ayant sensiblement leur forme définitive, sont encore à l'état cartilagineux, et les surfaces articulaires ne sont pas fortement engrenées les unes dans les autres, les ligaments étant encore peu serrés et d'un tissu encore assez lâche; les muscles sont peu ou point altérés et ne présentent pas surtout cette contracture et cette structure fibreuse sur laquelle un orthopédiste de talent, mais d'esprit systématique, a tant insisté à tort, puisque cette transformation fibreuse n'est pas réelle ; mais ils sont souvent raccourcis ; dans un tel état, le pied peut être amené avec la main à sa forme normale ; il est facilement réductible; mais il ne reste pas longtemps dans la forme qu'on lui a donnée ; presque aussitôt qu'on cesse de le maintenir, il revient à sa forme anormale.

Cette réductibilité ne persiste pas indéfiniment ; à mesure que l'enfant prend de l'âge et croît, les ligaments deviennent plus serrés, toutes les parties prennent une assiette plus ferme dans leur position anormale, et diminuent chaque jour, sinon la curabilité de la difformité, du moins la facilité qu'on peut avoir à l'obtenir. La gravité du pronostic augmente surtout à partir du moment où l'enfant commence à marcher, à l'exception du talus, que la marche, au contraire, améliore presque toujours et guérit quelquefois ; mais dans le varus et le varus équin, la difformité devient promptement irréductible, à ce point, qu'avant les ressources que l'art possède aujourd'hui, beaucoup de chirurgiens la considéraient comme incurable à partir de l'âge de 8 ans, c'est-à-dire de l'époque ou l'ossification de presque tous les os du pied est complète. Ce pronostic ne saurait heureusement être maintenu, puisque notre père a guéri un capitaine de gendarmerie à 41 ans et une dame à 53 ans; mais il n'en reste pas moins établi que l'âge avancé est une condition des plus défavorables, qui rend beaucoup plus difficile et souvent problématique le succès de la thérapeutique.

La variété de la déviation et son degré d'accentuation, il est à peine utile de le dire, sont des circonstances qui, à âge égal, rendent plus grande la résistance de la déformation aux efforts de l'art. « Le degré de la déviation, dit Schwartz, est presque marqué par l'effacement plus ou moins complet de la malléole interne, et l'on pourra dire qu'un pied bot varus équin sera d'autant plus intense — (et ajoutez réfractaire) — que la malléole aura plus ou moins disparu. » Cette observation est juste, ainsi que celle qui attribue une certaine valeur pronostique à l'effacement des sillons qu'on voit sur la plante du pied.

Les muscles sont généralement intacts dans le pied bot congénital, quoique déformés pour s'adapter à la figure qu'a revêtue le pied; cependant, il peut arriver que, soit par insuffisance des mouvements, défaut de leur énergie, soit par d'autres circonstances, les muscles dégénèrent et qu'on ne puisse leur rendre leur contractilité, même quand on aura rendu ou donné à l'organe sa forme normale. On devra surtout avoir cette crainte quand on constatera, ce qui peut avoir lieu même dès la naissance, des formes de pieds bots qui se rapprochent de la forme paralytique ou par contracture, et qui sont compliqués de lésions du système nerveux. Or, de cette contractilité dépend ce qui, après la question de la santé générale et des dangers pour la vie, préoccupe le plus le stréphopode, c'est-à-dire le rétablissement de la fonction de l'organe déformé. La variété a, comme nous l'avons dit, une assez grande influence sur ce rétablissement. La variété la plus favorable, toutes choses égales d'ailleurs, est le varus ; vient ensuite le talus, — qui parfois guérit même seul, — puis le valgus. Bien entendu que ce dernier doit être exempt des complications, assez fréquentes, de malformation des os de la jambe, car, dans les cas de ces complications, le pronostic devient beaucoup plus sévère.

Maintenant, il faut bien savoir ce qu'on peut espérer et ce qu'on doit entendre par rétablissement de la forme et de la fonction. Personne ne se fera certainement l'illusion de croire que d'un stréphopode, même faiblement atteint, on fasse jamais un danseur de corde ni un coureur de profession ; tout au plus pourrait-on espérer de faire un bon marcheur d'un stréphendopode pur, médiocrement prononcé et soumis dès le plus bas âge à tous les moyens de rectification dont la science dispose. Dans le pied bot varus équin, quand on aura mis le

stréphopode en état de marcher sans boiter, de faire de
longues courses sans se fatiguer outre mesure, on devra
considérer ce résultat comme une guérison, dût le pied
conserver un certain degré de déformation. Nous nous
étendrons davantage, du reste, sur ce point à propos
du traitement. Dans le talus, au contraire, pris très
jeune, on pourra espérer que le stréphopode soit mis
exactement dans les mêmes conditions que s'il était né
aussi bien conformé que possible.

PIEDS BOTS ACCIDENTELS

Le caractère dominant de l'histoire des pieds bots
acquis, dit Schwartz, c'est l'état plus ou moins altéré
du système musculaire et l'intégrité relative du squelette (os, ligaments, articulations), au moins dans les
premiers temps de la difformité et dans les pieds bots
proprement dits musculaires.

Dans les pieds bots cicatriciels, osseux, articulaires,
soit traumatiques, soit spontanés, le pronostic, on le
comprend, est subordonné en grande partie à celui
des lésions qui les ont produits, et qui, généralement,
subsistent après l'établissement de la difformité sous
forme de cicatrices, de cals vicieux, d'ankyloses dans
une mauvaise position, etc.

Pour ces stréphodies comme pour les congénitales, la
gravité dépend du degré de la déviation et aussi en partie
de son ancienneté, par conséquent de l'état des parties
molles et du squelette, des ligaments et des muscles.

Ces derniers auront évidemment d'autant plus de chances d'être atrophiés et raccourcis que la déviation sera plus prononcée et datera depuis plus longtemps.

Au point de vue fonctionnel, les troubles apportés à la station et à la marche varieront, comme dans la catégorie des congénitaux, suivant la forme de la stréphodie ; le plus fâcheux est le valgus ; le varus et l'équin ne viennent qu'après ; le fonctionnement du membre, quand il amène, — et il les amène plus facilement, — les lésions des parties molles que nous avons signalées dans la stréphopodie congénitale similaire, augmente la gravité du pronostic.

Les fonctions se rétabliront difficilement même avec les secours de l'art les mieux dirigés, la forme plus difficilement encore. L'irréductibilité tenant le plus souvent à des lésions osseuses et articulaires, ne pourra être vaincue et le redressement effectué que par des opérations sérieuses, que nous aurons à apprécier ultérieurement.

Schwartz apprécie ainsi qu'il suit la gravité des pieds bots consécutifs musculaires, qu'il divise en trois catégories : les pieds bots paralytiques, par contracture et par rétraction. L'auteur entend par rétraction la contracture qui ne cède pas à l'anesthésie, c'est-à-dire ce que beaucoup d'auteurs orthopédistes et autres entendent par contracture purement et simplement.

La contracture peut atteindre plusieurs ou tous les groupes musculaires de la jambe, et, suivant la prédominance de tel ou tel groupe, produire les diverses déviations que l'on connaît. Mais ce sont surtout les muscles du mollet et de la région externe qui donnent lieu à la forme équin pur ou à l'équin varus. Quand la contracture ne porte que sur les muscles de la couche superficielle, l'équin n'est pas accompagné de contracture des orteils ; il est moins grave que dans le cas contraire, au point de vue de la station et de la marche. Quand la contracture est généralisée aux deux membres inférieurs et que le pied équin est double, le pronostic est beaucoup plus sérieux, et la marche complètement impossible sans béquilles. Dans ces cas, la prédominance de la masse musculaire du mollet amène le pied dans la position d'équinisme forcé, malgré la résistance des muscles antérieurs.

La contracture, qui cède au chloroforme, est récente, elle est réductible sans difficulté, mais elle reparaît dès que l'anesthésie cesse ; même quand le pied a été immobilisé dans une position normale par un appareil contenteur, elle reparaît quand l'appareil est enlevé. Cette forme a donc une assez grande gravité en ce que la récidive se produit très facilement et que, pour l'éviter, le traitement devra quelquefois se prolonger presque indéfiniment.

Quand la contracture s'est transformée en rétraction, c'est-à-dire est devenue irréductible par l'anesthésie, les conditions, il est inutile de le dire, sont encore moins favorables : il survient souvent des déformations osseuses et articulaires d'autant plus facilement que le sujet est moins âgé ; la dégénérescence graisseuse envahit souvent les muscles devenus immobiles ; quand elle a eu lieu, on ne peut plus guère espérer le retour de la fonction à l'état normal, et d'autant moins, qu'un plus grand nombre de muscles seront atteints et que d'autres complications accompagneront l'atrophie.

On a fait remarquer que parmi les pieds bots d'origine musculaire, ceux qui succèdent aux paralysies sont les plus graves ; la remarque est juste ; seulement, on n'a pas fait ressortir suffisamment que c'est la paralysie elle-même qui fait la gravité de la situation, et non la déformation du pied, qui n'est souvent qu'accessoire, et qui parfois n'est même pas une déformation à proprement parler, pas plus que n'est une déformation un bras pendant durant le sommeil ; aussi est-ce de la paralysie qu'on s'occupe surtout à juste titre.

Citant et réfutant cette opinion erronée de Duchenne (de Boulogne), qu'il vaut mieux avoir une paralysie de la totalité des muscles du pied que d'en conserver intacts un petit nombre, Schwartz ajoute : « Les muscles mêmes atteints » (de paralysie) « se rétractent sous l'influence d'un raccourcissement produit par la simple action de la pesanteur qui étend le pied sur la jambe, et il se forme un équin d'une forme toute spéciale dans lequel le pied est littéralement flottant dans son articulation tibio-tarsienne. J'ai eu l'occasion de voir un cas semblable à l'hôpital Saint-Louis, sur une jeune fille de douze ans, qui avait perdu tous les muscles de la jambe, » — ou du moins leurs fonctions, sup-

posons-nous; — « elle avait néanmoins un pied équin,
mais *non fixé*. Nous pensons donc que plus il y a de
muscles paralysés, plus la situation est mauvaise. » Dans
un sens plus logique, cela veut dire que plus une paralysie est étendue, plus elle est grave, ce qui est presque
une vérité trop vraie; quant à donner le nom de pied
équin au pied qui prend telle ou telle position en obéissant aux simples lois de la pesanteur, ce n'est pas plus
un équin qu'un varus ou un valgus; en un mot, c'est
une paralysie, non un pied bot; il ne sera tel que lorsqu'il sera transformé en une déviation fixe; jusque-là,
le chirurgien a une paralysie à traiter, non un pied bot,
à moins qu'on ne veuille donner le nom de traitement
du pied bot, à des supports qui empêchent le pied de
prendre une position pénible, défectueuse, comme on
supporterait la tête en cas de syncope ou de collapsus,
pour l'empêcher de prendre une situation nuisible à la
circulation ou à toute autre fonction.

Quand l'attitude du pied est fixée, on peut sans doute
lui donner le nom de pied bot, s'il offre une déformation qui mérite ce nom; mais ce n'est toujours pas de
la difformité que vient la gravité du pronostic à porter,
elle vient, dans les premiers temps, tout entière de la
paralysie, et plus tard, en grande partie encore, car
c'est la perte de la fonction et non la difformité qui est
grave, et la perte de la fonction est irréparable et définitive, du moment que la contractilité des muscles est
abolie; c'est le contraire de ce qui a lieu dans les pieds
bots congénitaux, où la forme du pied est difficile à

rétablir, tandis que la fonction conserve, sinon son intégrité entière, au moins la plus grande partie.

Un fait commun aux deux grandes catégories de difformités, c'est que leur gravité croît en raison de leur ancienneté et de la complexité des lésions dont elles sont la conséquence. Les résultats du traitement confirmeront toutes ces remarques.

CHAPITRE VIII

Quand on a tracé l'histoire pathologique complète d'une maladie, il reste à écrire un chapitre qui en est le couronnement ; ce couronnement est par malheur trop souvent platonique, et d'autant plus platonique, que les moyens de traitement sont plus nombreux et que chacun de ceux qui les ont imaginés considère le sien comme très efficace : ainsi en est-il de la tuberculose pulmonaire, de la diphtérie, du choléra, — quant à présent, — du cancer, etc., etc. Le traitement de toutes ces graves affections fait souvent très bonne figure dans les mémoires et les traités de médecine ; mais, sur les tables de la mortalité, les chiffres restent les mêmes, comme si elles étaient l'image d'une fatalité. Il en a été longtemps de même du pied bot, avec cette différence qu'on ne se faisait pas d'illusions, et que, malgré l'exemple et l'autorité d'Hippocrate, on abandonnait la difformité à elle-même et qu'on la déclarait incurable, ce que professait encore, ainsi que nous l'avons vu, Dionis, dans son cours d'opérations au Jardin des Plantes, en 1736. Il n'en est plus de même aujourd'hui : les moyens de traitement sont sérieux et efficaces, les machines seules, d'abord, avaient obtenu des succès qu'il n'était pas possible de méconnaître, et la ténotomie est venue ensuite en montrer de tellement éclatants, qu'ils constituaient et constituent encore une des plus belles conquêtes de la chirurgie moderne.

Malgré le caractère surtout pratique de ce travail, on ne nous pardonnerait pas de ne pas rendre à Hippocrate l'hommage qu'il mérite à tant de titres, et de ne pas faire remarquer, d'autre part, combien est vraie cette sentence, que nous avons longuement démontrée dans notre *Traité pratique d'hydrothérapie*, que même les méthodes thérapeutiques ont comme les livres leurs destinées : *habent sua fata libelli ;* il y a bien d'autres choses dans le même cas, dont le succès ou l'insuccès ne dépend que de caprices dont il est difficile de se rendre compte autrement que par les bizarreries de l'esprit humain. Hippocrate, donc, avait remarqué que le pied bot du nouveau-né, — et l'on sait que c'est presque toujours un varus, souvent compliqué d'un certain degré d'équinisme, — était facilement réductible à la main, mais qu'il reprenait sa situation vicieuse presque aussitôt que la main cessait de le retenir dans une situation normale ; il avait remarqué que cette facilité de réduction diminuait à mesure que l'enfant croissait, d'où il avait tiré cette première indication que, pour remédier à la difformité, il importe d'agir de bonne heure ; il avait même trouvé les

moyens de maintenir le pied dans la position normale
qu'on lui donnait par la réduction. Il avait observé et
décrit à peu près tous les caractères du pied bot varus.
Les moyens qu'il avait imaginés consistaient en plusieurs
bandes, des compresses, une semelle en cuir doux ou
en plomb interposée dans des tours de bandes qui étaient
enduites d'un composé emplastique fait de cire et de
résine, qui constituait une sorte d'appareil inamovible
autour du pied réduit. Il cherchait, en outre, à empêcher
l'organe de retomber dans sa position vicieuse, en cou-
sant à sa surface inférieure, du côté du petit orteil, une
bande qu'on tirait en haut et qu'on arrêtait solidement
au-dessus du mollet; enfin, il emprisonnait le pied dans
un soulier de plomb. « Quand le malade doit commencer
à marcher, dit Hippocrate, — traduction de Malgaigne, —
il chaussera des brodequins comme ceux que l'on appelle
brodequins pour la boue, ou la chaussure des Crétois. »
Galien nous apprend que c'étaient des sandales lacées
sur le pied par des courroies qui montaient jusqu'à mi-
jambe. Hippocrate avait donc saisi les indications, tenté
les moyens de les remplir, et reconnu que, si la réduction du pied était facile à obtenir, elle était grandement
disposée à se reproduire, et qu'il fallait continuer longtemps le traitement pour que la forme normale devînt
définitive : « Le temps, dit-il, est un élément indispensable, parce que les os déformés ne peuvent reprendre
qu'à la longue leur configuration normale. »

Hippocrate n'avait pas seulement saisi les indications, il
avait tenté les moyens de les remplir. Ces moyens doivent

nous paraître aujourd'hui fort insuffisants, après les magnifiques progrès qu'a réalisés la chirurgie orthopédique ; il n'en faut pas moins reconnaître qu'ils renferment toutes les bases du progrès des machines, et il faut ajouter qu'Hippocrate dit avoir appliqué ces moyens avec succès. Or, le père de la médecine était de la nature de notre Ambroise Paré : il ne se vantait pas, loin de là, et s'il dit qu'il a guéri des stréphopodes, c'est qu'il les a guéris réellement. Toutes les conditions paraissaient donc réalisées pour que ses préceptes et ses inventions fussent propagés et perfectionnés, et pourtant il n'en fut rien ; tout fut oublié au point que jusqu'à Ambroise Paré, aucune tentative sérieuse ne fut faite pour remédier au pied bot. Notre grand Ambroise marcha seul, au XVIe siècle, sur les traces de son illustre prédécesseur ; il inventa un appareil un peu plus perfectionné, obtint des succès, mais ne parvint pas encore à introniser dans la science le traitement du pied bot ; on a vu comment Dionis appréciait, en 1735, le pronostic de cette difformité.

Mais nous allons arriver à une époque plus féconde. Nous croyons inutile de parler des essais plus ou moins heureux, plus ou moins authentiques, faits par quelques chirurgiens ou mécaniciens, tels que Verdier et Tiphaine, pour arriver tout de suite à l'appareil imaginé par Venel et aux résultats qu'il obtint par son application.

L'appareil de Venel était et est encore connu sous le nom de *sabot de Venel*. Il est resté célèbre sous ce nom

sans qu'on en connût exactement la construction, car
Venel, à qui son invention avait donné une grande réputation pour la cure des pieds bots, tenait sa machine
secrète. On était fort loin de savoir exactement en quoi
elle consistait, quand d'Ivernois en publia la description,
et que Mellet en représenta la figure dans son livre.
« Mais, dit Malgaigne, l'appareil figuré par Mellet est,
de son aveu même, modifié par Jaccard, par d'Ivernois
et par lui-même. Du moins est-il certain que Jaccard,
successeur direct et élève de Venel, a adressé à
Léveillé, en 1817, pour les collections de la Faculté, la
machine que je vous présente et qu'il attribue expressément à son maître, tandis qu'il réclame pour lui-même
celle qui porte à tort le nom de Venel. Voici donc,
ajoutait Malgaigne à ses élèves, le vieux sabot de
Venel, tel qu'il a été envoyé par Jaccard. » Comme on
le voit, il n'est pas absolument certain que la machine
que possède la Faculté et dont Malgaigne fait la description, soit rigoureusement le vrai *sabot* de Venel, mais il
est évident qu'elle n'en peut différer que par quelque
détail insignifiant. Nous croyons inutile de reproduire
cette description, par la raison que cette machine est
réellement, dans tous ses organes essentiels, celle qu'on
emploie encore aujourd'hui et, à quelques petits perfec-
tionnements près, celle qu'employait notre père, après
l'avoir heureusement modifiée, dans quelques détails; c'est
aussi celle que nous employons nous-même et que nous
décrirons plus loin. Ce que nous devons dire de suite,
c'est que Venel obtint à l'aide de son *sabot* des guéri-

sons incontestables et nombreuses, à peu près aussi nombreuses qu'on peut les obtenir à l'aide des machines seules. On peut donc considérer l'invention et la pratique de Venel comme le progrès ultime du machinisme. Un nouveau progrès ne pouvait être fait que par des opérations que nous allons avoir à apprécier en continuant l'exposé du traitement.

Trois ordres de moyens le constituent : des manipulations, des machines et des opérations.

A. Des manipulations.

Des orthopédistes de mérite ont attribué aux manœuvres qu'on peut exécuter avec les mains sur les pieds déformés une influence considérable et des guérisons durables. Stolz cite le cas d'un jeune homme qui se guérit lui-même d'un varus congénital en redressant fréquemment son pied avec les mains, et l'on considéra comme un auxiliaire utile la profession qui obligeait le jeune homme à porter de lourds fardeaux. Richter rapporte un fait analogue. Held a observé une jeune fille qui, grâce à ses efforts, à une attention soutenue, est parvenue à redresser son pied. Bouvier a connu un enfant pied bot de naissance dont le varus avait été réduit à l'équinisme par le dévouement d'une tante qui lui tenait lieu de mère. Cette dame allait jusqu'à lui tenir le pied dans sa main, la nuit en dormant.

Nous croyons qu'il ne faut pas attacher d'importance

à ces faits tellement exceptionnels qu'ils frisent d'assez près le merveilleux. Une tante qui tient réduit un pied bot, *en dormant,* dépasse, en effet, de beaucoup le cercle des phénomènes naturels ; et cependant, presque tous les chirurgiens citent ce cas sans sourciller, probablement parce qu'il vient de Bouvier. Mais il faut tenir un peu plus compte des recommandations de Mellet et de d'Ivernois, qui étaient des orthopédistes fort sérieux, et qui insistent sur l'emploi des manipulations comme moyen de guérir le pied bot ; on ne peut pas oublier non plus que le moyen a été recommandé par Hippocrate, et ensuite par A. Paré. Les orthopédistes allemands, surtout les suédois, assurent leur devoir bien des succès. Mais, à vrai dire, nous nous défions un peu des appréciations, des derniers particulièrement, qui sont fort entichés de manipulations et de gymnastique ; nous nous défions tout autant, pour avoir été à même de contrôler ses prétendus succès, des affirmations de Dally, qui, lui, était à peu près maniaque de gymnastique, qui assure qu'il avait obtenu par les manipulations la guérison presque complète, dans l'espace d'un an, d'un pied bot varus équin chez un enfant d'un an, et qui prétend que les résultats du traitement par les manipulations et les mouvements associés aux bandages contentifs simples, pendant la nuit, sont de beaucoup supérieurs à ceux que donnent les machines des orthopédistes ! Un partisan plus sérieux des manipulations, c'est Adams, qui les recommande instamment *après les autres procédés,* et qui croit que c'est pour les avoir négligées qu'on a éprouvé des récidives fréquentes; ces vues ne sont pas précisément celles des Suédois ni de Dally, et, dans les termes ou Adams les expose, nous croyons qu'elles doivent être prises en sérieuse considération. Mais ce n'est pas seulement comme auxiliaires qu'elles doivent être appréciées, c'est comme moyen principal, sinon exclusif; c'est ce que nous allons faire.

Il est inutile de répéter qu'à la naissance, tous les pieds bots, à peu près sans exception, sont facilement réductibles; d'où le conseil donné par Hippocrate, et, après lui, par beaucoup d'autres d'agir de très bonne heure pour amener le pied dans sa position normale; or, de très bonne heure, ce peut être aussitôt après la naissance; mais Malgaigne, qui recommande aussi d'agir de très bonne heure, ne dit pas que ce soit dans les premières vingt-quatre heures ; de plus, se rappelant la facilité avec laquelle le pied reprend sa position vicieuse, il n'attache que peu d'importance aux manipulations seules et leur en attribue même une très médiocre comme auxiliaires : « Nous ne voyons, pour notre part, à ces manipulations, dit-il, qu'un moyen d'action très secondaire, dont on peut user ou se passer dans la pratique. » Il y a loin de cette appréciation à celle d'un professeur d'orthopédie dont nous avons dû relever les illusions dans la *Médecine contemporaine*, et qui prétendait avoir guéri un pied bot congénital en pratiquant des manipulations les trois ou quatre premiers jours de la naissance, et en recommandant à la nourrice, qui emporta l'enfant en province, après ces trois ou quatre jours, de pratiquer de temps à autre de pareilles manipulations ! « La contention, dit Malgaigne, doit donc suivre immédiatement la réduction. » Mais comment doit s'exécuter cette contention ? Quels sont exactement ses avantages et ses inconvénients ? Pour répondre avec justesse à ces questions, il faudrait décider d'abord à quel âge exactement réduction et contention doivent être pratiquées ; or, aucun orthopédiste autorisé n'a songé ou voulu se prononcer catégoriquement à ce sujet. Par la critique qu'il fait de quelques appareils contenteurs, Malgaigne indique bien qu'il a quelquefois en vue les enfants du premier âge, sinon des premiers jours ; mais d'autre part, il parle comme Hippocrate des enfants qui commencent à marcher ; or, les enfants commencent rarement à marcher avant un an, quelquefois plus tard, et ce qui est applicable aux enfants de un à six ou huit mois ne l'est pas tout à fait aux enfants d'un an, à plus forte raison à ceux qui ont dépassé cet âge. La distinction qu'on n'a pas faite nous paraît nécessaire, et nous croyons devoir la faire. Nous examinerons donc les manipulations et la contention chez les enfants de un jour à six mois et chez ceux de six mois à un an, en prévenant que ces termes ne peuvent avoir rien d'absolu, et que les remarques que nous allons présenter pour les deux âges, leur sont d'autant plus applicables que l'on se rapproche davantage de chacun d'eux.

Manipulations exclusives. — Il est des orthopédistes qui conseillent de pratiquer des manipulations, qui pla-

cent le pied en position normale dès le premier jour
de la naissance, et de les répéter plusieurs fois dans la
journée et tous les jours jusqu'à ce que le pied reste fixe
dans cette position. Ces orthopédistes nous paraissent
compter sans les exigences de la vie, c'est-à-dire en
dehors des possibilités. Il n'est pas possible, en effet,
qu'un chirurgien, quel qu'il soit, puisse aller trois,
quatre, dix et même vingt fois par jour ou plus mani-
puler à domicile le pied d'un enfant. Il est vrai que
ceux qui donnent un semblable conseil sont d'avis que
les manipulations peuvent être pratiquées par la mère
ou même par une nourrice, et l'on a vu que, dans le cas
auquel nous avons fait allusion, c'est aux manipulations d'une nourrice, probablement pour ne pas dire
sûrement chimériques, — car personne n'a vu la
nourrice opérer, — qu'on faisait honneur de la guérison
d'un pied bot, qui a guéri sûrement par les soins de la
nourrice ou de la mère Nature. Or, nous ne saurions
admettre que les manipulations puissent être confiées à
une nourrice ; à peine admettrions-nous qu'elles puissent
l'être à une mère très intelligente, après qu'elle aurait
reçu de suffisantes leçons.

En supposant les conditions les meilleures, nous
ne pensons pas que les manipulations seules soient
jamais suivies de résultats durables, et ainsi que nous
l'avons dit précédemment, les cas de guérison cités par
Bouvier et autres sont tellement exceptionnels, qu'ils
frisent le merveilleux.

Si cela est vrai des manipulations, ce l'est bien

davantage des appareils contenteurs. Et d'abord, quels sont ces appareils ?

« Cheselden, dit Malgaigne, il y a cent cinquante ans environ, avait eu l'idée d'employer le bandage inamovible et se servait de bandelettes trempées dans un mélange de farine et de blancs d'œufs délayés dans l'eau (1). Ce moyen était non seulement insuffisant, mais d'une application très difficile. Il fallait déplacer la main qui faisait la réduction pour placer les bandes, puis maintenir le pied jusqu'à dessiccation complète. Ces conditions se représentent pour tous les bandages de la même espèce, quelle que soit aujourd'hui leur perfection ; nous ne croyons pas que l'appareil de stuc de M. Richet, que son auteur a proposé pour des cas semblables, soit destiné à plus de succès que celui de Cheselden. Nous ne parlons actuellement que des inconvénients de l'application. Vous comprendrez mieux plus tard l'intérêt qu'il y a à pouvoir visiter le pied, entièrement soustrait au chirurgien par des appareils de cette espèce.

« La gutta-percha, employée par M. Giraldès, a beaucoup moins d'inconvénients ; on peut aisément la mouler sur le membre et la laisser se durcir par le refroi-

(1) Il est curieux de constater que cet appareil inamovible est encore celui qu'emploient les garde-chasses et les valets de chiens pour traiter les fractures et quelques autres affections de ces animaux. Nous l'avons nous-même, dans notre jeune âge, appliqué à un chien dont la jambe avait été fracturée par un coup de dent de sanglier, avec cette différence que les bandelettes étaient remplacées par des étoupes et qu'on plaçait, entre deux couches d'étoupes, de petites attelles légères dites éclisses, en terme de garde-chasse.

dissement, tout en maintenant la réduction ; on peut, de plus, composer son appareil de valves amovibles. Dans les cas simples, de semblables moyens pourront être essayés ; mais il faut reconnaître que, jusqu'à présent, ces appareils ont compté peu de partisans. » L'appréciation serait encore plus juste, si l'auteur avait ajouté, après *compté*, le mot *mérité*.

« Il en est un qui semblait au premier abord réunir toutes les conditions de solidité, de facilité dans l'application, c'est le plâtre à mouler, employé par Dieffenbach : En effet, la réduction opérée, vous coulez du plâtre délayé sur tous les points du pied laissés libres par la pression des mains ; et quand cette portion de plâtre est solidifiée, le pied est suffisamment maintenu pour que vous puissiez ôter les doigts et compléter l'enveloppe. Ici, la pression est exacte, la résistance absolue, et répartie également sur toutes les surfaces. Mais le plâtre ainsi coulé sur la peau, s'échauffe et se resserre en séchant. Pour éviter la douleur ainsi provoquée, Dieffenbach enveloppa préalablement le membre d'une bande de flanelle ; l'appareil devient ainsi supportable. Mais la pression, qui semble également répartie, ne l'est pas en réalité ; les muscles tendent, en effet, à ramener le pied à la position que l'appareil a pour objet de combattre, de là des pressions trop fortes dans différents points ; n'y eût-il qu'un simple détachement de l'épiderme, qui s'opère bien facilement sur la peau délicate et mince d'un enfant, l'appareil n'est plus supporté. Ajoutez à cela que, le fût-il, l'accroissement rapide du jeune être qui, à partir des huit premiers jours, gagne pendant les trois premiers mois un quart ou un tiers de son poids chaque mois, vous obligera à recommencer de temps en temps l'appareil, et vous comprendrez pourquoi le plâtre a dû tomber dans l'oubli.

« Je ne suis pas d'avis cependant, dit Malgaigne, qu'il faille l'abandonner complètement, et si je viens vous exposer les difficultés qui entourent son emploi, c'est moins pour en proscrire l'usage que pour vous faire voir, à ce propos, à quels soins minutieux il faudra vous astreindre si vous voulez traiter vos malades par la main et les bandages seuls : ce que je crois, du reste, faisable dans bien des cas, lorsque l'on agit de bonne heure. Je crois même qu'avant de recourir aux machines que vous ne serez pas, d'ailleurs, toujours à même de vous procurer, vous pourrez en pareil cas vous servir du plâtre. »

Ces critiques, quoique atténuées par les dernières phrases et qui dénotent les incertitudes d'un esprit généralement logique, mais qui n'a pas suffisamment creusé la question, qui n'en est pas suffisamment instruit, demandent à être complétées ; mais nous allons auparavant citer celles non moins judicieuses et plus complètes, quoique en résumé, de Schwartz : après avoir cité les appareils mentionnés par Malgaigne et même quelques autres de leurs modifications :

« A côté des bandages et des appareils que nous venons de citer, dit-il, se placent les gouttières modelées de Bonnet, en tôle ou en treillis de fil de fer, les moules en gutta-percha de Post, etc.

« Quand tous ces bandages et appareils ne sont pas l'objet d'une surveillance *incessante de la part du chirurgien,* leur rôle est tout à fait inefficace et plutôt nuisible qu'utile. Ils peuvent, en effet, se relâcher et la difformité peut se reproduire au-dessous sans qu'on s'en aperçoive, par suite de l'atrophie du membre comprimé par le bandage. Le moindre défaut dans leur application les rend intolérables ou dangereux, en provoquant des excoriations, des ulcérations au niveau des points trop fortement comprimés par un pli ou une inégalité. Enfin, chez les enfants, ils se salissent facilement. Ils demandent à être renouvelés assez souvent, et malgré cela ne procurent pas les avantages des manipulations. Leur emploi, excellent dans certains cas, ne doit donc pas être généralisé. Ceux qui s'enlèveront et se réappliqueront le plus facilement, joignant à cela une solidité assez grande, seront les préférés. Les bandages plâtrés à attelles nous paraissent remplir ces conditions de la meilleure façon, et ont de plus l'avantage de laisser à découvert une grande partie du membre atteint. »

On voit, dans les dernières lignes, les indices d'un esprit éclectique que nous avons déjà constaté, qui croit que le bien se trouve un peu partout, mais qui ne sait pas bien où il est : les appareils si justement critiqués sont *excellents* dans *certains* cas, mais quels cas ? on ne les spécifie pas ; tâchons d'être plus catégorique.

Malgaigne a parlé d'enfants de un jour à trois mois, et Schwartz admet implicitement aussi que les auteurs ou les prôneurs des appareils en question ont en vue cet âge. Schwartz fait remarquer justement que chez les enfants, les appareils se salissent facilement ; mais a-t-il mesuré toute la portée des mots, et a-t-il réfléchi suffisamment à ce que doit être une hygiène parfaite de l'enfant, pendant un an au moins, c'est-à-dire au minimum, pendant qu'ils se souillent? nous ne le croyons pas.

Une mère dévouée et de grande sollicitude donne un bain de propreté chaque jour à son enfant, suivant d'ailleurs en cela les préceptes des accoucheurs hygiénistes; ainsi, ce n'est pas « assez souvent» que les appareils prétendus inamovibles devront être renouvelés, mais bien *tous les jours;* ils devront même l'être plus souvent dans les premiers mois, car on ne peut admettre qu'on laisse sur la peau de l'enfant des plâtres souillés de matières fécales, pas même des lames de gutta-percha, quoique cette substance s'imprègne moins que le plâtre de matières étrangères; mais, même non imprégnés, une mère soigneuse ne laissera jamais sur le corps de son enfant des objets souillés de matières fécales, pas même d'urine ; toutes les fois qu'un enfant est mouillé, elle le change de langes et doit le changer ; laissera-t-elle en place des lames de gutta-percha ? non, elle doit les changer comme le reste, et elle les changera ; le soin de la santé générale de l'enfant doit primer le traitement du pied bot.

Malgaigne a parlé de la compression exercée par l'appareil plâtré et de ses dangers, lesquels seront très notablement augmentés si on laisse appliqué un appareil souillé ; il n'a pas donné à ces inconvénients toute leur gravité, et n'a pas bien compris le mode d'action du plâtre. Il croit que le plâtre, en séchant, se rétrécit sur le membre ; c'est une erreur matérielle : en séchant le plâtre, au contraire, se dilate. Si Malgaigne avait consulté le premier maçon venu, il l'aurait appris ; mais l'action que l'appareil plâtré exerce sur le membre qu'il entoure n'en est pas moins celle que Malgaigne a indiquée, mais seulement plus énergique. En effet, en se dilatant, — et la dilatation est une action moléculaire, par conséquent une action d'une très grande force, — en se se dilatant lui-même, il rétrécit la cavité dans laquelle le membre est renfermé. La doublure en flanelle conseillée par Deffenbach ne remédie en rien à cette compression ; si cette doublure est assez épaisse, elle pourra amoindrir la compression, mais alors elle annihilera l'effet de l'appareil ; si, au contraire, l'enveloppe est très mince, elle n'empêchera rien. Malgaigne pense, d'abord, que le plâtre établira au moins une compression partout égale, sauf à se contredire quelques lignes après en faisant remarquer que l'accroissement inégal des muscles, — et leur atrophie produirait les mêmes résultats, — établira inévitablement l'inégalité de la pression ; cette cause n'agirait-elle pas, que l'inégalité de pression s'établirait également, à moins d'admettre, chose à peu près impossible, que l'épaisseur de l'enveloppe plâtrée est partout égale. Faute de cette condition, à peu près irréalisable, dans les points où l'enveloppe sera plus épaisse, la dilatation sera plus grande et plus grand aussi le rétrécissement de la cavité de l'appareil, dans les points correspondant à sa plus grande épaisseur.

On voit si les inconvénients de l'appareil plâtré sont aussi bornés que Malgaigne et même Schwartz l'ont cru, et s'il peut exister des cas où son application puisse donner d'excellents résultats, du moins chez les enfants encore en voie de croissance, les seuls cas dont il soit ici question. Les appareils plâtrés, loin d'avoir moins d'inconvénients que ceux en gutta-percha, — qui en ont assez pour qu'on les proscrive, — en ont évidemment davantage.

En résumé, nous pensons que tous doivent être repoussés, au moins pour les enfants âgés de moins d'un an, et il est douteux qu'ils doivent jamais être appliqués à ceux qui ont dépassé cet âge.

Quant aux manipulations, sans y attacher la même importance que Schwartz, nous croyons qu'il peut y avoir quelques avantages à les pratiquer, quand elles le seront par un chirurgien, ou, à la rigueur, par une personne intelligente et dévouée, une mère surtout.

Les manipulations qui ont pour objet de placer immédiatement et momentanément le pied déformé dans une position normale, c'est-à-dire d'opérer la réduction du déplacement des parties déviées, ne sont pas les seules qu'on exerce sur les pieds bots; on seconde assez souvent les effets de la réduction par le massage, qu'on pratique de deux façons différentes, dont la seconde ne peut guère porter le nom de massage que par un abus de mots.

Dans le premier mode de massage, pratiqué probablement de tout temps par les empiriques guérisseurs de pieds bots, et conseillé par A. Paré, on imprime à l'organe dévié des mouvements qui le placent de force dans sa position naturelle, mais sans exercer cependant de violence sérieuse, et on le maintient le plus longtemps possible dans cette situation, soit par la main du chirurgien, soit par celle d'une autre personne, qui aura été suffisamment exercée à la manœuvre ; on cherche, en un mot, à mobiliser les articulations dans un sens opposé à celui de la déviation ; ces mouvements doivent être continués pendant un certain temps de suite, une quinzaine de minutes au moins, être pratiqués sans violence ni brusquerie, et renouvelés aussi souvent que faire se peut, sans toutefois trop fatiguer l'enfant. Dans ces conditions, on pourra atteindre des résultats sérieux de ces manipulations 'qu'on désigne un peu à tort sous le nom de massage, car ce n'est pas un véritable massage (1). Mais, on ne saurait trop le répéter, toutes les conditions que nous venons d'énumérer sont indispensables, et l'on ne peut se dissimuler qu'elles sont difficiles à réaliser.

Un chirurgien de Lyon a donné le nom de massage forcé à des pratiques qui méritent encore bien moins que les précédentes le nom de massage ; elles consistent à

____

(1) *Massage.* — μάσσειν, *pétrir.* Action de presser, de pétrir, pour ainsi dire, avec les mains, toutes les parties musculaires du corps, et d'exercer des tractions sur les articulations, afin de donner à celles-ci de la souplesse et d'exciter la vitalité de la peau et des tissus sousjacents. (LITTRÉ et ROBIN, *Dict. de méd. chir. et pharm.*)

redresser de force le pied et à maintenir le redressement,
même en l'exagérant, à l'aide de bandages et d'appareils. C'est par acquit de conscience que nous allons
reproduire la description que les élèves de l'auteur de
cette pratique ou méthode, car, nous le répétons, on ne
peut lui donner le nom de massage qu'en dénaturant
complètement le sens des mots.

« Qu'il s'agisse de redresser le pied d'un enfant ou
celui d'un adulte, le manuel opératoire est absolument
le même. On fixe d'abord avec la main, après avoir
anesthésié le sujet, l'extrémité inférieure de la jambe,
attirée au bord d'une table sur laquelle elle repose, afin
de donner à l'opérateur la plus grande liberté d'action.
Cette précaution d'entourer » (?) « le membre a l'avantage de prévenir les fractures ou le diastasis de l'articulation tibio-péronière inférieure, accident qui pourrait
survenir sous l'action des violences exagérées. De
l'autre main, on saisit le pied de manière que la paume
de la main corresponde à la partie sur laquelle doit
porter le principal effort ; le pouce et l'extrémité des
doigts s'appliquent sur le côté opposé. L'opérateur
exerce alors des mouvements dans le sens contraire à
la déviation, tout en combinant le redressement direct
avec quelques mouvements de circumduction ou de latéralité. Dans le cas de pieds bots chez l'adolescent, il est
nécessaire de faire fixer la jambe par un aide et de se
servir des deux mains pour refouler le calcanéum en
dehors, en même temps qu'on fera des efforts de redressement. La séance devra durer trois quarts d'heure au

maximum et plusieurs aides devront se succéder pour renouveler le massage » (?) « du pied. Les séances seront répétées avec des intervalles de trois semaines, un mois, et, toutes les fois, le résultat obtenu sera maintenu à l'aide d'appareils plâtrés. A la méthode du massage forcé se rattache l'emploi d'appareils à traction élastique annexés aux bandages *solidifiants* (?), et destinés à augmenter les résultats acquis. »

Après avoir reproduit cet exposé, un peu incomplet, de la méthode dite à tort du *massage forcé*, Schwartz en fait l'appréciation suivante, où se trahit encore l'esprit de l'éclectisme qui sert généralement de guide à l'auteur, mauvais guide en orthopédie, comme en philosophie, comme en toutes choses: la vérité n'est pas tantôt noire, tantôt blanche, elle est toujours de même couleur, comme la ligne droite est, en tous pays, le plus court chemin d'un point à un autre.

« Les résultats obtenus par Delore et publiés dans les thèses de ses deux élèves ne *seraient pas sans nous disposer en faveur* de la méthode qu'ils préconisent, et nous sommes loin d'appuyer les conclusions de Dubreuil, qui admet qu'elle est impuissante et pourrait être dangereuse si elle était employée seule, tandis qu'elle est inutile si on lui adjoint la ténotomie. De toute façon, il y aurait avantage à tenter le massage forcé chez les enfants avant la tarsotomie. »

A cette appréciation, nous préférons celle de Thorens, qui, elle, appuie les conclusions de Dubreuil et les justifie :

« Chez les tout jeunes enfants, dit Thorens, ce procédé (le massage forcé) permettrait de redresser le pied aux seuls dépens de la flexibilité des parties, notamment des épiphyses cartilagineuses de l'extrémité inférieure de la jambe. Chez les enfants plus âgés, le massage forcé produit un arrachement épiphysaire, simple ou combiné avec une attrition de l'extrémité inférieure de la diaphyse qui a subi les manœuvres. Chez l'adulte, on provoque l'arrachement des insertions ligamenteuses, entraînant avec elles des parcelles osseuses, mais sans amener de déchirures des ligaments. Nous avons répété une partie des expériences de l'auteur, et, même chez les nouveau-nés, nous n'avons pu changer la direction du pied qu'en provoquant une fracture épiphysaire avec arrachement de l'épiphyse au niveau de la zone chondro-calcaire.

« Procéder ainsi c'est substituer une difformité à une autre, moins gênante pour le malade. Les fractures épiphysaires chez les enfants ne présentent généralement pas beaucoup de gravité, mais elles exposent toujours à l'ankylose de l'articulation dont l'épiphyse fait partie ; et, d'après les observations mêmes publiées par M. Jomard, si l'on redresse bien le pied difforme, il est à craindre que ce soit aux dépens de sa mobilité. On a de plus à redouter l'atrophie du membre, assez fréquente à la suite des fractures épiphysaires. »

Nous croyons que cette appréciation d'une méthode qui sent le manouvrier ostéoclaste, c'est-à-dire un peu sauvage, est juste, et qu'il est inutile d'y rien ajouter.

On a parlé plusieurs fois, à propos de manipulations, d'appareils contenteurs et même d'appareils à traction, mais ce sont là des moyens très spéciaux dont il n'y a aucun avantage à confondre l'étude avec celle des manipulations ; ils demandent à être étudiés à part et avec grand soin, car ils ont longtemps constitué la seule base du traitement des pieds bots, et aujourd'hui encore, ils en forment une partie importante, on pourrait dire la moitié.

B. Des machines, bandages et appareils.

Un gros volume serait à peine suffisant pour décrire toutes les machines inventées par des orthopédistes à imagination féconde, dont on pourrait dire ce que notre père disait de certains chirurgiens fertiles en inventions d'instruments superflus : « Nous n'aurons jamais une grande estime pour ces inventeurs d'instruments, vrais couteliers de la chirurgie, chez qui chaque opération a son arsenal spécial. »

Nous ne nous livrerons donc pas à ce luxe de description, et nous passerons sous silence une foule de machines ou appareils, même ceux imaginés ou perfectionnés par notre célèbre Boyer et l'illustre Scarpa, à qui l'on doit la première étude vraiment scientifique sur l'anatomie et la physiologie du pied bot. Mais nous ne laisserons pas dans le même oubli l'appareil de Venel, qui marque une époque importante dans l'histoire thérapeutique du pied bot, et qui, aujourd'hui encore, peut rendre des services ; il a servi de base aux machines les plus utiles qui sont actuellement en usage, et qui, suivant toutes les probabilités, le seront indéfiniment, du moins les principales.

L'appareil que nous allons décrire est-il bien celui de Venel ? ou sait ce que dit Malgaigne sur cette question :

« A la fin du siècle dernier, Venel, on le sait, a joui d'une grande réputation pour la cure des pieds bots, et son appareil est resté célèbre sous le nom de *sabot de Venel*; seulement, on était fort loin de savoir en quoi consistait ce fameux sabot (1); M. Bouvier accepte encore pour tel l'appareil décrit et figuré sous ce nom par MM. d'Ivernois et Mellet ; mais celui que ce dernier auteur représente dans son livre est, de son aveu même, modifié par Jaccard, d'Ivernois et par lui-même. Du moins est-il certain que Jaccard, successeur direct et élève de Venel, a adressé à Léveillé, en 1817, pour les collections de la Faculté, la machine que je vous présente et qu'il attribue expressément à son maître, tandis qu'il réclame pour lui-même celle qui porte à tort le nom de Venel (2). Voici donc le vieux sabot de Venel, tel qu'il a été envoyé par Jaccard. »

(1) On sait, en effet, que le célèbre spécialiste faisait un secret de sa machine dont la construction n'a été révélée que par ses élèves.

(2) Malgaigne écrit en note ce qui suit : « Ces machines furent remises à la Faculté. en 1817, par M. Mellet. » Mais il dit ailleurs, dans le corps de l'ouvrage, que Jaccard avait envoyé une machine (la sienne sans aucun doute) en même temps que celle de son maître,

Malgaigne, tenant ce *sabot* en mains, en donne la description comme un professeur qui montre ce qu'il décrit, ce qui donne une facilité que n'a pas celui qui décrit sans montrer. Les descriptions, quelles qu'elles soient, sont toujours très difficilement claires, celles des machines spécialement; nous ne savons si, en nous aidant de celle de Gaujot et de la figure qui l'accompagne, nous serons bien compris du lecteur, nous l'espérons, cependant, s'il veut bien mettre dans sa lecture beaucoup de bonne volonté.

Le sabot de Venel se compose des parties suivantes :

1° Sa base est constituée par une semelle en bois de forme quadrangulaire — (la semelle de Venel était en tôle, au moins primitivement ; ce sont ses élèves, Jaccard, croyons-nous, qui ont substitué, avec raison du reste, le bois à la tôle), — ayant même largeur, mais un peu plus de longueur que le pied, montée sur deux tasseaux placés longitudinalement sous chaque bord latéral. La longueur de ces tasseaux, qui sont destinés autant à faire poser le pied à plat qu'à garantir les boutons métalliques placés sous la planchette pour agrafer les courroies, doit dépasser un peu celle de la semelle en avant, afin de préserver contre les frottements le bout

mais que cette machine ne s'est pas retrouvée à la Faculté où l'ordre, à ce qu'il paraît, laissait à désirer, ce que Malgaigne, d'ailleurs, ne fait pas remarquer. Quoi qu'il en soit, il résulte de cet imbroglio qu'on ne sait pas, au juste, si la Faculté possède ou non le vrai sabot de Venel; mais Malgaigne fait observer que celui qu'on possède ne peut pas différer assez pour qu'on ne la prenne pas pour type. Cette opinion nous paraît très fondée..

du bas de laine dont le membre est chaussé, et d'empêcher les malades de marcher sur la pointe du pied.
La partie postérieure de la semelle est percée de deux
mortaises longitudi-
nales, livrant passage
aux languettes de la
talonnière, qui vont se
fixer à un bouton de
fer placé à la face infé-
rieure de la planchette,
entre les deux ouver-
tures. Au-dessous de
la portion antérieure
de la semelle se trouve
un second bouton mé-
tallique; il sert à accro-
cher l'extrémité d'une
petite courroie, dont
l'autre bout est cousu
à la pointe du bas de
laine qui revêt le mem-
bre. Cette courroie a
pour fonction de rete-

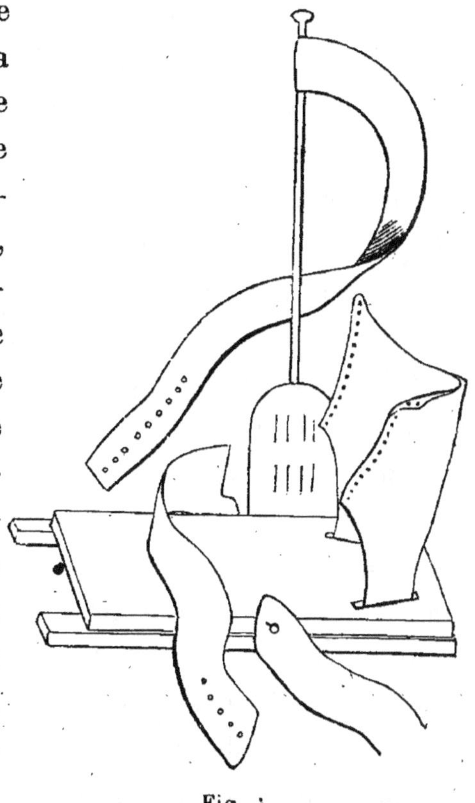

Fig. A

nir le pied sur la planchette et d'empêcher son glisse-
ment en arrière. D'autres boutons, fixés sur les bords,
reçoivent les courroies destinées à maintenir l'avant-pied
fixé sur la planchette.

2° La seconde pièce est une équerre de fer qui
s'ajoute à la semelle, soit sur le bord externe quand le

pied bot est tourné en dedans, soit sur le bord interne, s'il est tourné en dehors. Cette pièce est rivée à la face inférieure de la moitié postérieure de la semelle, un peu au-devant des ouvertures qui livrent passage aux languettes de la talonnière, de telle sorte que sa face interne corresponde à la saillie présentée par le côté externe et supérieur du tarse, lorsque le pied est placé dans l'appareil. Son bord supérieur, taillé en demi-cercle, doit légèrement dépasser le niveau du cou-de-pied ; il est garni en dedans d'un coussinet rempli de crin ou de laine. Sa face externe présente une douille destinée à recevoir l'extrémité du levier. En avant de la douille se trouve un bouton métallique sur lequel viennent s'attacher les courroies qui retiennent le cou-de-pied ;

3° Un levier ou tige ronde de fer doux, flexible à volonté, aplati à son extrémité inférieure pour entrer dans la douille, terminé en haut par un renflement sphérique, constitue la partie jambière propre à servir de point d'appui à la semelle. Cette tige dont la grosseur diminue insensiblement de bas en haut, doit s'élever jusqu'à la hauteur du genou ; sa partie supérieure est munie d'une courroie qui embrasse la jambe au-dessus du mollet ;

4° Une pièce de cuir souple, mais assez résistant pour ne pas se déformer trop vite, forme la talonnière. Sa partie antéro-inférieure est échancrée au niveau du cou-de-pied ; son bord postéro-inférieur l'est également, afin de laisser passer le talon. Par sa portion supérieure, elle entoure le bas de la jambe, où elle est assujettie à l'aide d'un lacet. Ses deux languettes inférieures, après avoir traversé les mortaises de la semelle, sont agrafées au bouton placé à cet effet au-dessous de la plan-chette.

5° Deux ou plusieurs courroies chargées de maintenir l'avant-pied se fixent de chaque côté aux boutons qui se trouvent sur la partie antérieure de la semelle, et sur l'équerre. Enfin, quelques coussinets de forme et de consistance variées, sont nécessaires pour être inter-posés dans les points plus particulièrement soumis aux effets de la pression.

Avant d'appliquer cet appareil, on commence par envelopper le pied d'une bande de flanelle ; puis, on le chausse d'un bas de laine ordinaire portant à son extré-mité une petite courroie. On le place ensuite sur la semelle de bois, de façon que la face plantaire repose dans la plus grande étendue possible. On engage le talon dans la talonnière, et on lace celle-ci sur la jambe. Après quoi, l'avant-pied est assujetti sur la semelle, à l'aide de la petite courroie cousue au bout du bas, et des courroies transversales qui servent à faire appuyer la saillie des os du tarse contre le coussinet doublant la face interne de l'équerre. Cela fait, on engage le levier dans la douille, et après lui avoir donné une courbure convenable, on le rapproche de la jambe. Lorsqu'on juge suffisant l'effet produit par son application, on le fixe au moyen de l'embrasse supérieure. Pour donner au levier les courbures désirées, on se sert de l'instrument connu sous le nom de *griffe*, ou barre d'acier armée à ses extrémités d'un double crochet, avec lequel on saisit la tige de fer droit à l'endroit où l'on veut produire une inflexion.

Le redressement de la déviation en dedans s'obtient par une suite de courbures plus ou moins prononcées, imprimées au levier dans le sens antéro-postérieur et dans le sens latéral, avec cette différence entre les unes et les autres, que le rayon de la courbure d'arrière en avant doit diminuer progressivement à mesure que le pied revient à la rectitude, pendant que celui de la courbure dirigée de dedans en dehors augmente, au contraire, en proportion égale. Ces inflexions du levier correspondant de la sorte au mouvement de rotation que le pied exécute sur lui-même en se redressant, et qui a pour conséquence d'abaisser la plante et de relever le bord externe, si bien que lorsque l'extrémité supérieure du levier approche de la jambe, la courbure postérieure, d'abord très prononcée, diminue peu à peu pour disparaître complètement, tandis que la courbure latérale en dehors et en avant, à peine marquée au début, devient de plus en plus accusée. A ce point du traitement, le redressement est à moitié effectué. Le pied repose à plat sur la plante; la saillie des os du tarse est effacée, et l'avant-pied se trouve dans la direction de l'axe de la jambe. Mais la pointe du pied est toujours abaissée, le talon élevé, et le mouvement de flexion presque nul. L'indication qui reste à remplir dans la seconde partie du traitement consiste donc à faire disparaître la déviation persistante dans le sens de l'extension. On l'accomplit en donnant au levier une impulsion en avant, de manière à transformer insensiblement ses courbures latérales et postérieures en inflexions antérieures, en ayant soin, pendant ce temps, de tenir le bord externe du pied comme suspendu sur le sol. Lorsqu'enfin, on est parvenu à abaisser le talon, à relever la pointe et le bord externe du pied, à effacer la saillie dorsale du tarse, et à restituer au mouvement de flexion une étendue suffisante, l'appareil de redressement a terminé son rôle et doit être remplacé par un moyen de contention.

Le même appareil construit en sens inverse, c'est-à-dire avec l'équerre et le levier sur le côté interne, devient applicable au traitement du valgus, et son fonctionnement est alors soumis aux mêmes règles que celles qui viennent d'être tracées pour le traitement du varus.

Malgaigne, nous l'avons dit, fait un grand éloge de la machine de Venel, et ce n'est pas nous qui le contredirons ; seulement, il attache une assez grande importance à la tige de fer doux, et nous croyons, sans vouloir blâmer cette tige, que l'on peut faire et que l'on fait aujourd'hui un peu mieux.

Appareil de Vincent Duval. — « Nous sommes donc aujourd'hui, dit Malgaigne, suffisamment armés pour agir mécaniquement sur les torsions du pied ; les indications sont remplies plus ou moins complètement par tous les appareils. Mais ne pourrait-on pas faire moins de mécanismes ? Je crois que l'on dédaigne beaucoup trop la tige de fer doux dont je suis pour ma part très disposé à faire usage ; je ne suis, du reste, pas seul de mon avis.

« M. Vincent Duval a bien voulu me remettre, pour les collections de la Faculté, les deux modèles de machines dont il se sert dans sa pratique ; vous y voyez la tige de fer doux entièrement analogue à celle de Venel ; elle se fixe au-dessous du genou par une courroie et est reçue inférieurement dans une douille fixée sur une équerre en acier, à peu près quadrangulaire, et que porte la semelle de bois à sa partie postéro-externe. Cet appareil nous présente, de plus, une équerre interne de même forme, rembourrée comme l'externe ; une talonnière dont les chefs passent dans les mortaises pratiquées dans les équerres, au niveau de la face supérieure de la semelle et se relient pour s'attacher à des boutons que vous voyez ou des mortaises sur les faces externes des équerres ; enfin, une large courroie à deux chefs est fixée par une de ses extrémités sur le bord interne de la semelle et sert à maintenir l'avant-pied.

« Le second modèle est construit sur les mêmes données ; seulement, la tige jambière, plate et en acier, est pourvue de deux vis, l'une pour produire l'inclinaison du levier en dehors, l'autre, pour produire la bascule du pied et le porter dans la flexion. Quoi qu'il en soit, voici deux appareils presque aussi simples que celui des successeurs de Venel et qui suffisent journellement à la pratique la plus étendue ; ils me servent d'exemple pour démontrer que l'une des conditions (1) essentielles de la construction d'un appareil, la tige jambière, doit être représentée par un levier résistant, non élastique, susceptible de s'incliner en dehors ou d'être infléchi en avant, que ce soit la nature du métal employé ou un mécanisme qui vous permette d'obtenir ces deux positions dont l'importance est capitale. Si vous avez recours à un mécanisme, qu'il soit le plus simple possible ; les vis de pression remplissent ces conditions. Nous avons déjà dit que nous étions d'avis que la tige jambière s'arrêtât au-dessous du genou et qu'elle y fût solidement fixée. »

Les préceptes de l'éminent professeur pour la construction des appareils destinés au redressement des pieds bots nous paraissent irréprochables, comme le sont ceux qu'il donne sur leur application et sur lesquels nous aurons à revenir plus loin ; mais nous voulons ici, auparavant, montrer combien l'appareil imaginé par notre père est conforme à ces préceptes, à l'opposé de presque tous ceux que nous passerons en revue, qui s'en éloignent plus ou moins.

Comme le professeur Malgaigne, qui le fait remarquer, notre père approuvait la tige en fer doux, et il l'avait conservée dans un de ses deux appareils ; cette tige est toujours excellente dans les cas très simples, qui ne réclament que de rares changements d'inflexions ;

---

(1) Le mot *pièces* ou *organes* ne rendrait-il pas mieux la pensée que conditions ? — C'est probablement un lapsus, car la tige jambière est bien une pièce ou un organe, non une condition.

mais dans les cas compliqués, et un grand nombre le sont, où ces changements d'inflexions doivent être fréquents, la tige de fer doux, est difficile à diriger. Ajoutez que la manœuvre pour donner aux courbures le rayon voulu, demande une certaine aptitude mécanique que sont loin de posséder tous les praticiens ; ajoutez encore qu'avec les tiges d'acier articulées, les vis de pression et autres accessoires, on peut obtenir plus facilement et avec plus de précision toutes les inclinaisons que permet de donner la tige en fer doux, et vous comprendrez que notre père y ait renoncé et ait appliqué à tous les cas la mécanique que nous allons décrire, laquelle remplit toutes les indications voulues. Malgaigne a judicieusement, mais pas avec assez de méthode, posé ces indications ; notre père les a posées plus méthodiquement et, partant, plus clairement, dans les termes que nous allons reproduire :

« Pour opérer convenablement sur un pied bot varus, il est nécessaire qu'une machine réunisse cinq actions différentes qui doivent pouvoir, au besoin, s'exercer simultanément ou séparément :

« Il faut une action pour allonger la substance intermédiaire et les muscles profonds de la face postérieure de la jambe ;

« Il en faut une autre pour agir par la compression sur la moitié postérieure du bord externe du pied ;

« Il en faut une troisième pour reporter l'avant-pied en dehors, en opérant sur la moitié antérieure de son bord interne ;

« Une quatrième doit ramener la plante du pied en dessous ;

« Enfin, une cinquième doit repousser en dehors la tubérosité postérieure du calcanéum.

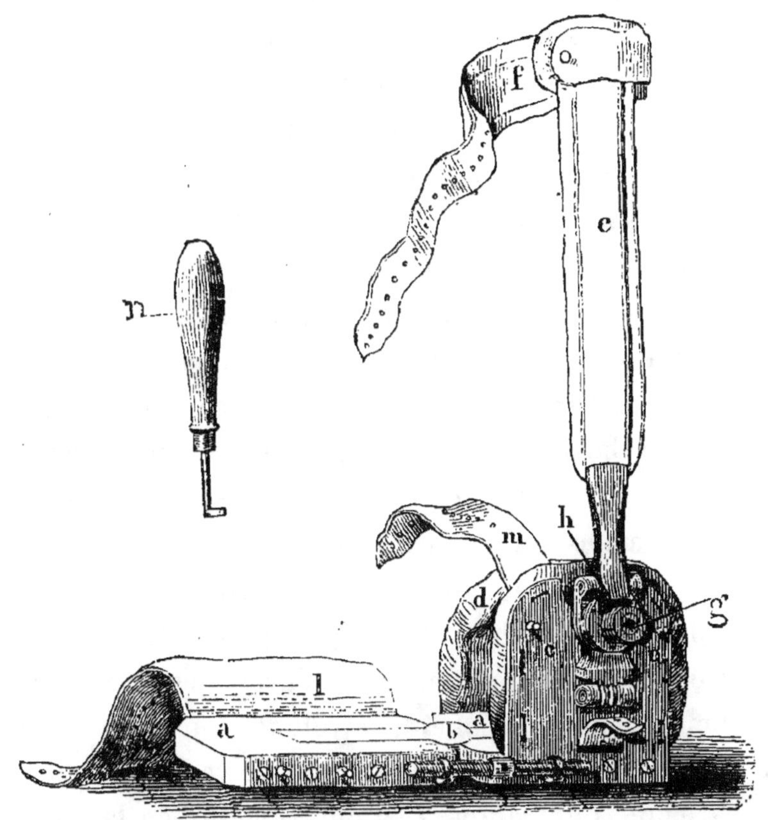

Fig. B. — Cette figure représente notre appareil vu par son côté antéro-externe.

« Les machines que nous avons inventées et que nous employons déjà depuis longtemps, réunissent ces cinq puissances; mais on comprend qu'étant applicables à tous les genres de pieds bots, il n'est pas toujours nécessaire de mettre simultanément en action toutes ces puissances ; c'est pour cela qu'elles doivent, ainsi que nous l'avons dit, pouvoir agir isolément. »

Voici maintenant la description de celle des deux dont notre père se servait habituellement, qui suffisait, suivant l'expression du professeur Malgaigne, à la pratique la plus étendue, et dont nous nous servons nous-même, car nous n'avons pas cru devoir l'abandonner ; le fer doux y est remplacé par des pièces d'acier et par un mécanisme fort simple qui permet de donner très facilement à la tige et aux autres parties de l'appareil, toutes les inclinaisons désirables, ainsi que l'éminent professeur Malgaigne s'est plu à le reconnaître.

La base de l'appareil ou partie podale consiste en une semelle de bois à pans coupés, divisée en deux parties inégales a, a, l'antérieure plus longue que la postérieure; les deux parties sont reliées par une articulation à axe vertical b ne permettant que des mouvements de latéralité de dedans en dehors et réciproquement. La partie antérieure est destinée à porter l'avant-pied, et à lui imprimer, par conséquent, à volonté, une déviation en dehors ou en dedans, suivant qu'on veut remédier à un varus ou à un valgus. Ces mouvements de latéralité sont produits par une vis de rappel sans fin, laquelle tourne dans deux pitons mobiles fixés, l'un sur le bord externe de la partie antérieure de la semelle, l'autre sur le même bord de la partie postérieure. Au milieu de la vis de rappel est une interruption en renflement percée d'un trou carré i, dans lequel entre la clef n servant à faire

marcher la vis, et, par conséquent, à porter la partie
antérieure de la semelle en dehors et en dedans, suivant
l'espèce de déviation qu'on a à rectifier. Au bord interne
de la partie antérieure est clouée une large bande de cuir l,
dont le bord flottant se divise en deux ou trois chefs,
destinés à être fixés sur le bord opposé par des boutons
placés à cet effet en avant de la vis de rappel. C'est cette
bande de cuir l, convenablement matelassée ou garnie
de coussins, qui sert à maintenir l'avant-pied sur la planchette. Une platine en tôle d'acier $c\,c$, de trois à quatre
pouces de haut (près de 11 cent.) sur une largeur un
peu moindre, s'élève du bord externe de la partie postérieure de la planchette; cette platine, solidement fixée
à sa base, est percée dans tout le reste de son pourtour
de petits trous permettant de coudre sur elle le
coussin matelassé qui recouvre sa face interne. A sa
partie inférieure est une ouverture horizontale, longue
d'un pouce (27 millim.), par laquelle passe le bout d'une
courroie m, qui embrasse le cou-de-pied, maintient le
talon sur la moitié postérieure de la planchette, et vient
aboutir par son extrémité à un autre bouton fixé sur la
platine opposée k. Quant à la platine extérieure $c\,c$, c'est
elle qui supporte la plus grande partie du mécanisme
général de la machine, ainsi que le levier e et ses
engrenages.

Le levier e doit être de la longueur de la jambe et
ne pas la dépasser, ainsi que le recommande fort judicieusement le professeur Malgaigne. Il se termine à sa
partie supérieure par une large courroie matelassée f,

qui fait l'office de jarretière, et se ferme, après avoir
entouré la jambe, au moyen d'un bouton, comme les
autres. Dans toute sa partie supérieure, environ les
trois quarts de sa longueur totale, le lévier est garni en
laine et recouvert de peau ; vers son quart inférieur, il
se brise par un nœud de charnière, et cette dernière
partie de la longueur appuie tout entière sur la surface
externe de la platine *c c*. Ici, le mécanisme présente
une assez grande complication au point de vue descriptif,
car, pratiquement, ce mécanisme est fort simple :

Au-dessous du nœud de charnière, le levier se dé-
coupe en quart de cercle, denté verticalement, et s'en-
grène ainsi sur les pas d'une vis sans fin horizontalement enfermée dans une boîte percée d'un trou carré *g*,
et solidement rivée sur la platine. Cette seconde vis
a pour mission de faire exécuter au levier des mouvements latéraux, c'est-à-dire de le porter en dedans ou
en dehors, mouvements qui sont aussitôt transmis en
sens inverse au reste de la machine. Par exemple, le
levier étant solidement appliqué sur la jambe au moyen
de la courroie-jarretière dont nous avons parlé, si, plaçant la clef *n* dans le trou *g*, on vient à ramener le
levier en dehors, la platine peut comprimer tellement
la partie externe du tarse, qui, dans les cas de déviation
du pied en dedans, est ordinairement la face vers
laquelle les os de cette partie du membre ont été repoussés, la platine comprime tellement, disons-nous, que, si
l'on ne craignait de causer au malade une trop vive
douleur et aux os un déplacement trop brusque, le tarse

pourrait, à l'instant même, être forcé de reprendre sa figure et son habitude normales. Si l'on imprime au levier le mouvement contraire, c'est-à-dire de dehors en dedans, on voit la machine s'incliner de dedans en dehors et former une concavité capable de loger la plus forte saillie possible d'un pied varus. Alors, que la difformité vienne à être placée dans la machine ainsi inclinée et élargie par le rapprochement du levier contre la face externe et supérieure de la jambe, si, au moyen de la vis indiquée, nous rappelons le levier en dehors, nous comprimons les parties saillantes du pied, à volonté, aussi légèrement ou aussi puissamment que nous le voulons.

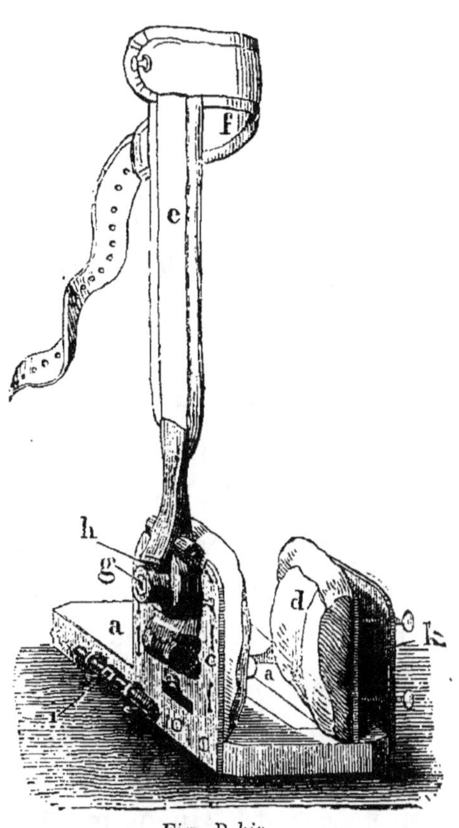

Fig. B *bis*.

Cette figure représente notre appareil vu par son côté postéro-interne.

L'extrémité tout à fait inférieure du levier se termine aussi par un quart de cercle denté, mordant sur les pas d'une troisième vis sans fin percée d'un trou carré, comme les deux autres. C'est au moyen de ce dernier

engrenage que le levier peut être porté en arrière ou en
avant. Par exemple, dans le cas de pied équin très prononcé, quand le pied forme une ligne droite avec la
jambe, il est nécessaire de renverser le levier en arrière,
de manière à ce que la planchette décrive avec lui la
même ligne que le pied avec la jambe; autrement, le
talon ne toucherait jamais la semelle. Mais le membre
étant ainsi placé par rapport à la planchette et au levier,
si l'on rappelle, tout doucement, celui-ci en avant, en
faisant tourner la clef n dans le trou de la dernière
vis, on allonge nécessairement d'autant les muscles de la
partie postérieure de la jambe.

Au bord interne de la moitié postérieure de la planchette, s'élève, comme nous l'avons dit, une seconde
platine en tôle d'acier un peu moins grande que celle
qui supporte le levier. Le bord antérieur de cette seconde
platine est articulée à charnière avec une autre plaque
de même métal matelassée à sa face externe d. Cette
plaque matelassée sert à reporter le talon en dehors,
quand il est dévié en dedans; deux vis à bouton traver-
sant la platine interne suffisent pour opérer le mouvement nécessaire. Quand le talon est fortement repoussé
en dehors, un intervalle se forme entre la platine et la
plaque matelassée. La figure montre cet effet produit à un
certain degré par la pression des deux vis dont on voit
les têtes en saillie, à la face interne de la platine.

Tout ce mécanisme et tous ces mouvements sont
assez difficiles à bien décrire et à faire comprendre,
quand on n'a pas la machine sous les yeux, les figures

ne pouvant y suppléer que très imparfaitement; mais quand on tient l'objet entre ses mains et qu'on le fait manœuvrer, on voit que rien n'est plus facile et plus simple que de faire exécuter tous ces mouvements, ce dont le professeur Malgaigne, nous ne saurions trop le répéter, s'est convaincu *de visu*, ainsi que son auditoire, comme on l'a vu, lui qui attachait la plus grande importance à la simplicité des appareils, et qui n'était pas facile à persuader. Or, c'est dans la facilité d'exécuter sans peine, quand on veut, au degré que l'on veut, tous les mouvements que nous venons de décrire, que résident toutes les conditions de guérison du pied bot varus, surtout de celui qui est très développé, ainsi que nous aurons occasion de le redire à propos des soins nécessaire après l'opération de la ténotomie.

Appareil de Bouvier. — Cet appareil présente deux montants au lieu d'un, unis par une charnière en *nœud de compas* à la partie podale ou semelle que l'auteur appelle étrier. Le but et la disposition de ces deux montants sont les suivants :

Le premier montant (l'interne dans la figure, s'il s'agit d'un varus) porte à son extrémité supérieure une rondelle mobile à l'aide d'une articulation à pivot central, et prenant un point d'appui sur la partie interne du genou. En outre, ce levier prend un autre point d'appui sur la jambe, à l'aide d'un collier F composé d'une moitié interne, métallique et d'une moitié externe, courroie en cuir.

Le montant externe (toujours dans la supposition

d'un varus .d'après la figure) sert de levier et remplit en réalité la fonction du montant unique des appareils de Venel, Vincent Duval, etc.

L'auteur trouve à son appareil, que nous ne décrirons pas plus longuement, les avantages suivants :

L'appareil est moins exposé à tourner et à se déplacer; il empêche que le levier unique ne vienne à se courber, sa force de rigidité, si l'on peut ainsi s'exprimer, étant doublée.

Ces deux avantages sont purement imaginaires, non moins que celui de diminuer la pression qu'un levier unique doit exercer sur la jambe, la pression étant, pour la moitié, supportée par le genou. D'abord, il est sans exemple que notre appareil bien appliqué, — et son application n'offre pas de difficultés sérieuses, — ait jamais tourné ou se soit déplacé, et quant à ce que le tuteur ploie, cela est tout simplement impossible, puisque c'est en partie pour parer à cet inconvénient que notre père avait substitué l'acier au fer doux du levier de Venel ; le levier de notre appareil pourrait donc, contrairement au roseau de la fable, se rompre et non ployer ; mais, quand on sait calculer la résistance qu'il doit offrir à la force qu'il a à supporter, il ne se rompt

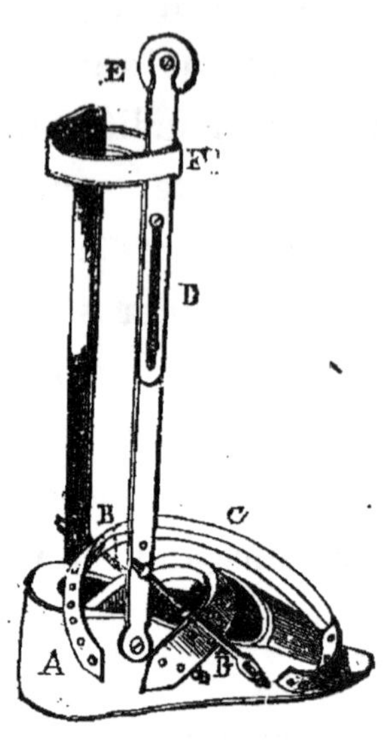

Fig. C.
Appareil Bouvier vu par le côté interne.

pas plus qu'il ne ploie, et la crainte qu'on pourrait avoir à cet égard est purement chimérique. Quant à l'avantage qu'aurait l'appareil à deux montants de diminuer la pression exercée sur la jambe, outre que cette diminution est beaucoup moins considérable que ne le croient ceux qui ne se rendent pas bien compte de la répartition de la force de pression, exercée sur les divers points du membre, dans l'appareil à un et celui à deux montants, jamais, dans le premier de ces appareils, cette pression n'a eu d'inconvénients sérieux quand on en a surveillé l'action avec soin. En outre, dans l'appareil à deux montants, si l'on trouve le léger avantage, — à le supposer réel,—de diminuer la pression sur la jambe, on tombe dans ce danger, bien autrement grave, de reporter sur un seul point la quantité de pression dont on soulage la jambe, et ce point est situé sur le genou, sur une partie mobile articulaire, et recouverte à peu près uniquement d'une peau mince; autant de conditions qui rendent la pression pénible et même dangereuse pour peu qu'elle soit trop forte. La pelote, mobile autour d'un pivot, à l'aide de laquelle on veut annuler les inconvénients de cette pression, n'arrive qu'à peine à les atténuer dans de faibles proportions, quand elle fonctionne bien et régulièrement, ce qui n'arrive pas toujours, tant s'en faut.

En résumé, cet appareil à deux montants n'a que des avantages peu importants ou même problématiques, tandis qu'il a des inconvénients certains, et qui ne laissent pas que d'avoir une assez grande gravité: ce

sont des raisons suffisantes pour le faire proscrire.

Appareil de J. Guérin. — La disposition des parties
de cet appareil varie suivant qu'il est appliqué au redressement du varus ou du valgus ; il suffira de décrire

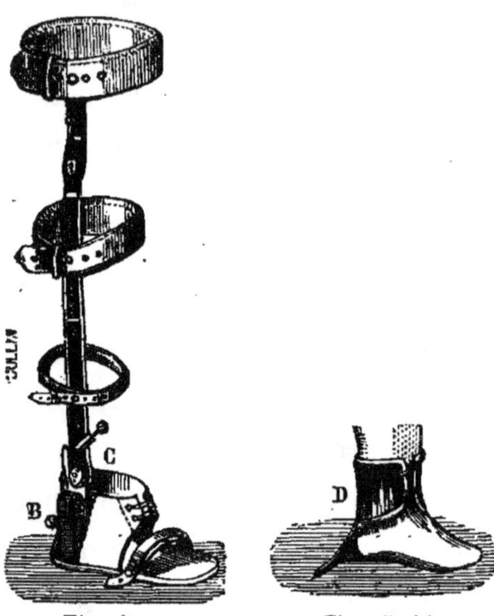

l'appareil applicable à
la première de ces dif-
formités. Le tuteur
(voir fig. D et D *bis*)
est placé à la partie
externe du membre, et
assujetti à la fois sur la
jambe et sur la cuisse
un peu au-dessus du
genou, à l'aide d'em-
brasses de cuir, dou-
blées, en dehors et en
arrière, d'un demi-
cercle métallique. Son

Fig. D.   Fig. D bis.

extrémité inférieure, au lieu de se relier directement à la
partie podale ou étrier, est articulée en nœud de compas,
au niveau de la malléole, avec la partie supérieure d'une
pièce intermédiaire, longue de trois à quatre centimètres,
dont la partie inférieure est réunie à l'étrier par une charnière à axe antéro-postérieur, mobile latéralement. Cette
pièce intermédiaire est pourvue d'un prolongement, à
chaque extrémité, pour offrir un point d'appui aux vis de
pression. Le prolongement supérieur forme une espèce de
bec coudé, qui s'élève presque verticalement en contour-

nant, en arrière, l'articulation du tuteur jambier. L'inférieur n'est autre que la pièce intermédiaire elle-même, descendant de deux ou trois centimètres au-dessous de la charnière, en dedans de la partie podale. C'est une vis de pression dirigée obliquement de haut en bas et d'avant en arrière qui traverse une coulisse rivée à la face externe de la branche jambière, immédiatement au-dessus de l'articulation avec la pièce intermédiaire, et arrive à la rencontre du prolongement supérieur. Une deuxième vis, B, traverse horizontalement de dehors en dedans la branche verticale de l'étrier, un peu au-dessous de la charnière, et va presser en dedans contre la face externe du prolongement inférieur de la pièce intermédiaire.

Une troisième brisure, mobile à l'aide du même mécanisme, se trouve à la jonction de la semelle de bois avec la branche transversale ou inférieure de l'étrier. Un clou rivé, placé au centre de la portion postérieure de la semelle, en la fixant sur son support métallique, lui laisse la liberté d'exécuter des mouvements de rotation dans le sens horizontal, comme autour d'un pivot vertical qui prolongerait l'axe du membre. Ces mouvements ayant pour objet de porter l'avant-pied soit en dehors, soit en dedans, et en même temps de repousser le talon dans un sens contraire, sont réglés par une troisième vis de pression qui traverse une coulisse placée au niveau du coude de l'étrier pour se diriger un peu obliquement de haut en bas, de dehors en dedans et d'avant en arrière, c'est-à-dire dans une direction telle, que son extrémité appuie sur le bord externe de la semelle, derrière l'étrier.

Dans l'intention de l'auteur, les différentes vis de pression remplissent dans chaque brisure des fonctions bien déterminées: dans la première brisure, C, la vis sert à faire basculer le pied sur l'articulation de l'étrier avec la tige de la jambe, de manière à produire l'élévation de la pointe et l'abaissement du talon. Par le plus ou moins de saillie laissée à la vis, on gradue l'extension et on l'arrête au point voulu, tout en conservant la liberté des mouvements dans le sens de la flexion.

La vis B, de la brisure moyenne, ramène l'étrier en dehors et, avec lui, tout le pied ; elle détermine, par conséquent, la rotation du pied sur son axe antéro-postérieur, en abaissant le bord interne et la plante, et en relevant le bord externe. De même que la précédente, elle a aussi pour fonction de limiter la rotation du pied en dedans, laquelle est d'ailleurs bornée à la perpendiculaire par le prolongement vertical inférieur de la pièce intermédiaire, tout en conservant la liberté des mouvements dans le sens de la rotation en dehors.

Dans la troisième brisure, la vis de pression a pour effet d'amener l'abduction de la pointe du pied, dont les mouvements, dans ce sens, restent entièrement libres, et de s'opposer, à volonté, au mouvement d'adduction.

Quant aux moyens d'assujetir le pied dans l'appareil, ils consistent :

1° Dans une talonnière en cuir rigide fixée sur la

semelle comme un contrefort, mais percée en arrière
et en bas, pour laisser la place libre au talon, et prolongée en avant sous la forme de deux languettes suscep-
tibles d'embrasser le cou-de-pied en s'appliquant sur la
pièce qui nous reste à décrire, et qui complète l'appareil.

2° Cette pièce, D, est une espèce de guêtre en cuir
mou bien rembourré, qui se lace autour de la jambe et
des malléoles, et dont le bord inférieur est pourvu,
tantôt d'une seule courroie placée sur la ligne médiane,
tantôt de deux courroies latérales, nécessaires lorsqu'on
veut éviter de presser sur le tendon d'Achille, lesquelles
courroies engagées dans l'échancrure de la talonnière et
agrafées aux boutons postérieurs de la semelle, servent
à attirer le talon, et à le maintenir appliqué.

3° Une large courroie antérieure clouée, d'une part,
sur le bord interne de la semelle, et ajustée, de l'autre,
sur le bord externe, par deux chefs agrafés à des boutons
métalliques.

L'appareil est applicable au redressement du valgus,
moyennant quelques modifications qu'il est possible de
deviner, et que nous ne décrirons pas, préférant apprécier jusqu'à quel point cet appareil auquel le nom de son
auteur devait donner une grande importance, remplit
bien toutes les indications que nous venons d'énumérer.
Eh bien, il faut le reconnaître, ces indications ne sont
atteintes que d'une façon fort incomplète. La principale
cause en est dans le nombre et le peu de solidité des
articulations ; d'une manière générale, on peut poser en

principe que tous ces appareils à articulations ou mécanismes compliqués sont défectueux ; ils ne gardent que
très difficilement les positions qu'on leur donne, et se
dérangent souvent dans les mouvements volontaires ou
involontaires qu'exécutent les malades ; aussi voit-on
souvent ceux qui prennent soin des stréphodes ou les
stréphodes eux-mêmes, quand ils sont adultes ou adolescents, recourir au fabricant pour faire réparer un appareil
dérangé ; la moindre pratique suffit pour vous donner
l'occasion de constater la fréquence de ces réparations,
ce qui est un ennui, d'abord, et ce qui a l'inconvénient
plus grand que, pendant les réparations, l'appareil,
naturellement, laisse le patient sans traitement.

Outre les inconvénients de la complication du mécanisme, l'appareil J. Guérin a encore celui de prendre un
point d'appui au-dessus du genou, ce que le professeur
Malgaigne condamnait avec tant de raison. Ce point
d'appui ne peut même avoir l'avantage de consolider
l'application ; il suffit de réfléchir un instant à la puissance des muscles dont les tendons forment le creux
poplité pour comprendre que les mouvements de ces
tendons, conséquence forcée de la contraction des
muscles, doivent déranger à chaque instant l'embrasse
qui entoure le bas de la cuisse ; on ne pourrait empêcher
ces dérangements continuels qu'en serrant l'embrasse
à un point qui la rendrait promptement intolérable.
Ainsi, même au point de vue de la fixité de l'appareil,
l'appui sur la cuisse, loin d'accroître cette fixité, la
diminue, au contraire. Pour tous ces motifs, nous

croyons que l'appareil J. Guérin ne doit pas plus être
adopté que le précédent.

Appareil Charrière. — Cet appareil a inspiré une singulière remarque à l'auteur de *l'Arsenal de la chirurgie
contemporaine :*

« Cet appareil, dit-il,
représente, avec celui de
V. Duval décrit plus haut,
le modèle le plus complet
du mécanisme à brisures
à roue dentée mue par une
vis sans fin. »

Il est bien vrai qu'il existe
dans cet appareil comme
dans celui de notre père, qui
est aussi le nôtre, plusieurs
vis sans fin, mais ce ne sont
pas les vis sans fin qui peuvent établir les analogies ou
les différences entre des
appareils, c'est la fixité que
l'action de ces vis peut

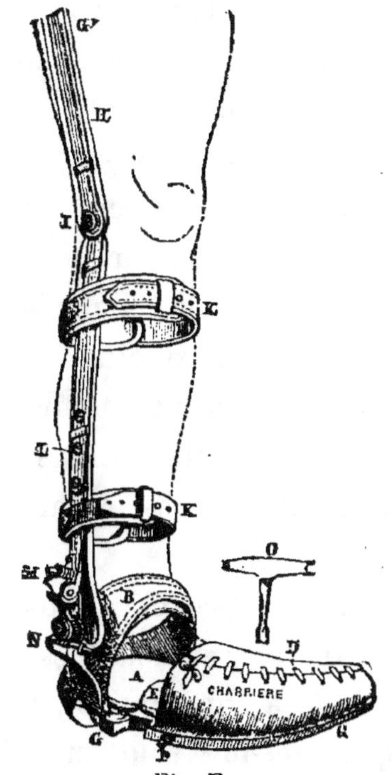

Fig. E.

donner aux diverses pièces des appareils, dans toutes
les positions où on les place, et, par suite, la fixité aussi
des attitudes que l'on imprime aux diverses parties du
pied. Or, sous ce rapport, l'appareil dont nous nous
occupons diffère presque du tout au tout du nôtre et de
celui de notre père, comme en diffèrent, du reste, tous
les appareils à articulations multiples et par conséquent

à mécanisme compliqué. Le caractère essentiel de notre appareil, il ne faut pas l'oublier, réside dans la solidité et la simplicité des moyens d'union des diverses pièces dont se compose l'appareil, et cette simplicité et solidité ont pour base la largeur, la solidité et la forte union de la platine d'acier à la partie podale ; c'était là aussi ce qui faisait et ce qui fait encore le mérite du sabot de Venel, pour lequel le professeur Malgaigne professait une si grande et si juste estime. Jamais un tuteur long et mince, quelle qu'en soit d'ailleurs la matière, fer doux ou acier le plus fortement trempé, ne remplira les conditions de solidité d'une large platine en acier, et les remplira d'autant moins que les articulations dont il est le siège seront plus nombreuses ; c'est justement la fragilité de ces articulations qui rend si fréquents les dérangements et les réparations dont nous avons parlé ci-dessus.

Après ces explications, il serait, croyons-nous, inutile d'examiner en détail les avantages spéciaux que l'auteur trouve à son appareil, que Gaujot admet aussi, et dont quelques-uns sont, en effet, très réels ; mais l'appareil péchant par la base, les avantages de détail disparaissent devant les défauts de l'ensemble.

Appareil Mathieu. — Quoique moins apparentes sur la figure que dans la représentation de l'appareil précédent, les complications de celui-ci ne sont pas moindres et, par conséquent, l'appareil n'est pas moins défectueux. L'auteur n'en reconnaît pas moins à son appareil des avantages fondés sur les considérations suivantes :

Cet appareil se distingue des autres par deux modifications dont l'indication suit : la première à la situation du tuteur et au mécanisme de redressement, mécanisme qui est tantôt l'engrenage ordinaire, tantôt la
charnière à vis de pression suivant les
circonstances; la seconde modification
concerne le mode de préhension des
moyens de contention du pied et de la
jambe.

La première modification est fondée
sur ce fait que le pied bot varus et le
valgus s'accompagnent presque toujours d'une courbure de la partie inférieure de la jambe, ou tout au moins
d'une forte inflexion au niveau de l'articulation tibio-tarsienne, courbure dont
la concavité est tournée en dedans pour
le varus, et en dehors pour le valgus.

Fig. F.

« Or, dit Gaujot, si l'on applique, comme il est généralement d'usage de le faire, le tuteur des appareils pourvus
d'un mécanisme à engrenage ou à vis de pression du côté
de la convexité de la déviation, c'est-à-dire à la face externe
du membre, dans le cas de varus, et à la face interne
dans celui de valgus, on place alors l'appareil dans des
conditions défavorables à l'efficacité de son action, car il
perd ainsi une notable quantité de sa puissance en restant
sans influence sur la partie supérieure de la convexité de
la déformation, et il expose même à augmenter l'inflexion
du membre, par le fait de la pression que l'embrasse

inférieure exerce sur la partie correspondante de la jambe sur la courbure. C'est pour cette considération que Mathieu a été amené à donner au tuteur, ainsi qu'au mécanisme de mouvement, une position inverse de celle qui *leur* est habituellement assignée, et à les placer en dedans du membre pour le varus, et en dehors pour le valgus. Cette disposition change du même coup le mode d'action de l'appareil, en ce sens que celui-ci n'a plus pour mission de pousser, mais d'attirer les parties déviées. Il en résulte que le mécanisme de l'engrenage deviént seul applicable pour ce genre de fonctionnement, à l'exclusion du mécanisme à vis de pression, qui ne peut être employé utilement que lorsqu'il s'agit de produire l'effet contraire à celui qui vient d'être indiqué.

« La seconde modification que présente le modèle établi par Mathieu, réside dans la disposition des moyens propres à assurer l'application exacte du membre sur l'appareil. Le procédé proposé par ce fabricant pour surmonter la difficulté que l'on éprouve à bien assujettir le pied et à l'empêcher de se dérober à l'action des agents de redressement, comporte un perfectionnement avantageux. Il consiste à enfermer le pied et la jambe dans un bas de cuir souple ou plus simplement de coutil, qui est confectionné d'après un moule de plâtre reproduisant la forme du membre moulé pendant qu'il est maintenu aussi redressé que possible, et à se servir de ce bas pour donner attache aux agents de traction ou de pression destinés à exécuter le redressement. Le bas

de cuir ou de coutil est fendu et lacé en avant ; il
embrasse tout le pied sauf les orteils et la saillie du
talon ; puis il gagne la jambe et s'élève jusqu'au-dessus
du mollet. Sur les bords de sa portion pédieuse sont cousues cinq petites courroies percées de trous de chaque
côté de l'avant-pied, la cinquième derrière le talon.

« L'appareil mécanique pour opérer le redressement se
compose : 1° d'un tuteur qui doit être appliqué le long
de la face interne de la jambe, dans le cas de varus, ou
de la face externe dans celui de valgus ; 2° d'une semelle
de buffle ou de métal reliée par une articulation avec
l'étrier qui la supporte, et divisée en deux parties au
cas de besoin. Le tuteur et l'étrier sont réunis au milieu
de la malléole par une double brisure à engrenage, disposée de telle sorte que l'inférieure A, exécute la flexion
et l'extension du pied, et la supérieure B, l'inflexion
latérale ou la rotation suivant l'axe antéro-postérieur.
Au point de rencontre du coude et de l'étrier et du bord
de la semelle, se trouve une vis de pression dirigée de
manière à faire pivoter cette dernière sur son centre, et
à produire ainsi l'abduction ou l'adduction de la pointe
du pied. Ce troisième mécanisme, ajouté ici pour compléter l'appareil, est rarement utile ; il a d'ailleurs peu
d'importance et pourrait être supprimé sans inconvénient. »

Ces deux dernières lignes constituent toute la critique
de Gaujot sur cet appareil, qui en comporte bien d'autres ; appareil fort ingénieux au point de vue mécanique,
on n'en peut disconvenir, — et encore en entendant

par point de vue mécanique surtout un point de vue artistique, — car quant aux principes de la mécanique, ils n'ont guère été bien compris ni par l'auteur, ni par Gaujot lui-même. Par exemple, pour ne parler que d'un point auquel ce dernier, comme l'inventeur sans doute, accorde de l'importance, celui de redresser une inflexion ou déviation quelconque, il trouve un grand avantage à opérer le redressement en tirant sur les points à redresser, au lieu d'agir sur eux en pressant. Mais non seulement les avantages prétendus de ce mode d'action sont imaginaires, mais sa théorie elle-même est une illusion et une erreur. Toute force qui agit sur un corps pour le déplacer dans un sens quelconque, ne peut agir qu'en *pressant* sur un ou plusieurs points de ce corps dans le sens où l'on veut opérer ce déplacement; que la pression ait lieu par une force appliquée directement sur le point ou les points à déplacer, ou indirectement par une puissance placée plus ou moins loin et agissant *en apparence* dans un sens contraire à la pression directe, c'est toujours, en réalité, cette pression qui s'exerce, et il ne peut en être autrement. Par exemple, s'il s'agit de redresser un arc, on peut, soit presser directement sur le centre de la partie convexe, les deux extrémités étant appuyées contre des points fixes, soit tirer sur ce centre en l'entourant de liens, ou sur des points indissolublement liés à lui ; mais, en réalité, on pressera toujours directement ou indirectement sur lui, et de la même quantité, puisqu'il s'agit de faire équilibre à sa force de résistance ; mais il y aura cette différence entre la pres-

sion directe et la pression indirecte ou par traction que,
dans la première, on utilise exactement toute la force
employée et l'on peut déterminer exactement la direction dans laquelle la force agit, tandis que dans la pression
indirecte ou par traction, une partie de la force se perd,
en quantité d'autant plus grande que la distance est elle-
même plus grande entre les points où la puissance agit et
celui de la résistance ; il faut donc dans ce cas employer
une force plus considérable que dans le premier cas, puisque une partie se perd en route ; premier inconvénient.
Un second inconvénient est de ne pouvoir déterminer
aussi exactement la direction dans laquelle agit la force
de redressement, et, par conséquent, d'en perdre encore,
par cette raison, une partie, et de plus, de s'exposer à ne
pas la faire agir toujours dans le sens le plus favorable.

Voilà des conditions auxquelles ni Gaujot, ni l'inventeur ne paraissent avoir songé, qu'ils ignoraient
même peut-être.

Ajoutez à cela l'inconvénient que présente l'appareil
de réunir sur un espace très étroit plusieurs mécanismes délicats, et dans lesquels une assez grande force
doit être mise en action, et vous comprendrez qu'en voilà
plus qu'il ne faut pour que cet appareil ne mérite pas
d'être préféré même à celui de Venel, à plus forte raison à
celui de V. Duval, qui en est un perfectionnement incontestable, comme s'est plu à le reconnaître le professeur
Malgaigne, nous ne saurions trop le répéter, tant le
suffrage du célèbre professeur était difficile à gagner en
matière d'appareils mécaniques.

Appareil Guillot. — Ceux qui sont surtout séduits par l'ingéniosité développée dans la fabrication des appareils orthopédiques, peuvent admirer encore plus que le précédent celui qui a été construit par le fabricant Guillot. La figure même de cet appareil est tellement parlante, qu'une description est à peine nécessaire pour en donner une juste idée. Cet appareil est double,

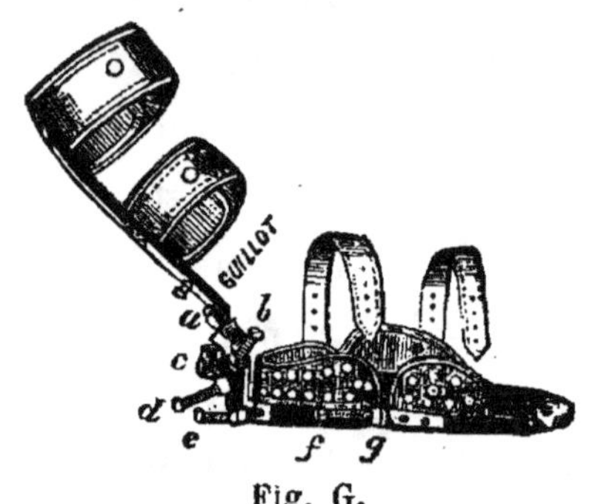

Fig. G.

Fig. G bis.

l'un destiné au redressement du varus, l'autre à celui du valgus ; la figure G représente le premier, la figure G *bis* le second, moins les pièces composant le tuteur, qui sont les mêmes pour les deux cas.

Comme on le voit, l'appareil applicable au varus se compose : 1° d'un tuteur jambier conformé de façon à s'appliquer exactement contre la face postérieure du membre, le long de la ligne médiane, où il est maintenu à l'aide de deux embrasses renfermant un demi-cercle métallique en arrière ; 2° d'une semelle de bois qui est divisée dans son milieu par une articulation transversale à double mouvement, c'est-à-dire disposée de telle sorte que la partie antérieure peut être portée dans l'adduction ou dans l'abduction suivant un plan horizontal; ou pivoter en même temps sur elle-même autour d'un axe médian antéro-postérieur, de façon que l'un des bords soit élevé, tandis que l'autre est abaissé. Deux vis à marteau servent à produire et à régler les mouvements dans ces deux directions. Celle qui a pour fonction d'exécuter l'abduction, *f*, est placée horizontalement et d'arrière en avant, sur le bord interne de la semelle; l'autre, *g*, qui détermine la rotation suivant l'axe antéro-postérieur, est adaptée au bord externe, où elle appuie verticalement sur un prolongement métallique en forme de bec, émanant de la partie postérieure de la semelle.

Les moyens de contention consistent dans une talonnière de métal bien matelassée, en deux contreforts métalliques placés sur chaque bord de la portion antérieure de la semelle, et, enfin, en plusieurs courroies fixées par leur chef externe et agrafées par leur chef interne, ou mieux en deux petites guêtres de cuir souple, cousues le long des bords de la semelle, lacées en avant, et disposées de manière à embrasser, l'une, une des malléoles et le cou-de-pied, l'autre, l'avant-pied jusqu'aux orteils.

Le mécanisme de redressement, qui se trouve à la jonction de l'extrémité inférieure du tuteur avec le bord postérieur de la semelle, comprend quatre centres de mouvement: — la première articulation, en procédant de haut en bas, est un pivot *a*, qui permet de faire tourner le tuteur sur son axe, comme autour d'un gond, afin de rendre son application également facile à l'un et à l'autre membre, et dans toutes les directions affectées par la déviation ; — la seconde est une charnière dont la vis de pression, *b*, est dirigée horizontalement de dedans en dehors ; elle sert à produire un mouvement de rotation du pied en totalité sur son axe antéro-postérieur, et, par conséquent, à abaisser le bord interne en relevant le bord externe ; — la troisième charnière est chargée d'exécuter le mouvement de flexion et d'extension du pied, au moyen de la vis de pression *d*, qui a pour effet de repousser le tuteur d'arrière en avant, de façon à le ramener vers la verticale ; — enfin, la quatrième articulation est formée par la jonction de l'étrier avec la semelle. A cet effet, l'extrémité inférieure de la branche horizontale de l'étrier entre, d'arrière en avant, dans l'épaisseur de la semelle où elle est arrêtée par un pivot vertical correspondant au centre du talon. Une vis de pression, *e*, oblique de dehors en dedans et d'arrière en avant, en poussant le talon en dedans, provoque le mouvement d'abduction de la pointe de la semelle, qu'elle fait pivoter dans le sens horizontal autour de son articulation avec la branche de l'étrier.

Nous croyons inutile, après cette description, de donner celle de l'appareil propre au redressement du valgus, d'autant plus qu'à l'un comme à l'autre s'applique le jugement de Gaujot, qui se décide cette fois à être sérieusement critique : « L'appareil destiné au redressement du varus ne compte pas moins de six centres de mouvement dont quatre à la jonction du

tuteur avec la pièce podale et deux dans la brisure de
la semelle...... Une telle accumulation de brisures dans
un espace aussi étroit entraine, dans la construction
des appareils, une complication vraiment trop grande,
incompatible avec le bon fonctionnement pratique et la
solidité du mécanisme. » Le seul tort de co jugement
est de n'avoir pas été porté sur les appareils précédents,
qui ne le méritent guère moins que celui de Guillot.

Appareil de Bonnet. — Ce n'est pas par la complication
que celui-ci pèche. Mais il en vaut si peu mieux, que le
nom seul de l'auteur peut nous décider même à en faire
mention. Bonnet semblait avoir la manie des gouttières :
après la déplorable idée de placer dans une gouttière

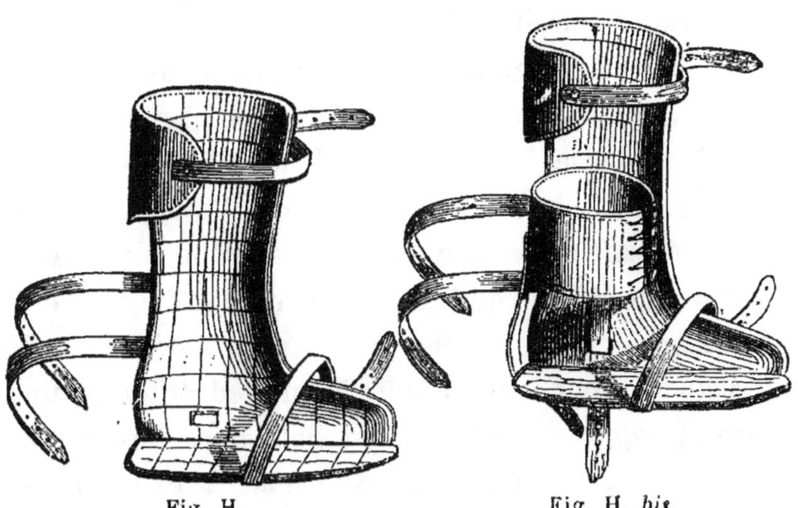

Fig. H.   Fig. H. *bis.*

immobile de pauvres petits enfants dont le mouvement
est la vie (1), il eut l'idée, pas beaucoup plus heureuse,

(1) Voir notre *Traité des déviations du rachis.* Paris, 1881, J.-B. Baillière et fils, et chez l'auteur, rue du Dôme, 3.

de mettre les pieds bots dans une gouttière, pour les redresser, gouttière qui s'applique, la même, à la face interne, du membre dans les cas de varus, et à la face externe dans les cas de valgus. Cette gouttière est faite de tôle ou d'un treillis de fils de fer, bien matelassée et construite d'après le modèle d'un membre bien conformé. Une chaussette en cuir doux, qui embrasse solidement le bas de la jambe et de laquelle partent deux courroies allant se fixer au-dessous de la semelle, sert à attirer le talon sur celle-ci. D'autres courroies assujettissent le pied et la jambe. Des coussinets moelleux doivent être interposés entre l'appareil et les points où doit s'exercer une pression plus forte.

Sur cet appareil, qui mérite même peu son nom, Gaujot fait les singulières remarques suivantes : « Cet appareil, établi à l'avance d'après la configuration normale du pied et de la jambe, agit à la manière des moyens mécaniques rigides, comme le sabot de Venel. » — Il y a juste autant d'analogie entre le sabot de Venel et la gouttière de Bonnet qu'entre le chant du canard et celui du rossignol. Venel et tous ceux qui se sont inspirés de son principe, ont voulu rendre à un pied difforme une forme se rapprochant le plus possible d'une forme normale, en agissant plus ou moins fortement sur tel ou tel point de l'organe à l'aide de moyens mécaniques dont le chirurgien attentif doit diriger et surveiller à chaque instant l'action ; Bonnet croit que parce qu'il a donné à sa gouttière la forme ou, si l'on veut, la *demi-forme* d'une jambe et d'un pied normaux, le pied difforme prendra le moule de la gouttière, en l'y enfermant plus ou moins comprimé. C'est une illusion que l'on comprend chez l'éminent chirurgien, très sujet aux illusions, malgré son grand talent, mais que n'a partagé et ne partagera aucun véritable orthopédiste. Nous nous en tiendrons donc là sur ce prétendu appareil, qui n'est pas même un appareil ou qui n'est qu'un appareil pour rire, en faisant remarquer que la figure H représente la face interne de la gouttière nue, et la figure H bis, la gouttière munie de la chaussette.

Nous serions loin d'en avoir fini avec les appareils, si nous voulions passer en revue tous ceux qu'ont imaginés une foule de chirurgiens plus ou moins mal inspirés, à plus forte raison tous ceux qu'ont imaginés ou du moins proposés et fabriqués les mécaniciens plus ou moins orthopédistes. Nous croyons cette revue inutile ; elle ne servirait absolument de rien aux praticiens, et, malgré quelques considérations philosophiques auxquelles nous nous sommes livré, nous voulons conserver à ce travail surtout son caractère pratique. Nous passons donc à un autre chapitre important du traitement des pieds, la ténotomie.

C De la ténotomie

Nous n'avons pas à revenir sur l'historique de cette opération, que nous avons tracée rapidement pages 43 et suivantes, mais d'une manière assez complète pour-

tant pour qu'aucune obscurité ne puisse rester dans
l'esprit de ceux qui cherchent la lumière ; quant à ceux
qui ont des yeux pour ne pas voir et des oreilles pour ne
pas entendre, nous n'avons pas la prétention de les
guérir de leur surdi-cécité ; c'est plus difficile que de
guérir les stréphopodes les plus gravement atteints.
Nous nous bornerons donc ici à l'étude du manuel opératoire, du procédé qu'on doit préférer d'une manière
générale, dans l'opération de la ténotomie, des modifications qu'il peut être nécessaire d'y apporter, suivant
les cas particuliers, des accidents qui peuvent suivre
l'opération, de l'époque qu'on doit préférer pour la pratiquer, des soins consécutifs nécessaires pour en assurer
le succès, de la réparation des tendons divisés, enfin
des limites imposées à son application ou, en d'autres
termes, de ses contre-indications.

Une question préalable se présente pourtant, un peu
oiseuse, il est vrai, mais qu'on ne peut passer sous
silence, puisqu'on l'a discutée et, de plus, résolue con-
tradictoirement, ce qui est la règle pour la plupart des
questions médicales, et aussi de presque toutes celles
où la médecine n'a rien à voir. Cette question est la
suivante :

La ténotomie est-elle l'auxiliaire des machines ou les
machines sont-elles les auxiliaires de la ténotomie ? le
pour et le contre ont été soutenus, et ni le pour ni le
contre ne sont vrais. Ce qui est vrai, c'est que la ténotomie seule ne guérissait presque jamais un stréphopode sans le secours des machines, et que celles-ci ne

le guérissaient que dans des cas bien rares sans le
secours de la ténotomie. Chacun de ces modes de traitement n'est donc que la moitié d'une méthode; la
méthode entière se compose des deux. Toutefois, il est
certain que puisque les machines guérissent seules, ne
fût-ce que dans des cas rares, elles ont le pas sur l'opération ; mais comme elles ne guérissent que dans les
cas de difformité légère, on peut dire que leur avantage
se réduit à peu de chose, car les cas réputés très légers
sont aussi les plus rares, et les services que la ténotomie permet de rendre l'emportent tellement par leur
nombre et leur importance, que c'est elle qui constitue
surtout le mérite de l'orthopédie. Que les deux méthodes
ou les deux demi-méthodes se donnent donc la main
sans qu'aucune des deux prétende à la préséance,
et nous croyons que tout sera pour le mieux dans le
meilleur des mondes orthopédiques possibles.

Ténotomie du tendon d'Achille. — Les premières
opérations de ténotomie ayant consisté dans la section
du tendon d'Achille, et cette section étant aussi celle
qu'on a l'occasion de pratiquer dans l'immense majorité
des cas, il était naturel que ce fût elle qui servît de
thème aux premières dissertations dont la ténotomie
fut l'objet ; c'est donc la ténotomie du tendon d'Achille
dont nous allons nous occuper d'abord.

Procédé opératoire. — La section du tendon d'Achille
qui, comme toutes les opérations dont les tendons
auraient pu être l'objet, était fort redoutée avant Delpech et même depuis lui, est en réalité suivie si rare-

ment d'accidents, que la plupart des chirurgiens traitent assez légèrement la question du manuel opératoire, et regardent comme à peu près indifférent le procédé qu'on devra adopter. Cette indifférence ne saurait être approuvée : quelque rares que soient les accidents pendant la ténotomie ou à sa suite, ce n'est pas une raison pour ne pas prendre contre eux, — car s'ils sont rares, ils ne sont pas sans exemple, — toutes les précautions possibles et pour adopter le procédé qui permet le mieux de les éviter. Quel est ce procédé ? Nous croyons de la plus parfaite inutilité, pour répondre à cette question, de passer en revue tous ceux qui ont été proposés, dont le nombre est considérable. Nous nous contenterons d'examiner d'abord celui de Stromeyer, le véritable fondateur de la ténotomie, celui de M. Bouvier et celui de notre père, qui est le nôtre, et qui nous paraît le meilleur pour des raisons que nous exposerons. Nous ne dirons qu'un mot de celui de Dieffenbach, à cause du bruit que son auteur et son élève Philips en ont fait, et un mot aussi de celui de Delpech, pour expliquer pourquoi il a dû être abandonné.

Nous commençons par ce dernier, et nous laisserons de côté la position qu'il donne à l'opéré, pour ne nous occuper que de l'action de l'instrument. Delpech décrit ainsi lui-même son opération : « Le malade étant couché horizontalement sur le ventre de manière à présenter au grand jour la région du tendon d'Achille, nous plongeâmes la lame d'un bistouri droit en avant de ce tendon, et nous la fîmes passer d'outre en outre du

côté interne au côté externe de la jambe, de manière à
diviser la peau sur les deux côtés dans une étendue d'un
pouce dans le sens de la longueur, et avec elle le
tissu cellulaire, en avant du tendon. Cet instrument
fut aussitôt retiré et remplacé par un bistouri très
convexe à son extrémité, dont le tranchant fut dirigé
d'avant en arrière contre le tendon, lequel fut divisé transversalement dans la totalité, *sans altérer la peau qui le
recouvrait.* »

On voit que le célèbre chirurgien avait compris
l'importance d'éviter de couper la peau au-dessus du
tendon, dans le but évident d'éviter le développement
d'accidents inflammatoires qui pouvaient compromettre
le succès de l'opération, et avoir des conséquences
fâcheuses pour l'opéré, sinon même compromettre
sa vie. Malheureusement, son procédé ne remplit que
fort incomplètement ses vues : en donnant à ses deux
incisions de la peau une étendue trop grande et en les
faisant communiquer l'une avec l'autre, il se plaça à
peu près dans les conditions où l'aurait mis la section
de la peau, au-dessus du tendon, et les conséquences
qu'il redoutait ne furent pas évitées ; elles se dévelop-
pèrent même avec assez d'intensité pour que, malgré
le succès définitif de l'opération, Delpech ne renouvelât
pas sa tentative, quoiqu'il n'ait jamais déclaré qu'il y
eût renoncé pour toujours. En l'absence de cette déclaration, on peut supposer qu'il réfléchissait aux moyens
de soustraire les opérés aux dangers qu'il n'avait pas
réussi à conjurer dès sa première tentative. Une mort

tragique l'enleva avant qu'il n'eût résolu son problème.

Stromeyer eut ce mérite ; le procédé qu'il imagina lui procura une série de succès ininterrompus, qui assurèrent le fondement de la méthode.

La modification qu'il apporta au procédé de Delpech est peu de chose en apparence, mais énorme par les résultats qu'elle donne, nouvelle preuve qu'en pratique il n'y a pas de petit détail et que ce qui peut, au premier abord, paraître peu important, parfois même puéril, peut avoir les plus grandes conséquences. C'est précisément le cas de la modification apportée par Stromeyer : elle consistait seulement à réduire à quelques millimètres de longueur les deux incisions d'un pouce pratiquées à la peau par Delpech (1). Voici comment il procédait :

Il faisait asseoir le sujet sur une table, latéralement à lui, de façon à n'avoir sous la main que le membre qui doit être opéré. Un aide s'empare du genou et le fixe fortement ; un autre saisit le pied et le fléchit de telle sorte que le tendon est aussi tendu que possible. Alors, Stromeyer s'armait d'un bistouri pointu, très étroit, et recourbé en ce sens que le tranchant offre une convexité vers son tiers inférieur ; il l'enfonce, à plat, à trois pouces (8 centimètres environ) au-dessus de l'insertion du tendon, entre celui-ci et le tibia. Le dos du

---

(1) Nous verrons plus loin qu'un chirurgien américain vient de tenter de nous faire rétrograder jusqu'à Delpech, et, ce qui est plus triste, sa tentative réactionnaire est accueillie par des chirurgiens européens et même français.

bistouri étant ensuite tourné vers l'os et son tranchant vers le tendon, le chirurgien lui fait exécuter, par la partie convexe du tranchant, de petits mouvements de scie sur le tendon lui-même, lequel se trouve aussitôt coupé ; on en est averti par un bruit de craquement très perceptible à l'ouïe, bruit immédiatement suivi de la séparation des deux bouts de la section.

L'imagination féconde de Bouvier lui avait fait créer quatre procédés qu'il a appliqués successivement ; mais comme il s'est arrêté définitivement au quatrième, nous pensons qu'il suffit de s'occuper de celui-là. Voici comment il le décrit lui-même :

« On pratique sur le côté du tendon, avec une lancette ou un bistouri ordinaire, une petite piqûre longitudinale, d'une à deux lignes d'étendue, à travers laquelle on introduit sous les téguments un ténotome à pointe mousse, qui divise *également* le tendon *de dehors en dedans*, mais avec plus de certitude de ne pas atteindre la peau du côté opposé. Lorsque l'instrument est arrivé au bord opposé du tendon, on tourne le tranchant du côté de ce dernier, que l'on coupe de la face cutanée à la face profonde. L'instrument dont je me sers est une espèce de petit couteau droit, d'une ligne de largeur à sa base, plus étroit et arrondi à sa pointe, et monté à peu près comme le kystitome qui sert à inciser la capsule du cristallin. On le fait agir en sciant plutôt qu'en pressant, et on est averti que la section est achevée par la cessation de la résistance et par l'écartement subit des deux bouts. »

Voici, maintenant, les avantages que l'auteur trouve à son procédé :

« 1° La lésion qu'il laisse à sa suite est la plus petite possible, parce que c'est le seul procédé qui permette d'employer un instrument aussi ténu, et que la plaie intérieure ne s'étend pas au tissu graisseux placé sous le tendon, comme dans les procédés où l'on agit de dedans en dehors ;

« 2° La direction longitudinale de la piqûre extérieure fait qu'elle tend à se fermer dans l'effort de redressement exercé sur le pied ;

« 3° Ce procédé est le plus facile à exécuter, surtout chez les sujets adultes et dont le tendon, fortement détaché, fait décrire aux téguments un repli très prononcé. Ce n'est guère que dans les enfants très jeunes qu'il est facile, en raison du peu de saillie que forme le tendon, de le diviser avec un instrument piquant, introduit au-dessous de lui, sans percer la peau du côté opposé.

« La petite plaie extérieure, tout à fait insignifiante, qui succède à cette légère opération est fermée le lendemain ou le surlendemain au plus tard. La lésion du tissu cellulaire et du tendon lui-même est à peine suivie de gonflement. A moins de quelque complication extraordinaire, aucune inflammation ne se manifeste à la peau, et le lieu de la section n'offre qu'une légère sensibilité à la pression pendant quelques jours. La petite quantité de sang épanché est promptement résorbée, et au bout de huit à dix jours, il n'existe plus trace de l'ecchymose superficielle qui se manifeste peu après la section. »

Nous ne discuterons pas, pour le moment, ces avantages ; nous le ferons après avoir exposé le procédé de notre père, qui est le nôtre. Un mot d'abord sur celui de Dieffenbach :

Celui-ci se distingue par l'idée singulière de l'auteur de donner à son ténotome, qu'il appelle canif, une forme recourbée en crochet à son extrémité, tranchante sur sa concavité, et ressemblant assez, en effet, à un canif dont l'extrémité serait très sensiblement plus recourbée que dans un canif ordinaire.

Voici comment expose ce procédé Philips, qui a pour l'invention de son maître un enthousiasme qui peut faire honneur à ses sentiments, mais qui ne s'explique guère par le mérite de l'œuvre.

« Dieffenbach fait mettre le malade à genoux ; un aide tient la jambe d'une main, et de l'autre, il cherche à ramener le pied dans sa position naturelle afin de tendre davantage le tendon d'Achille. Il introduit le petit canif sous la peau, et, après en avoir senti la pointe au côté opposé, sans la traverser une seconde fois, il tourne le tranchant de l'instrument vers le tendon, et, agissant avec la pointe, il le coupe en travers. On entend un bruit de claquement, le pied fait un mouvement brusque, et, en pressant avec le doigt, on fait sortir quelques gouttes de sang. »

Ce qu'il y a de singulier, c'est que l'élève enthousiaste ne suit pas rigoureusement dans sa pratique les préceptes du maître ; il y apporte de très légères modifications, auxquelles il trouve des avantages qu'il nous paraît inutile de discuter, le canif, malgré tout le tapage qu'il a fait, étant universellement et non moins légitimement abandonné.

Notre procédé, qui est celui de notre père sans modification. — Nous ne parlons ici, bien entendu, que de la section du tendon d'Achille ; nous indiquerons plus loin les quelques modifications qu'exigent les sections des autres tendons, quand elles sont nécessaires, ce qui arrive assez souvent.

Nous faisons ordinairement, comme Delpech, coucher l'opéré sur le ventre ; ensuite, saisissant le pied gauche avec la main gauche, ou le pied droit avec la main droite, suivant que la difformité est à droite ou à gauche, nous portons notre ténotome, — que nous décrivons plus loin, — directement à la partie antérieure du tendon d'Achille, à un pouce ou deux de son insertion au calcanéum ; nous imprimons au ténotome deux ou trois petits mouvements de va-et-vient, et tout aussitôt le tendon se trouve divisé transversalement d'avant en arrière, c'est-à-dire des os de la jambe vers la peau. Nous avons toujours soin, et ceci n'est pas sans quelque difficulté, que la peau, l'aponévrose jambière et les lames membraneuses du tissu cellulaire sous-cutané, qui forment une espèce de gaine au tendon, restent parfaitement intactes. Dès que le tendon est coupé, un craquement sensible se fait entendre ; le bout supérieur de la division se retracte, et l'affaissement de

la peau témoigne du vide qui se produit entre les deux
tronçons. Cette opération doit durer de trois à cinq
secondes, et l'unique incision faite par le ténotome, plus
petite certainement qu'une piqûre de lancette, laisse à
peine échapper deux ou trois gouttes de sang. Chez la
plupart des sujets la douleur est nulle ; chez les
plus irritables, le sentiment d'une piqûre ou d'un pin-
cement se fait apercevoir, mais pour disparaître à l'instant.

Il est essentiel de toujours introduire le ténotome à
la partie interne du tendon d'Achille. De cette manière,
on est sûr de le couper en totalité, tandis que si l'on
porte l'instrument de dehors en dedans, il peut arriver
que la partie externe du tendon soit seule coupée, ou
bien que le petit tendon du plantaire grêle situé le
long du bord interne du tendon d'Achille, échappe au
tranchant du ténotome, lorsque, par exemple, la déviation en dedans de la tubérosité postérieure du calcanéum
dirige fortement en ce sens le tendon d'Achille lui-même.
Le cas se présentant, il faudrait réintroduire l'instrument, ce qui n'aurait pas lieu sans causer quelques douleurs au malade. Un autre inconvénient : si, pour faire
la section du tendon sur un jeune sujet atteint de
varus, on pratique l'incision de dehors en dedans, il
devient presque impossible à l'opérateur d'atteindre la
partie interne du tendon ; celui-ci, chez les enfants qui
n'ont pas encore beaucoup marché, se trouvant très
large comparativement, comme membraneux et presque
appliqué aux os de la jambe. C'est dans des cas pareils

qu'il est arrivé à notre père, et à nous après lui, d'employer le procédé suivant :

Après avoir ouvert à la peau, vers le bord interne du tendon d'Achille, et parallèlement à sa longueur, une petite incision de quatre à six lignes, on introduit dans cette plaie les lames d'une paire de ciseaux droits et mousses, assez ouvertes pour saisir le tendon transversalement, l'une à sa partie antérieure, l'autre sous la peau ; rapprochant ensuite les anneaux, on coupe le tendon d'un seul coup.

Ce procédé, toutefois, malgré sa rapidité, la facilité de son exécution, la sûreté du résultat, ne doit cependant être appliqué qu'en cas de nécessité bien établie, car il a quelques inconvénients sérieux : ainsi, celle des deux branches de l'instrument qu'on introduit sous la peau, coupe les lames membraneuses du tissu cellulaire, l'aponévrose jambière, etc., en même temps qu'elle coupe le tendon d'Achille. Malgré ces inconvénients, surtout pour opérer sur les petits enfants, nous préférerions ce procédé à celui de la section d'arrière en avant, parce qu'en l'appliquant, on ne risque pas de laisser une portion du tendon non coupée ; on ne risque pas non plus, pendant un mouvement violent que pourrait faire l'enfant de couper quelqu'une des artères de la région postérieure de la jambe, la tibiale postérieure ou la péronière, par exemple, ces deux artères, la première surtout, se trouvant si près du tendon d'Achille, chez les tout jeunes enfants.

Il est temps maintenant de dire quelques mots sur

les avantages du procédé Bouvier. Ces avantages, on se le rappelle, sont au nombre de trois (voir ci-dessus). Les deux premiers sont réels et ils sont communs à notre procédé et à celui de Bouvier ; quant au troisième, il est un peu chimérique, appliqué aux adultes, et il l'est tout à fait, appliqué aux enfants, ainsi que le reconnaît Bouvier lui-même, en termes assez clairs. Ce qu'il y a de particulier, c'est que des chirurgiens qui tiennent ce procédé pour préférable aux autres ne l'adoptent nullement dans son intégrité, et de ce nombre est Thorens dont nous avons eu plus d'une occasion de louer l'esprit sérieux. « Tous les chirurgiens, dit-il, sont d'accord pour donner la préférence au procédé de Bouvier, de la simple ponction. »

Cette appréciation sommaire renferme d'étranges erreurs, et, d'abord, celle de prétendre implicitement que le procédé Bouvier consiste en une simple ponction, ce qui est peu intelligible et signifie probablement que Bouvier ne fait qu'une ouverture à la peau ; or, cette particularité n'est nullement propre au procédé Bouvier : Dieffenbach, Philips, J. Guérin, nous-même n'en faisons pas deux. Mais il y a mieux : Thorens affirme que tous les chirurgiens sont d'accord pour donner la préférence au procédé en question et lui-même l'abandonne en deux points essentiels pour adopter le nôtre : il veut qu'on introduise le ténotome de dedans en dehors, conformément à notre procédé et pour des raisons que nous avons dites ci-dessus ; or, le procédé Bouvier conseille le contraire, et Thorens donne de bonnes raisons contre ce conseil. Ce même auteur préfère exécuter la section d'avant en arrière, c'est-à-dire des os vers la peau, ce que nous sommes presque seul, et ce qu'en tous cas, notre père a été le premier à conseiller; nous en avons également donné les raisons ci-dessus; or, Bouvier conseille de couper d'arrière en avant, de la peau vers les os.

Il reste donc de l'approbation de Thorens l'adoption du ténotome *boutonné*, qui n'est pas boutonné du tout, mais seulement mousse. Mais cette pointe mousse, loin pour nous, et pour des raisons que nous avons dites aussi, d'être une qualité, est encore un défaut, non pas un défaut d'une gravité extrême, assurément, mais enfin, un défaut, et, par conséquent, pas un motif de préférence.

En effet, pour se frayer un passage à travers les tissus, cette pointe mousse est obligée de les déchirer, ce qui cause toujours à l'opéré des douleurs pour le moins inutiles, et ralentit un peu la manœuvre de l'opération. Le ténotome dont nous nous servons et qui est celui de notre père n'a pas cet inconvénient; en voici la description fort simple:

Fig. I.

C'est une espèce de scalpel dont le tranchant est convexe et regarde le plat du manche. Le tranchant est long de 40 millimètres sur 7 millim. de largeur aux points de sa plus grande convexité. Le plat du manche est disposé en sens inverse de celui de la lame, parce que cette disposition permet de le saisir plus solidement, ce qui peut avoir son importance, par exemple, quand le tendon qu'on doit sectionner est dur et comme cartilagineux, ce qui arrive quelquefois. Dans ces cas, un ténotome monté comme un bistouri peut tourner entre les doigts et apporter ainsi de légères difficultés à la section.

On peut, du reste, se servir du *ténotome-bistouri* suivant, qui réunit à peu près, au point de vue de la facilité de la manœuvre les avantages du *ténotome-scalpel*.

Fig. I *bis*.

La partie tranchante de la lame de ce *ténotome-bistouri* a la forme et les dimensions de celle du premier, mais le talon de cette lame, beaucoup plus long que dans les bistouris ordinaires, est aplati transversalement, au lieu de l'être parallèlement au tranchant. De cette manière, il peut être tenu à peu près aussi fermement que l'autre.

La convexité de la lame du ténotome rend la section du tendon plus sûre et plus prompte, Grâce à cette disposition, il peut suffire d'un seul mouvement de va-et-vient pour diviser un tendon énorme ; tandis qu'avec un instrument à lame droite, il faut appuyer plus fortement sur le tendon et prolonger davantage le mouvement de sciage, ce qui n'a pas lieu sans imposer quelques douleurs à l'opéré.

A propos, d'ailleurs, de défauts et de qualités ou d'inconvénients et d'avantages, Bouvier a présenté sur ce point, après notre père, des réflexions auxquelles nous nous associons volontiers, c'est que, quelque procédé qu'on adopte, — de procédés usités depuis Stromeyer, bien entendu, — on ne risque guère de léser aucune partie importante. Cependant, la chose est possible, puisqu'elle est arrivée, entre autres, à un opérateur aussi habile que Bonnet (de Lyon); il est vrai qu'il n'est pas résulté de l'accident des conséquences graves ; elle est arrivée aussi, avec des suites plus graves, à Tamplin et à Adams. Ce serait donc un tort de ne pas chercher à éviter le renouvellement de ces accidents, quelque rares qu'ils soient, et de ne pas choisir le procédé qui présente le plus d'avantages sous tous les rapports. C'est pour ce motif et pour tâcher d'édifier complètement les praticiens à cet égard que nous discutons, aussi à fond qu'il nous est possible, tous les points qui touchent à la pratique, c'est-à-dire, en définitive, aux plus chers intérêts des patients qui se confient à nos soins.

Des sections auxiliaires. — Pratiquée le plus habilement possible et par le meilleur procédé, la section du tendon d'Achille ne suffit pas toujours, pour ramener le pied à sa rectitude normale ; pour arriver à établir

cette rectitude, il est parfois nécessaire de pratiquer des
sections d'autres tendons, notamment ceux du muscle
jambier antérieur et du court fléchisseur des orteils,
dont le raccourcissement extrême empêcherait irrésisti-
blement, parfois, l'avant-pied de se reporter en dehors, et
son bord interne de s'abaisser.

De même, dans beaucoup de cas de pied équin valgus, on peut être obligé de couper le tendon du long
péronier latéral avant de couper le tendon d'Achille,
parce qu'autrement le pied se porterait en dehors, et
tomberait appuyé sur le bord interne, la malléole de ce
côté étant fortement saillante.

Quelquefois aussi, quand le gros orteil est renversé
sur le métatarse, il faut couper le tendon de son extenseur propre. Dans plusieurs cas de déviation en haut
(stréphanopodie), il est arrivé à notre père de couper les
tendons du jambier antérieur, du long extenseur du gros
orteil et du long extenseur des orteils. Toutes ces sections n'avaient pas été pratiquées avant notre père, ce
que nombre de chirurgiens qui écrivent sur l'histoire du
pied bot semblent ignorer; elles étaient d'ailleurs la
conséquence de l'extension donnée également, dans
certains cas, d'abord par notre père, de la section du
tendon d'Achille, à tous les pieds bots autres que le
pied équin, comme il fut le premier à reconnaître la
nécessité de hâter la cure de cette difformité par des
opérations servant, pour ainsi dire, d'appendice à
l'opération principale.

Toutes ces sections ont été pratiquées sous la peau et

de la face profonde à la face cutanée, comme celle du tendon d'Achille.

Le point choisi pour opérer la section du tendon du jambier antérieur, laquelle n'offre pas de difficultés, est celui de son plus grand relief, ordinairement à quelques lignes au-dessous du ligament annulaire.

Le choix du lieu doit être le même pour la section du long extenseur propre du gros orteil. — Il peut arriver qu'on soit obligé de faire la section de ce dernier tendon simultanément avec celle du tendon du jambier antérieur, dans les cas, par exemple, de grande déviation du pied en dedans et en haut; il convient, alors, de pratiquer deux sections du même coup. Il faut avoir soin surtout de ne faire qu'une piqûre, et d'introduire le ténotome de dehors en dedans, le dos de la lame tourné vers les os ; de cette façon, on évite sûrement de toucher à l'artère pédieuse, qui, d'ailleurs, reste appliquée sur les os du pied, et ne suit pas le mouvement des tendons, quand leur tension ou leur rétraction les fait s'écarter des os.

Nous devons faire remarquer, cependant, que, dans les cas de simple renversement du gros orteil sur le métatarse, il est préférable d'attaquer le tendon de l'extenseur propre vers la première articulation métatarso-phalangienne, car c'est là qu'en pareille difformité il présente le relief le plus fort.

Il peut être intéressant pour les praticiens de voir comment notre père fut amené à procéder dans des cas de stréphanopodie énorme, où il dut couper tous les ten-

dons des muscles longs extenseurs des orteils, ainsi que
ceux du jambier et des péroniers antérieurs : « Nous
avons commencé cette curieuse série opératoire sur le
même pied, dit-il, par faire, selon les règles établies
plus haut, la section du tendon de l'extenseur du gros
orteil et celle du tendon du tibial antérieur ; puis, ayant
introduit de nouveau le ténotome vers le bord externe
du péronier antérieur, à trois ou quatre lignes au-
dessous de la première incision, nous l'avons fait glisser
derrière le tendon de ce muscle et les quatre de l'extenseur commun, et tous les cinq se sont trouvés coupés
ensemble par le simple mouvement de va-et-vient imprimé deux ou trois fois à l'instrument. Il ne nous a
fallu que dix ou douze secondes pour faire ainsi la section de sept cordes tendineuses, au moyen de deux
piqûres grandes à peu près comme celles de la saignée
du bras. »

Les tendons des péroniers latéraux sont divisés à un
pouce ou un pouce et demi (trente ou quarante millim.),
au-dessus de la malléole externe, et toujours par le même
procédé.

Dans les cas extrêmes, ces sections auxiliaires ou supplémentaires peuvent n'être pas suffisantes; l'on doit,
alors, avoir recours à d'autres modifications, tant il est
vrai, nous ne saurions trop le répéter, que la pratique
exige une observation attentive, et doit tenir compte
d'une foule de détails délicats, à l'observation desquels
les succès cliniques sont souvent attachés.

Dans les cas extrêmes donc, auxquels nous faisons

allusion, les tendons des jambiers. malgré l'extension que l'on cherche à imprimer au pied, ne peuvent pas être sentis d'abord. L'enroulement de dehors en dedans et d'avant en arrière du pied sur la plante semble, dans ces cas, dépendre en grande partie du raccourcissement considérable du court fléchisseur des orteils et de l'aponévrose plantaire : En effet, aussitôt la section de ce muscle et de cette aponévrose opérée, le déroulement du pied s'obtient d'une façon presque complète; ensuite, les tendons des tibiaux, surtout de l'antérieur, deviennent saillants par le report de l'avant-pied en dehors. La section du seul tendon du tibial antérieur suffit presque toujours pour achever le déroulement : on a affaire alors à un pied équin simple ou à un équin varus, facilement guérissable par la section du tendon d'Achille.

Dans un cas de difformité portée à un haut degré, jamais on n'aurait pu dérouler le pied sans le secours de ces sections supplémentaires. Dans un autre cas, à peu près semblable, on fut obligé de couper, en outre, une bande ligamenteuse qui s'étendait du bord interne de la tubérosité postérieure du calcanéum à la malléole interne, et empêchait que le talon ne pût être porté en dehors. Il est important de savoir que cette partie fibreuse existe presque toujours dans les varus très difformes.

Les modifications que notre père avait apportées à son procédé ordinaire ne s'appliquent pas seulement à la stréphendopodie très difforme, mais aussi au pied équin, ou valgus, au pied en dessous, et même au pied plat. Presque toujours, nous faisions, depuis l'inauguration de ces modifications, la section sous-cutanée du court fléchisseur des orteils et de l'aponévrose plantaire, dans les cas d'équin très prononcé, avant de couper le tendon d'Achille. Cette section préliminaire évite beaucoup de douleurs aux malades et facilite beaucoup l'allongement rapide de la plante du pied. La section du tendon d'Achille, qui vient ensuite, permet en quelques jours de ramener le pied à angle droit et même à angle très aigu sur la jambe; la poulie articulaire de l'astragale s'emboîte alors beaucoup plus facilement dans la mortaise tibio-péronière.

Quand le bas de la jambe est très gros chez le sujet difforme, quand le tendon d'Achille paraît enveloppé d'une grande quantité de tissu cellulaire graisseux et comme œdémateux, il est utile, en faisant la section, de percer la peau de part en part, au lieu de se borner, comme à l'ordinaire, à une seule piqûre. C'est un moyen assuré de prévenir l'ecchymose, ainsi que les douleurs ultérieures qui pourraient tourmenter l'opéré.

A propos de deux légers accidents survenus faute d'avoir pris cette dernière précaution, notre père présente les remarques suivantes auxquelles nous nous associons, et que nous recommandons à l'attention des praticiens.

« Deux de nos malades qui se trouvaient dans les conditions que nous venons de mentionner, et que nous avions opérés par simple piqûre, eurent des ecchymoses assez étendues, suivies, chez l'un, d'un érysipèle de la partie postérieure du pied et de la moitié inférieure de la jambe ; chez l'autre, d'un petit abcès du côté du tendon opposé à la piqûre. Tout cela n'amena point de conséquences fâcheuses, si ce n'est un retard de guérison : résultat toujours très grave, selon nous, et qui nous porte à éviter soigneusement ces ecchymoses, parce qu'elles ont pour effet d'endolorir les environs du tendon coupé, ainsi que le reste du pied, souvent même la jambe tout entière, et d'y produire un gonflement œdémateux qui peut aller jusqu'à forcer le sujet de suspendre pour quelques jours l'usage des machines de contention. Or, rien n'est plus difficile que de faire reprendre aux malades les machines qu'un accident survenu dans le commencement du traitement leur a fait abandonner. »

Après la section du tendon, on pense la petite piqûre en y appliquant un morceau de diachylum gommé, ou tout simplement en la recouvrant d'une légère compresse de linge fin, imbibée d'eau froide bien pure ou mieux d'une solution phéniquée de 2 à 3 p. 0/0 ; assujettie par une bande dont on enveloppe une partie du pied et le bas de la jambe. Nous avons parlé de la si grande rareté des accidents, que ni notre père ni nous-même n'en avons jamais observé de sérieux sur des milliers d'opérations, et nous avons peine à nous expliquer les quelques-uns qui se sont manifestés entre les mains de chirurgiens expérimentés.

La contention. — La ténotomie a été heureusement exécutée et la difformité réduite ; le pied a repris approximativement, — car, ainsi que nous le dirons plus loin ce serait être trop exigeant que de prétendre obtenir un pied de l'Apollon du Belvédère ou de la Vénus de Milo, — le traitement est-il terminé et la cure accomplie? il s'en faut bien. Il faut d'abord que les deux bouts du tendon ou des tendons coupés se réunissent en conservant une étendue qu'aurait le tendon normal; enfin que le pied ait, non seulement repris actuellement sa forme, mais qu'il la conserve d'une manière naturellement définitive, c'est-à-dire sans aucune aide étrangère.

Toutes ces conditions s'obtiennent par la cicatrisation du ou des tendons et par l'action des machines; nous prendrons toujours pour type l'équin ou le varus équin, c'est-à-dire comme principale section celle du tendon d'Achille?

1° Quand doit-on donner sa forme au pied, et laisser commencer la cicatrisation du tendon, et comment cette cicatrisation s'opère-t-elle?

2° Quand doit-on mettre les machines en action et jusques à quand cette action doit-elle se continuer?

Pour bien répondre à cette première partie de la question, il faut commencer par traiter la seconde, c'est ce que notre père avait fait avant que Bouvier eût songé à pratiquer la ténotomie, et, par conséquent, à rechercher quand et comment s'organisait le nouveau tissu remplaçant le tendon coupé dans l'espace que la rétraction des muscles a laissé entre les deux bouts de

la section; malgré les réclames plus ou moins scientifiques dont certaines expériences sur les animaux ont été
l'objet, on n'a rien ajouté d'essentiel aux observations
de notre père, ce qui n'empêche pas les esprits légers ou
médiocrement bien intentionnés de citer uniquement
Bouvier, ou même Adams, à propos de la cicatrisation
et de l'organisation des tendons et des tissus destinés à
les suppléer. Quant à nous, nous nous contenterons de
transcrire les observations et les expériences de notre
père, en ajoutant, conformément à l'équité, qu'elles nous
apprennent tout ce qu'il y a d'essentiel et tout ce que le
praticien a intérêt à savoir sur la question.

« Depuis que nous pratiquons la section des tendons
pour guérir les pieds bots, dit notre père, il nous est
arrivé sept fois de pouvoir examiner le mécanisme que
la nature emploie pour développer la substance intermédiaire, et toujours nous avons vu qu'elle s'y prenait
chez l'homme comme chez les animaux, sur lesquels
nous avions expérimenté avant d'entreprendre ces sections. Nos idées sur cette admirable restauration sont
encore aujourd'hui à peu près les mêmes que celles que
nous avons émises lors de la publication de la première
édition de notre livre. Voici ce que nous disions alors:

« Aussitôt que nous avons eu coupé le tendon d'un
lapin, ou d'un chien, nous avons vu un vide se faire
sous la peau (1) par la rétraction instantanée des muscles.

(1) Il est sans doute inutile d'avertir le lecteur que ce mot de *vide*,
employé par notre père comme par une foule d'autres chirurgiens, ne
doit pas s'entendre d'un *vide* physique qui ne saurait exister dans ces

Quelques heures après, en visitant la section, nous avons remarqué que le tissu cellulaire environnant et avoisinant les extrémités du tendon divisé, se remplissait de sang, devenait rouge et enflammé, subissait, enfin, un état d'infiltration que nous avons toujours vu persister pendant sept ou huit jours. En même temps que nous observions cette infiltration des liquides blancs, il nous est quelquefois arrivé de trouver, entre les deux extrémités du tendon coupé, un amas de matière rouge semblable à un caillot de sang que l'on aurait lavé. De cette petite masse fibrineuse, quand nous la rencontrions, nous voyions partir des filaments qui allaient se rendre au tissu cellulaire infiltré, et *vice versâ*. Trente-six heures après la section, la substance de prolongement avait parcouru tout le trajet d'une extrémité à l'autre et réparé la solution de continuité, sous forme de membrane ligamenteuse, beaucoup plus développée toujours dans sa partie supérieure que dans sa partie inférieure, ce qui impliquait le commencement de sa formation autour du fragment supérieur, et ce qui explique l'inégalité des deux renflements que l'on sent sous la peau dans les points répondant aux deux bouts du tendon coupé, le lendemain et le surlendemain de l'opération.

« Le troisième et le quatrième jour, de nouvelles explorations nous ont montré la substance intermédiaire considérablement épaissie, comme charnue, d'un

conditions, mais d'une simple dépression due à la partie du tendon coupé, qui se fait dans les points où existe la dépression.

rouge foncé à l'intérieur et blanchâtre à l'extérieur.
Du septième au huitième jour, elle offrait déjà une
forme analogue à celle du tendon lui-même; sa cir-
conférence était d'un gris rougeâtre, et son intérieur
encore rouge à cause de la condensation des lames
celluleuses. Entre le quinzième et le vingtième jour,
l'organisation ligamenteuse était devenue complète; la
rougeur avait disparu et le tissu d'une nouvelle formation, résistant, solide, ne différait du tendon véritable
que par une blancheur un peu moins éclatante, et quelquefois aussi par une moindre épaisseur. Quant à cette
dernière différence, nous l'avons constamment rencontrée dans la pratique, lorsqu'il était arrivé qu'après la
section, on avait voulu tout de suite éloigner l'un de
l'autre les deux bouts du tendon. Mais si la section est
bien faite, si l'on ne cherche pas immédiatement à
agrandir l'intervalle opéré spontanément par la rétraction du fragment supérieur; si l'on se réserve de ne
commencer la distension que le deuxième ou le troisième
jour, quand l'intervalle existant entre les deux bouts
du tendon coupé est rempli par cette substance élastique
qui résulte de la tuméfaction, elle sera toujours plus
épaisse, plus solide, d'autant mieux que les légères
tractions opérées sur elles l'entretiendront dans un état
d'irritation nécessaire à l'afflux des tumeurs organi-
santes (1). Plusieurs fois nous avons vu chez des lapins

(1) Nous n'oserions défendre la certitude de cette doctrine, au moins
dans les termes exacts où elle est présentée, mais elle nous paraît être
conforme aux idées un peu vagues du commencement du siècle et de

la substance intermédiaire n'être sensible sous la peau
que le quinzième jour, et dans ces cas, les extrémités
divisées avaient été tenues extrêmement éloignées.

« Nous ferons remarquer que ce sont toujours les
fibres supérieures du tissu de nouvelle formation qui
deviennent blanches les premières. »

A la suite de ces curieuses expériences auxquelles on
n'a ajouté que quelques observations microscopiques
sans importance pratique, notre père décrit l'état de
deux tendons coupés antérieurement chez un clerc de
notaire de 28 ans et qui confirment, autant que faire se
peut, les résultats des expériences qu'on vient de lire;
nous disons autant que faire se peut, parce que le jeune
homme qui est le sujet de l'observation, d'une très
chétive organisation, avait longtemps souffert, en outre,
d'une diathèse syphilitique sous l'influence de laquelle
il se trouvait peut-être encore, qu'il avait succombé à
une paralysie cérébro-spinale compliquée de divers accidents, et qu'il est possible que ces graves circonstances
aient apporté quelque trouble dans l'organisation des
nouveaux tissus formés à la suite des ténotomies qu'il
avait subies. Quoi qu'il en soit, voici ce que l'autopsie
permit de constater :

« Le tendon du pied le moins difforme, qui n'avait
été coupé que depuis deux mois, était beaucoup plus
volumineux que celui du côté opposé, qui avait été coupé

Hunter sur l'inflammation adhésive, qui serait mieux nommée organi-
satrice.

depuis six mois ; chez l'un et l'autre, les gaines extérieures formaient une tumeur en regard des points où
les sections avaient été opérées. Le tissu cellulaire environnant offrait une infiltration séro-sanguine considérable, surtout sur le tendon le plus récemment coupé.
Une incision longitudinale pratiquée sur la gaine et le
tendon nous fit voir l'épaississement des parois de cette
gaine, épaississement se prolongeant de cinq centimètres
plus haut que le bout supérieur du tendon, et de deux
centimètres plus bas que le bout inférieur, ses adhérences
intimes sur les deux bouts du tendon et le tissu inodulaire intermédiaire faisant corps avec elle. Les extrémités du tendon sont coniques et sont libres au milieu de
la substance intermédiaire qui les enveloppe solidement
en se prolongeant autour d'elles. Le milieu de la substance intermédiaire a encore, sur les deux tendons,
l'aspect de la chair musculaire, quoiqu'elle soit beaucoup plus fibreuse, plus résistante que les muscles dans
leur état normal.

« Cette couleur disparaît avec le temps, comme nous
l'avons vu sur le tendon d'un enfant qui avait été sectionné depuis deux ans. Par suite, le tissu inodulaire
prend l'aspect des ligaments, quoiqu'il ait toute leur
solidité avant d'avoir leur aspect. Sa gaine fibro-celluleuse, qui embrasse les extrémités du tendon coupé,
ainsi que le sang épanché dans son intérieur, nous
semble être le principal agent de reproduction de la
substance intermédiaire ; car il est impossible d'admettre
que ce travail de nouvelle formation soit le résultat,

comme plusieurs personnes semblent encore le croire,
de l'exsudation, de la sécrétion des deux bouts du tendon
sectionné, puisqu'on les trouve libres, mamelonnés dans
cette substance pendant plusieurs mois.

« D'après ce que nous venons de dire, nous croyons
pouvoir résumer ainsi la théorie de la régénération de
la continuité des tendons sectionnés : un tendon étant
coupé dans sa gaine fibro-celluleuse, ménagée autant
que possible, les bouts de ce tendon se rétracteront et
laisseront dans cette gaine un espace intermédiaire dans
lequel s'épancheront et s'organiseront du sang et de
la lymphe plastique d'organisation. Cette dernière est
formée par la gaine qui est devenue le siège d'un travail inflammatoire, congestionnel, qui l'a hypertrophiée,
et qui a favorisé dans ses parois une exsudation abondante des différents matériaux nécessaires à ce travail
de réparation, sans que les extrémités du tendon y
prennent la moindre part. »

Sauf l'opinion que notre père paraît se faire sur l'organisation du sang épanché dans le *vide* formé entre les
bouts du tendon coupé, ce qu'il dit de la formation du
nouveau tendon nous paraît irréprochable et peut être
résumé d'un mot, ainsi que l'a fait Malgaigne : la nouvelle substance qui unit les deux bouts du tendon coupé
est un véritable *cal fibreux*, et nous ajoutons, nous, cal
fibreux qui a avec le tissu du tendon normal les mêmes
rapports qu'à le cal osseux avec les os normaux ; de plus,
les extrémités d'un os fracturé ne contribuent pas plus
à former le cal que les deux bouts d'un tendon coupé à

former le nouveau tendon : le cal osseux est formé par le périoste, et le cal tendineux par la gaine cellulaire, ce qui complète l'analogie des deux cals.

Il ne nous semble pas difficile, après avoir rappelé ces faits d'observation, de répondre à la première partie de la question posée en tête de ce paragraphe. Du moment qu'on sait comment s'opère la cicatrisation, la question de savoir quand on doit la laisser commencer est résolue; et pourtant il n'y a pas unanimité à cet égard parmi les chirurgiens, tant il est difficile, en médecine et en chirurgie comme en toute autre chose, sinon plus qu'en toute autre chose, de réunir sur un point quelconque l'unanimité des suffrages : il s'est bien trouvé une secte pour douter si l'existence même de l'homme et celle de toute la création n'était pas une illusion ! Il y a donc des chirurgiens qui veulent qu'on essaie de donner au pied sa forme et qu'on applique les machines aussitôt après la section ; il en est d'autres qui veulent qu'on attende six, huit et même dix jours, afin de ne pas irriter les tissus fraîchement lésés et d'éviter ainsi les accidents. L'opinion des premiers se comprend à peine, mais celle des seconds est tout à fait inexplicable, et cependant parmi ceux qui la professent, on compte des hommes qui ne sont nullement dépourvus d'intelligence ni d'instruction ; on ne peut, alors chercher d'explication, — si c'en est une, — que dans les bigarrures de l'esprit humain, un peu fortes, seulement dans ce cas.

La première opinion se comprend à peine. Quel est, en effet, le but de l'application d'une machine ? de ramener le pied à la forme normale et *de l'y maintenir*, c'est-à-dire, en termes plus exacts, de le mettre à même de s'y maintenir lui-même, car on ne peut se proposer de laisser une machine à demeure pour la vie entière. Mais comment le pied arrivera-t-il à prendre la position normale et à s'y maintenir ? Il y arrivera au moyen de la formation d'une substance intermédiaire entre les deux bouts du tendon, qui revêtira la structure et la ténacité de ceux-ci, et qui aura l'étendue nécessaire pour que le muscle et son tendon aient, ensemble, la longueur voulue. C'est donc cette matière intermédiaire, si elle n'est pas d'emblée assez étendue, comme c'est, *à priori*, infiniment probable, que la traction de la machine devra allonger progressivement jusqu'au degré voulu. Or, si nous osions risquer une comparaison un peu triviale, nous dirions que, de même que pour faire un civet, il faut un lièvre, de même pour allonger une substance intermédiaire plastique, il faut qu'elle existe, et elle ne s'épanche que du troisième ou quatrième jour, ainsi qu'on l'a vu ci-dessus. Tirer sur les deux bouts du tendon avant le temps, c'est les éloigner en pure perte, infliger des douleurs au patient, peut-être déchirer les lames cellulaires qui entourent l'espace *vide* qui sépare les bouts coupés, lames cellulaires formant une espèce de gaîne, laquelle doit précisément sécréter, épancher, laisser filtrer, si l'on veut, cette substance intermédiaire qui doit se transformer en tendon nouveau.

Répétons-le donc, l'idée d'appliquer une machine à

extension (1) *aussitôt après la section* se comprend peu, et répétons aussi que celle de ne l'appliquer qu'après six, huit, dix jours ne se comprend pas du tout.

Où pourrait-on trouver, en effet, un motif raisonnable à un pareil retard, quand on sait, d'une part, que des milliers d'opérations ont été faites sans qu'un pareil délai ait été observé et sans qu'il se soit développé d'accidents, et, d'autre part, qu'au quatrième jour déjà, des adhérences assez solides sont établies par la substance intermédiaire épanchée, entre les deux bouts du tendon coupé, et que Stromeyer a attribué en grande partie son unique échec à ce qu'on avait trop tardé à appliquer un appareil d'extension.

Tous ces faits et considérations démontrent donc qu'il ne faut pas tarder plus que le quatrième jour pour soumettre le pied à l'extension, et qu'il sera même préférable de l'y soumettre dès le troisième, en ayant grand soin d'exercer sur le tendon coupé une traction assez modérée pour que l'opéré n'éprouve qu'une douleur très légère ou nulle. L'action de la machine doit, du reste, être surveillée avec une attention extrême et plusieurs fois par jour; ce n'est pas seulement chez les tout jeunes enfants

---

(1) Nous disons machine *à extension*, non machine *à contention*. Il est évident qu'aussitôt après la section, il faut placer autant que possible, avec la main, le pied dans la position normale et l'y maintenir, ce qu'on ne peut guère faire qu'avec l'aide d'une machine, car on ne peut pas maintenir indéfiniment le pied dévié dans ses mains, même en dormant, comme cette tante fantastique dont Bouvier et d'autres auteurs racontent la miraculeuse histoire : ainsi, le pied dont on vient de couper les tendons doit d'abord être mis *et maintenu*, en bonne position, et plus tard, on allongera par l'extension la substance, alors épanchée, qui doit former le nouveau tendon.

que cette surveillance est indispensable, c'est chez ceux
de tout âge et même chez les adultes ; ce n'est pas seulement notre père, nous-même et beaucoup d'orthopédistes qui faisons cette recommandation expresse, Malgaigne y insiste en chirurgien qui en apprécie toute
l'importance comme on va le voir ; il insiste aussi sur
les précautions à prendre dans l'application de la machine, en termes auxquels nous n'avons rien à ajouter.
Les préceptes qu'il donne se rapportent au pied bot
des tout jeunes enfants, mais ils ne sont pas superflus
dans bien des cas dans le traitement de la difformité
des adultes.

« Le membre, dit Malgaigne, n'est pas mis à nu dans
l'appareil, quel que soit le soin avec lequel il ait été
garni ; une bande de flanelle vous servira à l'envelopper;
il faut que les courroies soient assez serrées pour s'opposer au déplacement du pied, mais pas assez pour produire des excoriations ou des escharres, ce sur quoi il
faut bien vous mettre en garde; c'est l'habitude, c'est
l'attention que vous apporterez à bien observer l'effet
des strictions que vous exercerez qui seules pourront
sûrement vous guider. Quelle que soit, d'ailleurs, la solidité que vous aurez pu donner à votre appareil, rappe-
lez-vous bien que pendant les premiers temps le pied
tend presque fatalement à s'enrouler, malgré l'appareil;
il faut donc que vous veniez vous assurer à plusieurs
reprises, pendant la durée de l'application, que tout est
en ordre. Les pressions prolongées sont toujours à
craindre dans ces conditions, aussi devrez-vous rendre

la liberté au pied après quelques heures, le faire doucement masser et frictionner dans les intervalles de l'application, et quand, après une huitaine de jours, par
exemple, la tolérance est bien établie, votre surveillance
peut se borner à une ou deux visites par jour, et vous
arriverez bientôt à le laisser appliqué nuit et jour. Il est
bien entendu que toutes les plus minutieuses précautions
de propreté sont prises. Vous verrez des orthopédistes
recommander de ne pas laver le pied pendant toute la
durée du traitement : Si l'on peut accorder que des im-
mersions prolongées puissent avoir des inconvénients, il
ne faut pas croire que des soins de propreté ne soient pas
indispensables au bon entretien de la peau, qu'il s'agit
de conserver intacte et bien portante à tout prix (1).

« Il faut continuer ainsi pendant trois mois, quatre
mois, quatre mois et demi, cinq mois ; dans ce laps de
temps, si le sujet est jeune, ainsi que nous l'avons sup-
posé, et si la rétraction musculaire, celle des jumeaux
et soléaire en particulier, n'est pas trop grande, on a
redressé le pied, on lui a même rendu sa forme et sa
direction normales ; c'est ce que les orthopédistes ont
souvent appelé une guérison. Mais est-ce la guérison
que cet état qui laissera indubitablement venir la récidive, si vous ne persistez pas dans l'emploi des moyens
mécaniques ? »

(1) Il ne sera peut-être pas inutile de revoir les détails dans lesquels
nous sommes entré nous-même ci-dessus à propos du traitement du
pied bot chez les nouveau-nés par les manipulations, le massage et les
appareils seuls. (N. du R.)

Nous consacrerons plus loin un paragraphe à la question de savoir ce qu'il faut entendre par guérison du pied bot ; terminons d'abord l'exposé, interrompu mal à propos par Malgaigne, des soins et de la surveillance nécessaires après la ténotomie.

Après avoir cité l'échec subi dans un cas par un orthopédiste, Malgaigne ajoute :

« Il y a cependant quelque chose à dire à la décharge de l'orthopédiste, et je m'empresse de vous l'apprendre : Après avoir coupé tous les tendons chez un enfant de dix-sept mois, il le remit à sa mère pour la surveillance de l'action des machines ; avec de pareilles conditions, *la guérison est impossible*. Que vous ayez ou non coupé des tendons, votre rôle de chirurgien vous oblige à donner à l'application de l'appareil tous les soins minutieux que vous savez, à exercer jour par jour une surveillance *directe*, et même dans certains cas à vous assurer de ce qui se passe la nuit (1).

« Il faut bien reconnaître que tout cela rend bien difficile dans la pratique privée l'application de ce traitement. Vous commencerez pleins d'ardeur et viendrez plusieurs fois par jour vous assurer de l'état des choses ; bientôt, du reste, pouvant ne plus faire qu'une visite, vous vous bornerez à revenir chaque matin. Cela durera quelques

---

(1) Que dire, après des observations présentées par un professeur de cette compétence et de cette autorité, complètement désintéressé dans la question, de certain orthopédiste, qui donne quelques leçons d'application de bande à une nourrice, et lui confie un enfant pied bot quatre jours après sa naissance, le revoit guéri *au bout d'un an* et attribue naïvement (?) la guérison à ce traitement !

semaines, trois ou quatre mois; mais malgré tout votre zèle, pouvez-vous répondre que vous n'aurez pas commis quelque négligence, que votre vigilance ne sera jamais en défaut? Il est difficile qu'il en soit autrement, quand il s'agit d'un traitement aussi long, et réclamant autant de soins et de temps de la part du chirurgien, sans compter que l'histoire de la pratique nous apprend qu'en semblables circonstances les malades oublient assez facilement que leurs intérêts ne sont pas seuls en jeu, mais qu'ils doivent songer aussi à ceux du médecin. Ceci n'est pas de la science; mais il faut bien tout dire. M. Duval me déclarait lui-même que jamais il n'avait obtenu de guérison en ville, et me signalait précisément le petit inconvénient dont je vous entretenais tout à l'heure. »

Comme le dit très bien l'éloquent professeur, il y a dans les remarques qu'il a présentées des détails qui ne sont pas de la science, si toutefois il peut y avoir quelque chose qui ne soit pas de la science, en médecine, quand il s'agit de l'intérêt des malades; or, les considérations auxquelles Malgaigne s'est livré touchent les malades au plus haut point. car les soins minutieux qu'il réclame sont nécessaires au point que la guérison dépend de l'assi-duité avec laquelle ils seront donnés; cela conduit encore l'éminent professeur à donner son opinion sur les obser-vations publiées par les orthopédistes; nous avons dit que nous traiterions cette question un peu plus loin, et, quoique orthopédiste, nous espérons la traiter avec autant d'indépendance et d'impartialité qu'a pu le faire l'éminent professeur lui-même. Mais il nous faut auparavant examiner une question qui a été fort controversée et qui a de l'importance :

A quel âge peut-on ou faut-il commencer le traitement du pied bot, et à quel âge doit-on cesser de le tenter?

La première question ne concerne évidemment que le pied bot congénital ; la seconde concerne aussi le pied bot accidentel.

Malgaigne, on l'a vu, conseille de traiter le pied bot congénital le plus tôt possible, avant qu'on ait à redouter les orages de la dentition ; d'autres préfèrent attendre, au contraire, que la période pendant laquelle on peut craindre ces orages soit passée pour soumettre les enfants à un traitement, du moins à un traitement opératoire. Malgaigne, du reste, ne distingue pas entre ces deux traitements, mais il semble qu'il n'ait eu en vue que le traitement par les manipulations et les machines. Quoiqu'il ne soit pas démontré pour nous que les opérations aient une influence favorable ou défavorable, nous croyons que la distinction dont il s'agit est nécessaire. Pour notre compte, si nous ne trouvons pas de grands avantages au traitement par les manipulations et surtout par les machines, chez des enfants de quelques jours ou même de quelques semaines, nous n'avons aucune objection contre ce traitement, les manipulations et le massage surtout, pratiqués avec délicatesse par le chirurgien ; quant aux machines, quelque simples qu'elles soient, consistassent-elles en quelques attelles de gutta ou d'autre substance, nous n'approuvons leur emploi qu'à la condition expresse qu'on pourra, — et par *on* nous entendons le chirurgien, — les surveiller fréquemment, nous serions tentés de dire continuellement, jour et nuit, si elles doivent être appliquées la nuit, et à la condition non moins expresse que les soins de propreté seront donnés tels que nous les avons indiqués précédemment, car même les indications de Malgaigne, malgré l'insistance qu'il y met, nous paraissent à peine suffisantes. Les soins de propreté sont une des principales conditions de la santé générale de l'enfant, et la santé générale doit passer avant la forme et même les fonctions des pieds.

Quant aux opérations sanglantes, nous les proscrirons formellement avant qu'on ait passé la période de dentition, ou qu'on ait des probabilités que cette période se passera sans accidents graves ; ces probabilités, on les a dès que les trois ou quatre premières dents se sont montrées sans qu'aucun symptôme morbide ait apparu ; non pas, nous le répétons, qu'il soit démontré qu'une opération aussi simple qu'une section d'un ou même de plusieurs tendons puisse provoquer le développement de ces accidents, mais parce qu'il est imprudent de pratiquer les plus simples opérations chez un être faible, menacé d'accidents morbides sérieux ; encore n'est-il pas tout à fait exact d'appeler petite opération la ténotomie. Elle serait telle, assurément, si elle ne devait pas être suivie de l'application des machines ; mais cette application, quelque prudence qu'on y mette, peut toujours provoquer des accidents chez un très jeune sujet, et si, d'un autre côté, les accidents présents ou seulement imminents obligeaient à suspendre l'application des machines, on aurait à peu près sûrement fait une opération inutile qu'il faudrait prochainement recommencer.

Quant aux motifs qu'on a fait valoir en faveur des opérations *le plus hâtives possibles*, elles nous paraissent plus théoriques que pratiques; on s'en convaincra en pesant mûrement ces motifs exposés par Thorens, d'après les principes de Giraldès, faible autorité chirurgicale, suivant nous, et, nous le croyons, suivant tous les vrais chirurgiens, ses contemporains :

« L'accord n'est pas fait entre les orthopédistes, dit Thorens, sur la question de l'âge où l'on doit commencer à traiter le pied bot varus congénital, et tandis que les uns demandent qu'on le traite dès la naissance, d'autres et des plus expérimentés, comme MM. Duval et Little, veulent qu'on attende la fin de la première année.

« On objecte les dangers d'une opération chez des enfants nouveau-nés; elle peut, dit-on, faire éclore une maladie encore en germe, en déterminer l'évolution; ce sont, croyons-nous, des craintes purement chimériques, et nous ne savons pas qu'une opération de ténotomie, ou l'application d'un appareil convenable chez un enfant nouveau-né ait jamais été cause de tant de méfaits.

« On invoque les difficultés que l'on éprouve à laisser un appareil à demeure chez de jeunes enfants ; il est exposé à être souillé par l'urine et les matières fécales ; les excoriations des téguments, si délicats à cet âge, sont à redouter. Or, avec l'appareil inamovible en gutta-percha, ou avec l'attelle latérale maintenue par quelques bandelettes de diachylon, on peut parfaitement répondre à toutes les exigences de la propreté la plus minutieuse sans compromettre les résultats du traitément. Il faut, bien entendu, qu'une surveillance intelligente soit toujours exercée.

« Un argument plus sérieux en faveur du retard apporté à la cure du pied bot congénital, est tiré de l'influence de la marche. La difformité réduite, le seul fait de la station debout et de la marche contribue puissamment à maintenir la réduction. Que l'on redresse le pied à la fin de la première année, on aura terminé la première période du traitement à l'époque précisément où l'enfant commence à marcher, et ses premiers efforts seront ainsi utilisés pour guérir sa difformité.

« Mais à cela nous répondrons en invoquant le développement du pied. Au moment de la naissance, l'ossification a envahi le col de l'astragale, à la partie moyenne du calcanéum, celle, précisément qui correspond à l'angle d'incurvation de cet os. En agissant à ce moment, on peut espérer obtenir un redressement, ou, sinon un véritable redressement de la partie fléchie, du moins une flexion en sens inverse, annihilant la première des portions encore cartilagineuses. Dans le cours de la première année, les noyaux osseux de ces deux pièces du tarse prennent un grand développement ; le cuboïde s'ossifie ; la direction vicieuse des surfaces articulaires s'accentue davantage et les résistances à vaincre en sont accrues d'autant. Le traitement du pied bot doit donc être commencé dès la naissance, et, pour peu que la difformité soit considérable, il faut faire la ténotomie : dans les cas très graves, des tendons des jambiers ; dans les cas moyens, qui sont, à la naissance, les plus fréquents, du tendon d'Achille seul. Cette opération n'expose pas à plus de dangers dans les premières semaines que quelques années plus tard. C'est la méthode que nous avons toujours vu suivre à notre maître, M. Giraldès, et elle repose, nous croyons l'avoir établi, sur une base anatomique. »

Avant de passer à la seconde partie de la question : jusqu'à quel âge on peut opérer un pied bot, nous présenterons quelques brèves remarques sur cette argumentation inspirée par Giraldès, dont l'autorité chirurgicale est, nous n'hésitons pas à le répéter, des plus faibles :

Que des opérations *quelconques* ne soient pas plus dangereuses sur des enfants d'une, de deux ou même de trois semaines que *quelques années plus tard*, c'est une proposition à laquelle aucun accoucheur, aucun médecin même ne souscrira. Que la ténotomie puisse provoquer l'éclosion d'une maladie en germe, nous ne le prétendons assurément pas ; mais quant à la proposition générale qui précède, nous la maintenons avec la certitude de ne trouver parmi les chirurgiens aucun contradicteur sérieux. Thorens insiste beaucoup sur l'importance des soins de propreté et sur la surveillance, et prétend que le traitement des premiers jours n'apportera aucun obstacle ni à l'une ni aux autres ; nous soutenons formellement le contraire, et nous ajoutons même, non sans regret, que nous contestons la compétence de Giraldès en matière de propreté : ce qui est propre pour un Castillan et pour un Portugais ne l'est pas pour un Flamand.

Quant à la base anatomique, Thorens lui accorde une importance qu'à nos yeux elle ne saurait avoir. Certes, si à six, huit ou dix mois, un an même, l'ossification de tous les os du pied était complète, les motifs d'opérer avant cette ossification seraient puissants; or, non seulement tous les os ne sont pas ossifiés, mais aucun ne l'est; les deux les plus importants, l'astragale et le calcanéum, sont encore cartilagineux dans tout leur pourtour, c'est-à-dire dans les points où l'action des machines peut le plus en modifier la forme.

A cette base anatomique, comme dit Thorens, pourquoi ne pas substituer une base chimique? Nous avons vu opérer par notre père des centaines de pieds bots, — et dans sa carrière, il en a opéré des milliers (plus de 2,000 déjà lors de la troisième édition de son traité, en 1859); — nous en avons opéré nous-même quelques centaines, et *pas une fois*, la guérison d'un enfant traité du sixième au douzième mois n'a manqué d'être obtenue, dans les cas de moyenne gravité, et même de gravité plus grande, pourvu que, dans ce dernier cas, le traitement complémentaire, celui qu'on a appelé de la convalescence, ait pu être prolongé assez longtemps. Or, que pourrait-on reprocher à une pratique qui permet de guérir *dans tous les cas* ? Il ne saurait y avoir, ce nous semble, pour un praticien, d'objections à un pareil argument. Nous nous résumons donc par ce précepte : la ténotomie ne doit être pratiquée chez les nouveau-nés qu'après le sixième mois, et de préférence entre six mois et douze.

Maintenant, nous abordons la seconde partie de la question : *jusqu'à quel âge peut-on opérer*, — bien entendu avec l'espoir légitime d'obtenir une guérison? Quoique les dissidences ne soient pas aussi nombreuses sur cette seconde partie que sur la première, il en existe cependant, et il convient d'en examiner les motifs.

Ces motifs, on le comprend, ne sont pas les mêmes pour les orthopédistes qui n'ont pu traiter les pieds bots que par les machines et pour ceux qui ont pu appliquer les ressources de la ténotomie.

Hippocrate ne dit pas, que nous sachions, à quel âge on devait renoncer à obtenir la guérison d'un pied bot ; mais l'insistance qu'il met à ce qu'on le traite le plus tôt possible prouve que, dans son opinion, le progrès des années ne devait pas tarder beaucoup à mettre la difformité congénitale au-dessus des ressources de l'art. Venel dont, grâce à son invention, les ressources étaient de beaucoup supérieures à celles d'Hippocrate, pose l'âge de six à sept ans comme limite extrême à l'espoir d'obtenir une guérison d'un varus congénital. Scarpa était un peu plus optimiste : il recule la limite à douze ans. Depuis l'intervention de la ténotomie, on l'a reculée bien davantage, comme c'était naturel ; Bonnet (de **Lyon**) la reporte à quinze, et Bouvier dit qu'il est très rare que dans le pied bot congénital, la ténotomie soit avantageuse au-delà de vingt-cinq à trente ans, ce qui est une singulière appréciation.

M. de Saint-Germain est beaucoup moins consolant : il pense « qu'après *dix-huit* ou *vingt* ans, il ne faut plus opérer de pied bot congénital pour ne pas s'exposer à un *échec certain*. »

Thorens, qui ne veut pas s'en rapporter à des appréciations vagues, veut qu'on se décide sur des principes positifs, sur ce qu'il a appelé aïlleurs, comme on l'a vu ci-dessus, une *base anatomique*. « Pour trancher cette question, dit-il, nous devons nous en rapporter à ce que nous avons établi pour le développement du pied normal : nous avons vu qu'à partir de huit ans, les os étaient conformés comme chez l'adulte, et que, déjà à cinq ans, leur ossification pouvait être regardée comme presque complète. Par conséquent, en réduisant avant cinq ans, nous pouvons encore espérer de bénéficier d'une partie du développement de l'os, qui se fera dans des conditions normales, et tendra, par conséquent, à assurer la guérison. De cinq à huit ans, les chances iront toujours en diminuant, et, à partir de huit ans, nous serons à peu près dans les mêmes conditions, à tous les âges, sauf les rigidités ligamenteuses qui vont toujours croissant.

« Or, à cette époque » — (quelle époque, 8 ans ?) —

on a redressé des pieds bots; des faits nombreux ont
été publiés, mais les insuccès ont été passés sous silence,
et ils doivent être fréquents. L'individu porteur d'un
pied bot varus congénital marche souvent avec agilité,
tout son pied s'est adapté à cette difformité; il s'est fait
de nouvelles conditions d'équilibre. Quand ce travail est
achevé, on vient par le traitement détruire brusquement
ces dispositions, mauvaises au point de vue absolu,
mais bonnes pour l'individu, dans les conditions où il se
trouve. Et alors, ou bien la force curatrice est trop
faible, trop peu soutenue pour vaincre la résistance des
parties, et le pied reste difforme comme avant; ou bien
elle l'emporte sur celle-ci, rompt l'équilibre existant,
mais la période de croissance est terminée, une nouvelle adaptation des os, des ligaments ne se produit
pas, et ce que l'on a gagné au point de vue de la forme
du pied, on l'a perdu au point de vue de sa force et de
sa mobilité. » Et ici, l'auteur cite le fait si commenté
par Malgaigne et dont nous aurons à parler nous-même
dans un instant, et il entre ainsi dans la question de ce
qu'il faut entendre par guérison du pied bot, question
que nous allons également examiner.

En résumé, la conséquence de cette argumentation de
Thorens, conséquence qu'il ne tire pas lui-même d'une
manière formelle, faute de fermeté dans ses convictions,
est qu'on peut à la rigueur opérer un pied bot à huit ans
mais jamais après. Faute de fermeté, disons-nous, ou
par suite d'une timidité bien naturelle et jusqu'à un
certain point louable chez un auteur qui manque de pra-

tique — (autre que celle de son maître Giraldès), — et
qui est obligé de traiter les questions presque exclusivement d'une manière théorique : « Nous ne voulons pas,
dit-il, méconseiller le traitement du pied bot varus
congénital chez l'adulte ; mais ce que nous voulons
mettre en relief ce sont les risques que l'on court d'aboutir à un insuccès plus ou moins complet. Il est d'ailleurs dans chaque cas des circonstances particulières
qui modifient complètement la conduite à tenir. »

Oui, sans doute, il est ou il peut exister des circonstances particulières dans chaque cas, mais mentionner
d'une manière vague ces circonstances, sans même faire
allusion à ce qu'elles peuvent être, c'est parler ou écrire
pour ne rien dire ; c'est plus, c'est se mettre en contradiction formelle avec soi-même, quand on a posé comme
critérium de la pratique une *base anatomique ;* or, nous
ne pensons pas qu'il puisse exister aucune circonstance
particulière qui change les époques de l'ossification des
divers os du pied, c'est-à-dire la fameuse *base anatomique.* Alors, quelles peuvent être les circonstances
particulières qui peuvent faire passer par-dessus cette
base anatomique ? Quand on n'en sait rien, on ferait
mieux de se taire. Eh bien, de ces circonstances particulières, il en est plusieurs que l'on peut au moins indiquer et que les faits authentiques de guérison publiés
démontrent qu'on peut apprécier avec justesse et avantage pour les stréphopodes.

Une de ces circonstances, c'est le degré de la difformité : si la difformité est légère et non compliquée, on

aura beau avoir passé huit ans et l'ossification aura beau être complète, ce qui, du reste, n'est pas absolument vrai à cet âge, un orthopédiste expérimenté pourra très légitimement tenter un traitement conduit avec prudence. A douze, à quinze et même à vingt ans, une opération de ténotomie sagement et habilement pratiquée, ne peut entraîner aucun danger, tous les chirurgiens sont d'accord sur ce point; la seule chose que risque l'opéré c'est un échec dépourvu de tout inconvénient sérieux, c'est-à-dire de conserver sa difformité, mais avec la chance de la guérir ou de l'améliorer.

Une autre circonstance, c'est le degré de résistance que présentent les os déplacés aux tentatives de redressement qu'on peut tenter soit avec la main, soit avec des machines manœuvrées avec prudence. Il est des pieds déformés dont les os sont si intimement enchevêtrés, dont les ligaments unissants sont si serrés, que le tout paraît former comme un seul bloc rigide et inflexible; il en est d'autres, au contraire, qui, malgré leur congénitalité et leur ancienneté de quinze à vingt ans, conservent encore une certaine souplesse, et peuvent permettre d'espérer que la section d'un ou de plusieurs tendons, aidée de l'action progressive et prolongée d'une machine réductrice, finisse par avoir raison des résistances que l'organe difforme présentait à son redressement.

Ce redressement, c'est-à-dire la question de forme, peut avoir, dans quelques cas, quand il s'agit de personnes du sexe, assez d'importance pour faire à elle seule, décider de l'opération; à plus forte raison en est-il de même du rétablissement de tout ou partie de la fonction ; nous nous expliquons : les fonctions du pied normal ne consistent pas seulement à fournir au corps une base de sustentation solide et agile ; quoique ce soit là, son principal attribut, on tient plus, dans certaines circonstances à marcher sans claudication, qu'à avoir une grande force de jarret, soit pour la marche, soit pour supporter de grands efforts, et il arrive quelquefois à l'orthopédiste, dans ces cas, d'être sollicité pour remédier à une claudication même légère, au prix d'une opération. En principe, nous n'admettons pas les opérations de complaisance; mais outre que ce n'est pas précisément ici le cas, les malades sont les seuls juges du prix qu'ils doivent attacher à telle ou telle fonction ou partie de fonction, et il est naturel que le chirurgien donne son concours à la réalisation d'un désir dont son client peut apprécier la valeur; nous avons pratiqué, dans des cas semblables, des ténotomies qui ont eu des résultats heureux, et nous l'avons fait avec d'autant moins de difficulté que nous étions sûr d'avance de l'innocuité de l'opération; or, avec la perspective de cette innocuité certaine, on pourrait consentir à une opération qui serait réellement de complaisance.

Voilà les circonstances qui permettent à l'orthopédiste de tenter un traitement à tout âge. Quant aux motifs d'opérer, fondés sur l'état de l'organe difforme, nous ne croyons pas que jamais ou presque jamais ces motifs puissent être déterminants avant une vingtaine d'années, parce que, jusqu'à cet âge, le mouvement vital est assez actif pour qu'on puisse espérer, à l'aide d'une opération et l'action activement surveillée de bonnes machines, de lui donner une direction favorable au but qu'on veut atteindre ; nous rappellerons un peu plus loin des observations publiées par notre père où, dans des cas moins favorables que ceux que nous venons de supposer, on a obtenu des résultats qu'on n'aurait presque pas osé espérer.

Et puis, quels doivent être ces résultats, pour que le chirurgien ait lieu de s'applaudir de son intervention ? En d'autres termes, comment doit être résolue cette question à laquelle la grande discussion provoquée par Malgaigne, il y a quarante et quelques années, donna tant de retentissement ?

Que doit-on entendre par guérison en orthopédie ?

Après avoir recommandé une fois de plus les « grands préceptes » donnés par Hippocrate et A. Paré (stricte surveillance, prolongation du traitement, etc.), sur lesquels nous avons nous-même plusieurs fois insisté, Malgaigne, dans une première appréciation, s'exprime ainsi :

« Ayez bien présents à l'esprit ces grands préceptes, si vous voulez..... avoir la clef de certains abus, de certaines illusions de l'orthopédie. Bon nombre de redresseurs de pieds bots ont fait dessiner, ont fait mouler des pieds ramenés à leur forme normale ; ils ont excité, par ces productions souvent flattées, l'admiration du public et des sociétés savantes ; mais ils n'avaient encore fait pour ces malades, qu'ils déclaraient guéris, que la première, que la plus petite partie du traitement. Heureux encore quand la fonction n'avait pas été seulement laissée de côté, mais compromise dans la recherche de la forme ; aussi avons-nous eu souvent à constater de tristes revers là où la plus brillante guérison avait été annoncée, avait été montrée ! Mais nous saurons bien et nous n'oublierons pas désormais que ramener le pied même à sa forme naturelle, ce n'est pas la guérison, pas plus qu'on a guéri une fracture pour l'avoir réduite ; et quelle que soit la satisfaction que puisse faire éprouver ce premier résultat, il en reste un autre plus difficile à obtenir, savoir : de rendre au membre réduit sa solidité et ses fonctions. »

Reproduisons une seconde appréciation faite dans une leçon ultérieure, avant de présenter nos propres remarques :

« .... Mais ce pied, quelle que soit la rapidité avec laquelle il ait recouvré sa forme, est encore atrophié, il est plus court, ses orteils sont épatés ; vous l'avez déplié, il vous reste à profiter de ce premier succès pour lui redonner sa position normale, pour lui rendre ses fonctions ; pourrez-vous atteindre ce double but ?

« La ténotomie a été reçue avec beaucoup d'enthousiasme (1). M. Duval, par exemple, après l'avoir employée dans 1000 cas » — (c'est de notre père, bien entendu,

____

(1) Après quatre ans d'indifférence ou même de dédain, toutefois ; l'enthousiasme n'est venu qu'après le succès public de notre père ; on voit que même un professeur d'histoire chirurgicale n'en écrit pas cette partie avec une parfaite exactitude ; qu'attendre, dès lors, de l'exactitude des autres ? — N. du R.

que parle l'éminent professeur, et non pas de nous), — « a
écrit qu'il avait eu 1000 guérisons; dix ans après le
chiffre avait doublé, et les guérisons avaient toujours
été obtenues, « *sans exception.* » Mais dans une troisième édition, cet auteur vient d'effacer ces deux
mots (1). Aujourd'hui, en effet, les chirurgiens qui
n'ont eu que de l'enthousiasme pour une nouvelle et
très belle conquête chirurgicale, voient les choses avec
plus de justesse qu'aux débuts.

« M. Duval a bien voulu, ces jours-ci, avoir une conversation avec moi à ce sujet. Beaucoup de guérisons
ne sont plus considérées que comme des améliorations,
car si l'on peut guérir un pied bot dont la déformation
est légère, il reste encore, malgré la guérison,
plus plat ou plus cambré; mais quand il s'agit du troisième degré, non seulement il n'est plus question de
guérisons, mais malgré l'amélioration de son état, le
malade est assez infirme encore pour n'être pas bon
pour le service militaire. Voilà pour les cas les meilleurs, ceux où l'on a attaqué le tendon d'Achille; mais
s'il a fallu couper d'autres tendons, que sont devenus les
mouvements?

(1) Cette rédaction équivoque, et d'ailleurs peu correcte, tendrait à
incriminer la bonne foi de notre père, ce qui, nous en avons la certitude, n'était pas dans la pensée de l'auteur. Dans la situation pratique qu'occupait notre père, il est fort naturel qu'en dix ans 1000 guérisons soient devenues 2000, et non moins naturel qu'après ces *deux
mille*, notre père, devenu plus entreprenant, ait éprouvé quelques
exceptions, et que, dans sa loyauté, que personne n'a jamais mise en
doute, il ait effacé *dans sa troisième édition* deux mots désormais
inexacts. — N. du R.

« On est assez disposé à passer légèrement là-dessus ; le pied, dit-on, n'a pas besoin de mouvements aussi délicats que ceux de la main. Mais garde-t-il, même en partie, les mouvements auxquels président les muscles dont vous avez dû sacrifier les tendons ? C'est une question qui n'est pas jugée expérimentalement, mais qui pourrait l'être par analogie, car nous savons ce que deviennent les mouvements des doigts redressés : aussi, M. Bouvier ne fait pas de difficulté pour reconnaître que ces sections affaiblissent ou détruisent l'action de certains muscles. Je suis tout disposé à admettre néanmoins, avec MM. Duval et Bouvier, que c'est encore, dans bien des cas, avoir rendu un très grand service à un malade que de lui avoir rendu, même à ce prix, la direction du pied ; mais il faut que les jeunes chirurgiens sachent au juste ce que cela devra coûter à leurs malades, et connaissent bien les résultats qu'ils peuvent espérer.

« Nous pouvons ainsi les catégoriser : la forme, les mouvements pourront être rendus, c'est la guérison ; la forme sera obtenue, mais les mouvements resteront incomplets, c'est une amélioration ; enfin, le pied sera seulement ramené à une meilleure situation, qui permettra au malade de marcher avec un ou deux bâtons, de poser et même d'appuyer le pied sur le sol ; ce sera encore une amélioration, mais nous pouvons bien la qualifier d'incomplète. » — (Amélioration incomplète !) — « Et qu'obtient-on le plus souvent? ce n'est certainement pas ce que nous avons appelé guérison. Mais

avant de nous prononcer définitivement sur ce point
qui demande une discussion plus approfondie, nous
avons à nous demander si cette facilité que nous donne
la ténotomie, et les sections sous-cutanées en général,
de rendre aux pieds leur forme ou de les redresser, est
toujours suivie d'un résultat favorable, quel que soit du
reste le degré de l'amélioration ? Ceci se rattache directement à la question d'âge, et c'est de l'âge du pied bot
dont nous entendons parler, pour que nous l'exami-
nions simultanément. »

La discussion approfondie dont parle le savant professeur dans cette rédaction alambiquée, d'apparence
contradictoire et d'une correction grammaticale plus
que douteuse, laquelle donnerait une bien pauvre idée
de son éloquence, pourtant non douteuse, cette discussion approfondie est à peu près restée à l'état de projet ;
Malgaigne se borne à parler un peu sommairement de
l'âge où l'on ne doit plus opérer, question que nous
avons traitée en grande partie et dont nous allons
compléter l'examen dans un instant ; puis, il arrive à
citer ce grand échec essuyé par l'orthopédie sur un pen-
sionnaire de Bicêtre, échec auquel il donne une grande
importance, qui a eu, grâce à lui, beaucoup de retentissement, et qu'il convient de juger avec un peu plus
de sang-froid que Malgaigne n'en a mis à le raconter.
Voici en quels termes :

« Un jeune homme de vingt-sept ans, entré depuis
peu dans cet asile (Bicêtre), vint me demander l'autori-
sation nécessaire pour faire renouveler une paire de

bottines spéciales à l'aide desquelles il marchait péniblement, mais sans lesquelles il ne marchait pas du tout.
Il était porteur, depuis son enfance, d'un double pied
bot varus congénital ; personne n'ayant songé à le faire
guérir, il était arrivé ainsi à vingt-quatre ans, s'était
fait à sa difformité, marchait aisément, courait avec
agilité, montait aux échelles, etc. Il faut que vous sachiez
bien, en effet, que le pied bot même complet ne s'oppose
pas à la marche, et que certains individus se font très
bien à cet état. Notre malade était donc de ce nombre.
Mais, élève des hospices, il habitait un de ces éta-
blissements, et attira l'attention du chirurgien ; la ténotomie était à l'ordre du jour, on voulut le guérir de sa
difformité. Le jeune homme fut difficile à persuader,
mais enfin il consentit, et M. Bouvier appliqua le traitement. Six à huit sections » — (il aurait été préférable
de dire le chiffre exact, quatre sections de plus ou de
moins ne sont pas indifférentes) — « furent successivement faites à chaque pied, des machines furent appliquées et le pied déroulé ; mais le jour où l'on voulut le
faire lever, la marche était devenue presque impossible.
On le munit de bottines mécaniques, de béquilles, on
l'exerça à la marche, et un beau jour l'administration
l'expédia à un fermier qui voulait un valet de ferme.
Mais tout travail lui fut impossible, si bien qu'au bout
de quelques jours le fermier le renvoya. Il fallait, pour
revenir à Paris, aller prendre la diligence qui passait à
environ une lieue de là. Il fit ce trajet à pied et ne mit
pas moins de six heures à l'accomplir, tandis qu'avant

l'opération, il faisait facilement une lieue à l'heure. Il fut enfin ramené à Paris, et l'hospice de Bicêtre lui fut ouvert pour le reste de ses jours. L'instruction que portent avec eux des faits semblables fait vivement regretter qu'un homme aussi éminent que Bouvier, ayant des faits personnels à sa disposition, les ait aussi incomplètement publiés. C'est que l'on a été longtemps sans descendre au fond des choses, et lorsque, quelques années plus tard, je fus amené à vérifier les guérisons publiées par un orthopédiste auquel on avait ouvert l'hôpital des enfants, je n'ai pu rencontrer que deux guérisons à peu près complètes.

« Cela se sait mieux aujourd'hui, car vous pouvez lire dans le livre si souvent cité de Bouvier : « *Que dans les guérisons les plus complètes, le pied revient rarement à tous les caractères de l'état normal, surtout si la déviation était congénitale.* » Et plus loin : « *Que les mouvements du pied laissent toujours à désirer.* »

« Ces quelques lignes contiennent un grand enseignement, et je me réjouis de le voir donné par M. Bouvier, confirmant ainsi ce que j'ai dit moi-même. Je ne fais pas du scepticisme quand même ; je suis loin d'être l'adversaire d'un art dont je cherche à vous inculquer les principes ; mais lorsque j'ai vu si peu de *guérisons à peu près complètes, je dois vous en avertir.* »

Cette précaution oratoire que l'éminent professeur croit devoir prendre pour qu'on ne le considère pas comme un adversaire quand même de l'orthopédie, nous oblige à traiter une question qui n'est pas non plus de la science ; mais, comme il le fait remarquer lui-même, *il faut tout dire,* et, d'ailleurs, si la question dont il s'agit n'est pas de la science chirurgicale, c'est de la science historique, qui n'a pas moins de prix que l'autre. Or, si Malgaigne n'était pas l'adversaire quand même de l'orthopédie, il était plus que l'adversaire, l'ennemi acharné, *d'un orthopédiste,* et il est certain que la passion de l'homme a déteint sur le jugement du chirurgien ; cette inimitié, d'ailleurs très payée de retour, avait des mobiles fâcheux pour la nature humaine, et que connaissent tous ceux qui ont pu suivre de près l'histoire chirurgicale à l'époque qui a suivi la mort de Dupuytren.

Il est hors de doute, d'abord, que J. Guérin,—personne n'ignore que c'est le nom de l'orthopédiste que Malgaigne avait en exécration, — était un esprit impérieux, passionné, ambitieux, et qui ne mettait pas de réserve, tant s'en faut, à faire retentir tous les échos du bruit de ses exploits, bons, médiocres ou mauvais ; mais on ne peut contester non plus que ce ne fût un esprit des plus ingénieux, et un chirurgien manipulateur des plus habiles. Malgaigne était un critique et surtout un professeur hors ligne, mais il était d'une maladresse manuelle proverbiale qui l'avait fait désigner par Vidal (de Cassis), parmi les aménités qu'ils échangeaient, par le « *le chirurgien aux deux mains gauches,* » quoique Vidal lui-même fût bien loin d'avoir deux mains droites ; mais on se connaît si rarement soi-même! Comme J. Guérin avait une pratique orthopédique très étendue et un établissement des plus importants, c'était une satisfaction inappréciable pour un adversaire ardent que de pouvoir révoquer en doute toutes les guérisons de J. Guérin annoncées avec grand éclat. Mais en attaquant une pratique particulière, il ne se faisait pas un rigoureux scrupule de compromettre un peu la méthode, tout en déclarant qu'il n'en était pas l'adversaire *quand même*. Il fut surtout enchanté de pouvoir classer parmi les insuccès graves un cas traité par un orthopédiste d'une notoriété déjà grande, et nous ne sommes pas bien sûr que Bouvier fût bien fâché de fournir, même à ses dépens, une arme à Malgaigne ; en ne défendant pas son observation, il se conciliait la sympathie du redoutable critique et se rendait ainsi plus libre de censurer J. Guérin dont il était aussi l'adversaire, et d'usurper, si possible, les droits à l'initiative de la ténotomie. On a déjà vu avec quelle habileté il a manœuvré dans ce sens, ce qui lui a réussi, puisqu'aujourd'hui même des historiens légers et moutonniers lui font une place qu'au point de vue pratique surtout, il est bien loin de mériter ; le cas de Bicêtre suffirait à lui seul pour le prouver, et il n'est pas le seul à peu près de la même espèce (1). Malgaigne, après avoir foudroyé de son élo-

(1) Il en est un surtout qui a été connu de la plupart des médecins de Paris et qu'il est singulier que Malgaigne, qui ne pouvait l'ignorer, ait passé sous silence, c'est celui du Dʳ Mazet. Le Dʳ Mazet était un médecin fort distingué, ancien interne des hôpitaux, qui avait une clientèle fort étendue dans le faubourg Saint-Antoine, clientèle qu'il visitait entièrement à pied, malgré une stréphendopodie congénitale des plus prononcées ; il assistait volontiers aux opérations que pratiquait Bouvier, et finit par se faire ténotomiser lui-même. Après la *guérison* due à cette première opération, il reprit sa clientèle, mais ne put la faire

quente critique les abus de l'*orthopédie* et les quarante-
deux sections pratiquées par J. Guérin dans une seule
séance, se contente de signaler l'insuccès de Bouvier,
comme si c'était un insuccès dont la méthode seule fût
responsable, et si *douze*, ou peut-être *seize* (sinon plus)
sections, dans une seule séance aussi, ne constituaient
pas un exploit digne de celui de J. Guérin, exploit qui
pouvait expliquer l'insuccès obtenu et qui aurait même
pu en expliquer un bien plus grave, ce dont Malgaigne
n'a pas l'air de se douter ostensiblement. Maintenant,
que pour conquérir les bonnes grâces de Malgaigne,
Bouvier lui ait avoué que, dans les guérisons *les plus
complètes*, le pied revient *rarement* à tous les caractères
de l'état normal, nous ne voulons ni l'affirmer ni l'infir-
mer ; ce que nous voulons, c'est de laisser la responsabilité
de cette déclaration à qui de droit et de l'appliquer aux
guérisons de M. Bouvier, en faisant remarquer qu'il
aurait pu faire une déclaration plus radicale encore et
surtout plus correcte, car il est évident qu'une guérison
qui ne fait pas reprendre au pied tous les caractères de
l'état normal n'est pas une guérison *la plus complète
possible*; il y a contradiction dans les termes. Il est
vrai, nous avons déjà eu l'occasion de le faire remar-

que plus péniblement ; il se soumit alors à une seconde opération, et
cette fois, après son rétablissement, il fut obligé de voir une partie de
ses clients en voiture ; peu à peu et avec beaucoup de temps, le pied
revenu à son ancienne forme reprit à peu près ses fonctions, mais ne
recouvra jamais la force qu'il avait avant les opérations. Cet insuccès
pouvait-il compromettre la méthode? Aucun des nombreux confrères
amis de Mazet ne l'a pensé ; mais tous ont été d'accord que l'opération
avait été mal conduite.

quer, que la rédaction de l'éminent professeur laissait parfois à désirer, ce qui laisse supposer qu'il n'a pas toujours traduit très exactement les paroles de ses interlocuteurs ; ici ce n'est pas le cas, puisque la citation de Bouvier est entre guillemets ; si la citation est exacte, c'est que la rédaction de l'orthopédiste ne vaut pas mieux que ses opérations.

Pour ce qui est de la conversation du savant professeur avec notre père, il est bien possible que, dans son extrême modestie, notre excellent père, en présence des questions si souvent tranchantes, de la dialectique pressante, troublante même de l'ardent critique, ait fait des concessions de forme auxquelles les tendances et les aspirations du polémiste auront donné une couleur plus conforme à ses désirs ; mais nous ne saurions admettre, en aucun cas, que notre père ait déclaré que beaucoup de ses guérisons, — ce qui dans le tour de la rédaction de Malgaigne signifie toutes ses guérisons, — n'étaient que des améliorations ; il a pu dire que beaucoup n'étaient que des améliorations au sens que l'éminent professeur voulait qu'on attachât au mot guérison ; mais encore est-il impossible que toutes ses guérisons, même comprises dans ce sens-là, ne fussent que des améliorations, le fait suivant, à lui seul, le prouverait.

« Victor Meunier, âgé de sept ans et demi, demeurant à Paris, rue Amelot, 18, est venu au monde affligé d'une *forte* déviation du pied en dedans..... Un appareil orthopédique, porté pendant un an, ne produisit aucun résultat.....

« Le 23 juillet 1836, nous fîmes au petit Meunier la section du tendon d'Achille, en présence des docteurs Duchesne - Duparc, Forget, Parent, Bouillet. La difformité avait l'aspect ci-contre.

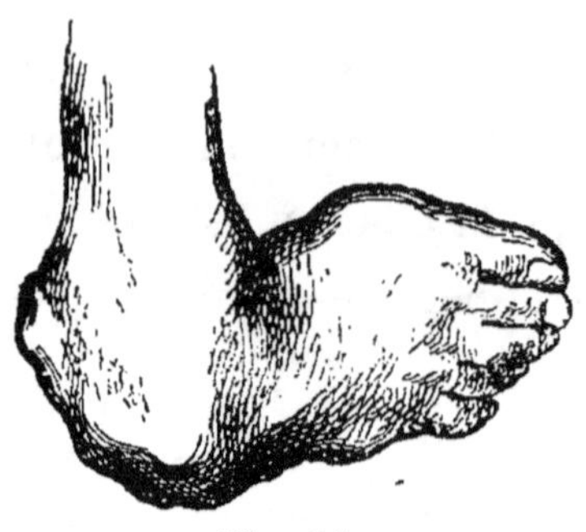

Fig. 16.

« Tout le membre abdominal était amaigri.....

« Le 25 août, trente-troisième jour de la section, *on n'eût pas dit que Meunier avait jamais eu un pied bot. Le pied avait alors la forme ci-dessous.* »

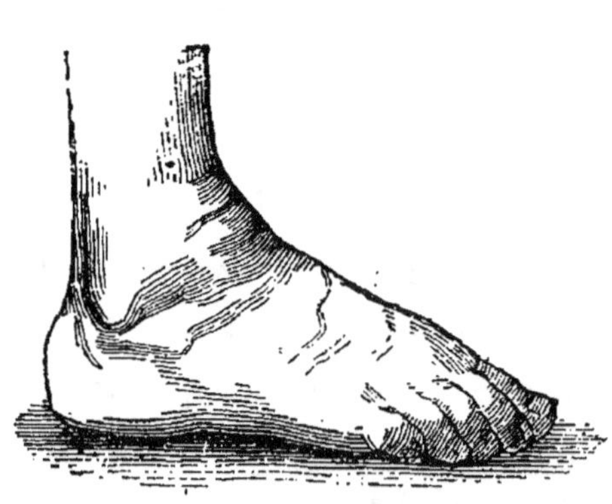

Fig. 16 *bis.*

Quelque bonne volonté qu'on y mette, il nous semble difficile de ne pas voir là un exemple de guérison *complète*, mais seulement une simple amélioration. Nous ne prétendons pas que toutes les *guérisons* que notre père et nous-même avons obtenues soient identiques à la précédenté; mais ce que nous pouvons affirmer, c'est que toutes les fois qu'on opérera prudemment, chez un très jeune sujet de sept ou huit ans et au-dessous, par exemple, on en obtiendra de semblables, même dans des cas de stréphendopodie congénitale très prononcée, car celle dont le jeune Meunier était atteint n'était certainement pas légère.

Pas plus légère n'était celle représentée dans notre figure 13, p. 38. Le sujet, Fanny Cloud, était une petite fille de deux ans qui était née avec un ensemble de déviations des plus remarquables : son pied droit était atteint de la stréphypopodie représentée dans la figure 13, difformité au premier degré quand la petite fille était assise, et au second degré quand elle était debout. Son pied gauche était tourné en dehors (stréphexopodie). Ses deux mains, quand elle les abandonnait à elles-mêmes, se tournaient en dehors, et en arrière. Enfin, ses poignets étaient d'une rigidité insolite. L'état des mains et le valgus furent facilement guéris.

Quant à la stréphypopodie, dont la figure donne une idée qui en rend la description inutile, elle fut traitée par la section du tendon d'Achille pratiquée le 28 juin 1836, suivie de l'action d'une machine ; au bout du second mois, Fanny Cloud était «parfaitement guérie», selon les expressions de notre père, qui n'aurait certainement pas employé des termes aussi expressifs pour qualifier une simple amélioration.

Voici quelle était la figure du pied, après le

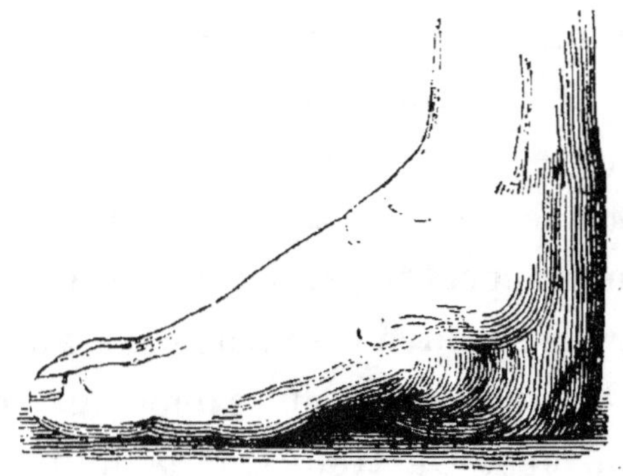

Fig. 13 *bis*.

traitement ; il n'y a qu'à la comparer à la figure 13, page 38, pour apprécier la transformation opérée.

Pour prouver que les guérisons semblables à celles du jeune Victor Meunier sont bien des guérisons complètes, on pourrait ajouter, s'il était nécessaire, que plusieurs des sujets guéris ont été reconnus bons pour le service militaire, à une époque où l'on était un peu plus difficile qu'aujourd'hui pour recevoir les jeunes conscrits.

Ce que l'on a obtenu dans des cas de stréphopodie congénitale, on l'obtiendra à plus forte raison lorsqu'elle sera accidentelle, alors même qu'elle remontera à la toute première enfance et qu'elle datera de longtemps, quoique, dans ces cas, la gravité des pieds bots accidentels diffère peu de celle des congénitaux, lorsque les deux catégories de sujets sont du même âge.

Voici, entre autres, deux cas de guérison qui, bien qu'obtenus sur des stréphopodes accidentels, ne font guère moins d'honneur à l'orthopédie que celles de Fanny Cloud et de Victor Meunier :

La première a pour sujet une petite fille âgée de douze ans, Annette Delère, qui s'était toujours bien portée jusqu'à l'âge de quatre ans, lorsqu'une nuit, elle fut frappée de paralysie du membre inférieur droit, sans avoir éprouvé préalablement aucun malaise. Le matin, on s'aperçut qu'elle s'appuyait seulement sur la pointe du pied. On trouva de la douleur et de la raideur dans les muscles du mollet. L'enfant continua cependant à marcher ainsi, non sans de grandes difficultés. Il fut d'abord possible avec la main de fléchir le pied sur la jambe ; puis, le raccourcissement des muscles du mollet rendit ce mouvement impossible, et quelques mois plus tard, le tibial antérieur se trouva dans le même état que les muscles du mollet.

Ayant vu cette jeune fille au commencement de 1837, notre père conseilla l'application de deux machines appropriées, l'une pour le jour, l'autre pour la nuit ; elles ne produisirent absolument aucun résultat. Il se décida, alors, à pratiquer la section du tendon d'Achille. Le pied avait à ce moment la forme ci-contre :

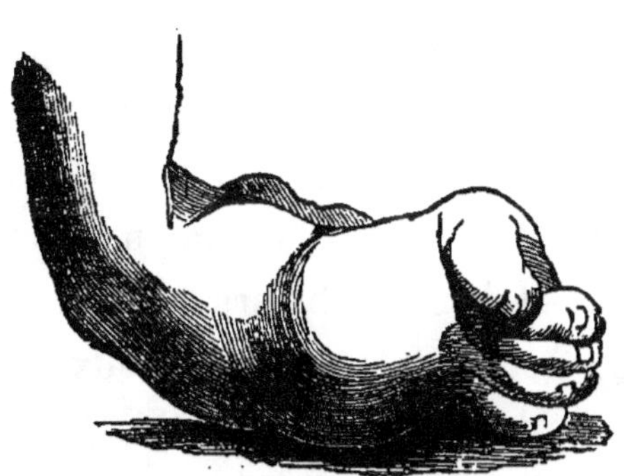

Fig. 17

L'opération fut pratiquée à l'Hôtel-Dieu, dans le service du professeur Breschet. Six jours après l'opération, la jeune fille marchait dans la salle, et au bout d'un mois elle quittait l'hôpital complètement guérie. Le pied avait la forme représentée par la figure 17 *bis*.

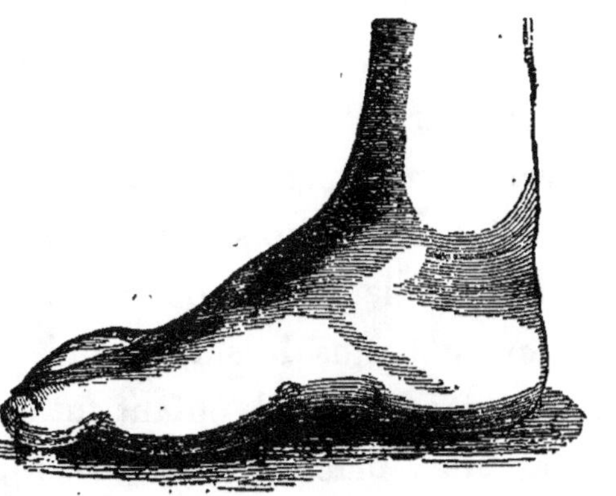

Fig. 17 *bis.*

Quoique d'une grande gravité, les difformités précédentes avaient pour sujets des stréphopodes jeunes, chez qui la guérison

peut être considérée comme relativement facile, quoique
certains la nient, ainsi qu'on l'a vu. Voici d'autres
exemples qui, à cause de l'âge des sujets, paraîtront
sans doute plus convaincants aux sceptiques qui ne
sont pas incrédules de parti pris.

Alphonse Remi était un bijoutier de Boulogne-sur-
Mer, âgé de vingt-huit ans, qui avait joui d'une bonne
santé jusqu'à l'âge de deux ans ; il éprouva à cet âge une
gastro-entéro-céphalite — (les gastrites étaient encore
fréquentes en 1837, même pour notre excellent père,
qui était plus chirurgien que médecin, et, de plus, ami
de Roche et de Sansom, deux fervents adeptes de Broussais, le premier surtout), — qui compromit gravement
ses jours. C'est là ce qu'il y a de plus positif, les
jours de l'enfant furent compromis. Pendant le cours
de cette maladie, qui dura près d'un mois, le côté droit
du corps devint paralysé. La gastro-entéro-céphalite disparut, mais l'hémiplégie persista jusqu'à l'âge de sept ans
avec des contractures dans les muscles du mollet et dans
les péroniers. Puis, la paralysie disparut dans le membre
supérieur, mais persista dans l'inférieur, et l'on s'aperçut,
trois ou quatre mois après la disparition de l'affection
fébrile, que le pied se déviait en dehors et que le talon
ne touchait plus le sol, quand le pied était posé sur
une surface plane. L'enfant fut confié à divers orthopédistes ; des machines variées furent portées pendant
plusieurs années, mais n'amenèrent aucune amélioration ; le pied, au contraire, se déviait de plus en plus
pour arriver à la forme suivante (fig. 18) que nous consta-

tâmes le 1ᵉʳ avril 1837, époque où Remi entra dans
notre établissement.

Tout le pied était forte-
ment dévié en dehors, ayant
la malléole interne très saillante et l'externe peu apparente. La face inférieure
des deux premières articulations métatarso - phalan -
giennes et le gros orteil
servaient seuls de point

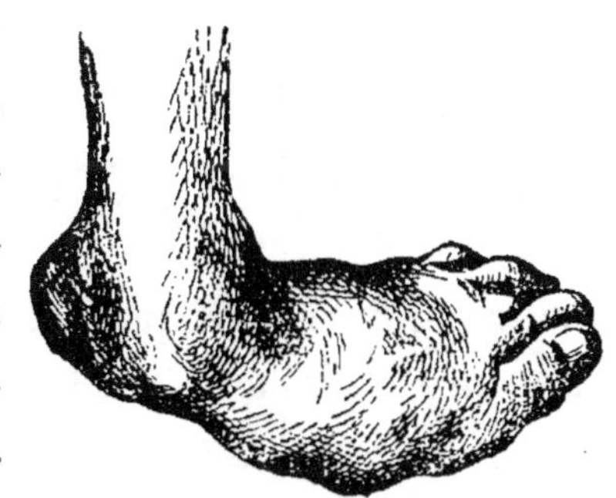

Fig. 18

d'appui pendant la station et la progression. La plante
du pied, légèrement concave, était dirigée de dedans
en dehors. Le bord interne du pied était convexe et
semblait partir du sommet du talon. Il présentait quatre
saillies : la première, formée par la malléole interne ;
la seconde, formée par le scaphoïde et la tête articulaire de l'astragale ; la troisième, par le premier
cunéiforme et l'extrémité postérieure du premier métatarsien, etc. On remarquait une espèce de gouttière au
côté interne de la partie inférieure de la jambe, se prolongeant, après avoir passé sous la malléole interne, jusqu'au milieu de la plante du pied. Le bord externe du
pied était concave, principalement vers l'articulation
calcanéo-cuboïdienne. Si l'on tendait un fil de la tête
du péroné au bord externe de la cinquième articulation
métatarso-phalangienne, on trouvait qu'à la hauteur de
la malléole externe, ce fil était distant de celle-ci de deux
pouces et dix lignes (sensiblement huit centimètres).

Le talon était fortement dévié en dehors et éloigné du sol de près de trois pouces. La mortaise tibio-péronière n'embrassait plus que le bord externe de la poulie articulaire de l'astragale. Les orteils étaient mal rangés et dirigés de dedans en dehors, chevauchant les uns sur les autres. Tout le membre abdominal, principalement la jambe, avait un volume beaucoup moindre que celui du côté opposé ; il était aussi un peu moins long.

Le 1er avril, nous avons pratiqué la ténotomie du tendon d'Achille en présence des docteurs Krauss (de Berlin), Weiss de (Copenhague) et du comte Hector-France d'Houdetot, aide de camp du roi.

Trois semaines après notre opération, le pied était ramené dans l'axe de la jambe, et le talon abaissé de manière à ce que le pied formât un angle droit avec la jambe.

Le vingt-cinquième jour, il formait un angle rentrant ; au bout d'un mois, notre malade marchait déjà facilement avec un pied normal.

Enfin, après deux mois, M. Rémi est parti complètement guéri, n'éprouvant plus qu'un peu d'hésitation dans la marche, hésitation due au moindre volume du membre et à son inégalité de longueur.

Le pied avait alors la forme représentée par la fig. 18 *bis*.

Eléonore Prudhomme, âgée de vingt-six ans, avait une difformité plus prononcée encore que celle de Rémi ; elle s'était développée vers l'âge de quatre ou cinq ans, à la suite d'une plaie de la plante du pied ;

elle consistait dans une stréphypopodie fort semblable à celle représentée par la figure 5, p. 14. La malade portait un brode-quin dont le quartier était en avant et le reste derrière, de sorte qu'elle parais-sait traîner son pied après elle. Il existait une véritable luxa-tion d'avant en arrière de l'avant-

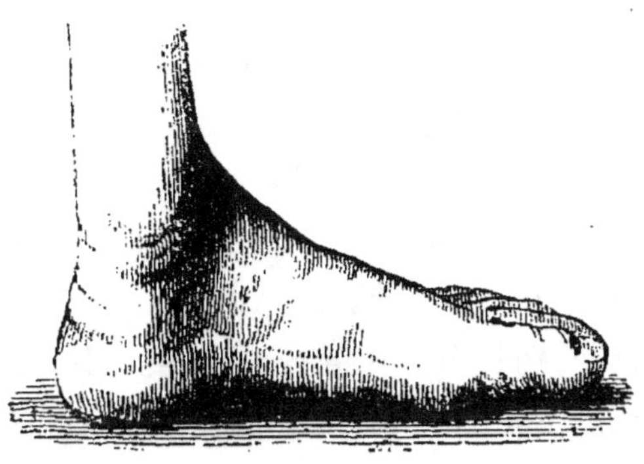

Fig. 18 bis.

pied sur l'arrière-pied. La base de sustentation avait lieu sur la face dorsale de la seconde rangée du tarse et du métatarse. Les orteils étaient un peu relevés, surtout le gros qui che-vauchait sur le deuxième et le troisième. La plante du pied, dirigée en haut, dépassait le talon en ar-rière, de dix centimètres ; elle en était séparée par un sillon transversal pro-fond. L'avant-pied était dirigé un peu en dedans. La mortaise tibio-péro-

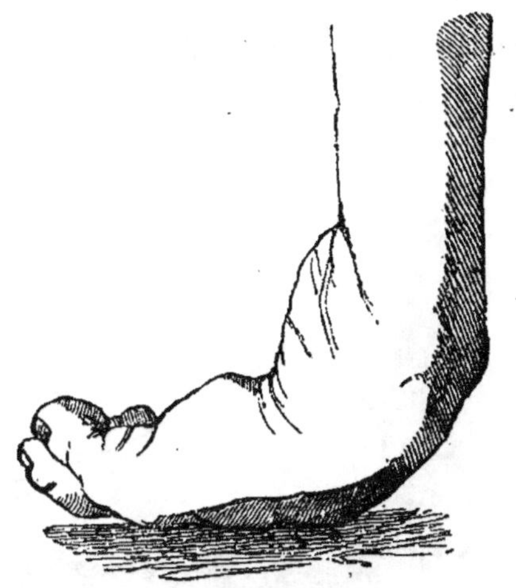

Fig. 19

nière s'appuyait sur la face postérieure de l'astragale. La figure 19 donne une idée exacte de cette difformité.

Le 18 septembre 1839 fut pratiquée la section du court fléchisseur des orteils, de l'aponévrose plantaire et du tendon d'Achille, en présence des professeurs Breschet (de Paris), dans le service duquel la malade était placée, à l'Hôtel-Dieu, et Lallemand (de Montpellier).

Aussitôt après la section, le pied fut placé dans un appareil construit *ad hoc*, et un mois plus tard, on constata un redressement complet. Quinze jours après, Mlle Prudhomme sortait de l'hôpital, éprouvant encore un peu de gêne dans l'articulation tibio-tarsienne, gêne occasionnée par les rugosités de la poulie articulaire de l'astragale, qui n'avait jamais été que très imparfaitement recouverte par la mortaise tibio-péronière ; mais ce malaise s'est dissipé à la longue, et l'année suivante notre opérée marchait *avec fermeté*, sur un pied *tout à fait restauré,* qui avait la forme représentée par la figure 19 *bis*.

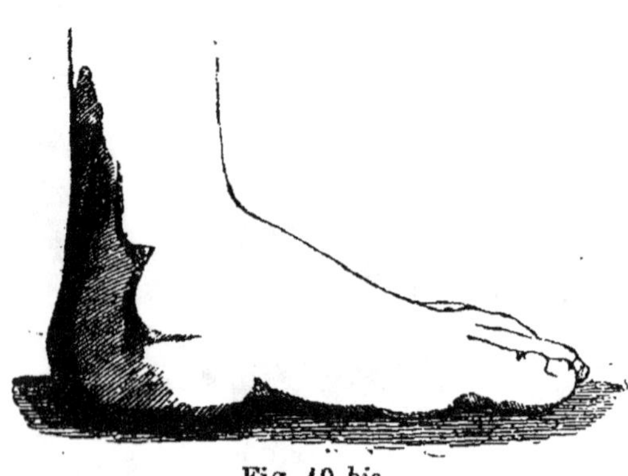

Fig. 19 *bis*.

Voilà une série de guérisons, et elles sont loin d'être les seules, que notre père et nous avons observées et obtenues, auxquelles, quelle que soit la bonne ou la mauvaise foi des sceptiques, — et nous n'avons pas besoin de dire que si nous classons Malgaigne parmi les sceptiques passionnés, nous ne le classons nullement parmi ceux de mauvaise foi, — il nous paraît impossible de contester leur qualité de guérison complète.

Maintenant, toutes celles que notre père a publiées sous ce nom le méritent-elles ou ne sont-elles que de simples améliorations? Il s'agit ici de s'entendre et de ne pas faire d'une importante question de choses une subtile question de mots.

Il est clair qui si l'on exige, pour admettre une guérison, que le pied d'un stréphopode ait récupéré ou acquis tous les caractères de l'état normal, au triple point de vue de la forme, et de la force et de la souplesse ou mobilité, les guérisons complètes seront rares, très rares, hors des conditions que nous avons spécifiées à l'occasion du cas du jeune Meunier. Mais cette manière de voir est-elle la plus logique et doit-elle être admise? Nous ne le pensons pas.

Si un médecin était assez heureux pour obtenir la cicatrisation d'une ou plusieurs cavernes pulmonaires chez un tuberculeux, et qu'avec ce qui lui resterait de tissu sain, le tuberculeux pût respirer de manière à transformer suffisamment le sang veineux en sang artériel, nous croyons que personne ne contesterait le nom de guérison au résultat qu'il aurait obtenu, bien qu'il n'eût en aucune façon rétabli l'organe pulmonaire dans son état normal. Cette comparaison permet, ce nous semble, d'apprécier équitablement les résultats pratiques de l'orthopédie.

Est-ce la vraie pratique que Thorens, dont nous avons

reconnu le bon esprit, en général, prend pour guide, quand il dit que, « pour regarder un pied bot congénital, — la congénitalité importe peu ici, — comme guéri, il faut qu'il puisse porter une chaussure ordinaire et marcher facilement sans claudication. » Considérer ainsi les choses, c'est, ce nous semble, attacher plus d'importance à la forme qu'au fond. Quelle qualification, par exemple, partant de ce point de vue, donnera-t-on aux résultats obtenus dans les cas suivants qui ont de très nombreux analogues :

Le littérateur de talent,—quoiqu'il n'en eût pas autant que son homonyme, qui, dans sa modestie l'appelait *Thomas* Dumas, faisant allusion à Thomas Corneille, le très inférieur des deux Corneille, — Adolphe Dumas, d'une constitution éminemment nerveuse, éprouva à l'âge de vingt-deux mois une affection de l'articulation coxofémorale gauche, qualifiée de *tiraillement*, et assez promptement suivie d'un amaigrissement considérable de tout le membre abdominal ; en même temps se développa une claudication qui devint très prononcée. A douze ans, l'enfant s'aperçut que son talon ne touchait plus le sol pendant la station et la marche, et que l'avant-pied se déviait en dedans.

Cette difformité continua d'augmenter avec l'âge, de manière que M. Dumas en arriva à ne marcher que très difficilement, ce qui l'engagea à demander des secours à l'orthopédie ; il avait trente ans quand il entra dans notre établissement, le 9 juillet 1841. Son pied avait la forme représentée par la figure 20. Il ne portait sur le sol que par la face inférieure des trois dernières articulations métatarso - phalangiennes. L'avant - pied était dirigé en dedans de manière à rendre le bord interne du pied très concave. En tirant une ligne de la malléole interne au côté interne de la première articulation métatarso-phalangienne, on trouvait un angle rentrant de plus de cinq centimètres de profondeur. Au bord externe du pied, qui est très convexe, il existait trois saillies formées : 1° par la malléole externe; 2° par la tête articulaire de l'astragale, et 3° par l'extrémité postérieure du cinquième métatarsien. Tout le membre inférieur, la jambe surtout, était atrophié.

Fig. 20

Le 10 juillet, en présence de M. Limbert aîné, ami de M. A. Dumas, on lui fit la section du tendon d'Achille. Huit jours après, le pied touchait le sol par toute la surface de la plante et du talon ; il formait un angle droit avec la jambe. A la fin du mois, c'est-à-dire vingt jours après l'opération, le pied pouvait former avec la jambe un angle très aigu. Quelques jours plus tard, M. Dumas marchait sans le secours d'aucun support artificiel. Les muscles du membre atrophié ont pris du développement, la peau a une meilleure couleur ; il est plus chaud ; en

un mot, la nutrition y est devenue plus active, comme
cela arrive à peu près constamment chez les stréphopodes qui ont un membre fonctionnant mal, atrophié, et
qui récupère en tout ou en partie sa fonction. La conséquence ultime du traitement fut que, tout en conservant une légère claudication, M. Dumas pouvait faire
plusieurs lieues sans se fatiguer, et tout le monde a pu
le voir longtemps se promenant sur les boulevards, de la
même allure que tous les autres promeneurs, avec une
claudication qui s'apercevait à peine. Quant au pied, il
présentait l'aspect ci-dessous :

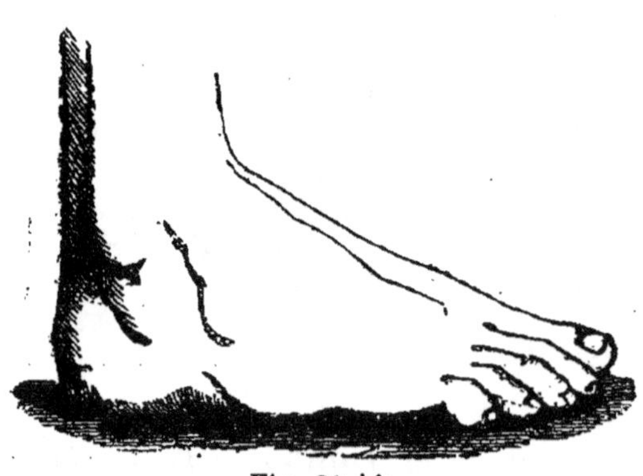

Fig. 20 *bis*.

Ce n'était pas
là, d'après la dé-
finition de Tho-
rens et les exi-
gences de Mal-
gaigne, une vé-
ritable guérison,
c'est-à-dire une
guérison *com-
plète;* mais sur la
question de guérison, les malades ont bien le droit d'avoir
voix au chapitre ; or M. Dumas se trouvait si bien
guéri, qu'il a célébré sa guérison en prose et en vers,
qu'il s'en est vivement applaudi, et en a témoigné de la
reconnaissance à notre père, aussi longtemps qu'il a
vécu, et il s'en faut qu'il soit le seul dans le même cas.

Ne voulant pas donner à cet ouvrage une trop grande
extension, nous ne citerons pas d'autres observations en

détail, mais il nous sera permis de mentionner seulement les noms de quelques-uns des stréphopodes qui ont été tout aussi satisfaits de la ténotomie que M. Dumas, et dont plusieurs étaient aussi ou plus âgés que lui, et pour la plupart dans un état plus grave. Ces cas n'ont pas été rares, car sur les soixante et une observations qui sont la base du livre de notre père, on en compte vingt-quatre, savoir : six affectés de pied bot congénital et dix-huit de pieds bots consécutifs. On voit que, même dans le traitement de pied bot congénital, on peut encore espérer de beaux succès, contrairement à l'avis de quelques chirurgiens, lorsque les sujets ont dépassé de beaucoup la vingtième année ; à plus forte raison en est-il de même dans les cas de pied bot consécutif ou accidentel.

Parmi les six cas congénitaux se trouvent ceux de Messieurs :

Durozey, âgé de 34 ans, contrôleur aux soudes, à Lescure, près de Rouen, atteint d'une double stréphendopodie de naissance, très prononcée d'un côté ; il serait très instructif de rapporter son observation en détail, mais nous devons nous borner.

Ruysenaers, consul, âgé de 24 ans, dont nous avons rapporté précédemment l'observation en détail.

Boucherez, âgé de 41 ans, juge d'instruction, né avec un double pied bot, l'un en bas, l'autre en haut.

Quant aux dix-huit cas accidentels, nous nous contenterons de citer ceux de Messieurs et Madame :

Jenvrin, président du tribunal de Montfort, 35 ans : pied bot équin très développé.

Reynaud, capitaine de gendarmerie, âgé de 41 ans :
équin-varus.

Mutel, notaire à Bordeaux, âgé de 42 ans : équin
prononcé.

Bourdon, lameur (dans une fabrique de draps), âgé
de 46 ans : équin-varus grave.

Comtesse de C..., âgée de 53 ans : trois fois guérie
partiellement par d'Yvernois, à l'aide du sabot de Venel ;
la difformité a récidivé autant de fois ; a été définitivement guérie par la ténotomie.

Nous devons ajouter que, dans tous ces cas, aussi
bien que pour ceux que nous passons sous silence, la
guérison n'était pas *complète* dans le sens défini par
Malgaigne et par Thorens, mais que les fonctions du
pied étaient suffisamment rétablies pour que les malades
se trouvassent eux-mêmes guéris, et leur opinion a
bien quelque valeur.

Thorens, se plaçant à un point de vue plus scientifique, mais assurément moins pratique, fait observer
que les moules et les dessins des pieds bots guéris
étant, selon Malgaigne, des portraits flattés, il faudrait,
pour juger en quoi, au juste, a consisté la guérison,
présenter des pièces anatomiques montrant l'état des
diverses parties du pied quelques années après le traitement. L'observation est juste, et notre père, en l'absence de pièces anatomiques, qui faisaient défaut,
avait cherché à déterminer sur le vivant ce qu'on n'aurait pu faire en toute rigueur que sur le cadavre :

« Aglaé Mouix, âgée de 22 ans, dit-il, en parlant

d'une des stréphopodes dont nous venons de mentionner la guérison, avait un pied bot en dedans très difforme. Le pied ne peut être redressé plus qu'à angle droit; au bout de cinq semaines de traitement, la malade put commencer à marcher; toute la face plantaire portait sur le sol. Un an après, elle marchait très facilement sans claudication, faisant même exécuter à son pied des mouvements de flexion assez étendus. Ceux-ci n'avaient pas lieu dans l'articulation tibio-tarsienne, mais bien entre le scaphoïde et la tête articulaire de l'astragale, le cuboïde et la tubérosité antérieure du calcanéum.

« Nous avons rencontré, depuis, trois cas tout à fait semblables, où, de même, il nous avait été impossible de dépasser l'angle droit, et la flexion avait fini par s'établir dans les articulations cuboïdo-calcanéenne et scaphoïdo-astragalienne. »

Ayant cité ces remarques de notre père, les premières qui aient été faites sur le sujet dont il s'agit, Thorens cite le cas suivant, publié par Bouvier :

« Augustine Horms, examinée en 1838, à l'hospice des Enfants-Assistés; elle était âgée de 5 mois et demi : pied bot varus congénital double, plus prononcé à gauche. Les deux avant-pieds fortement contournés, et se regardant par la pointe, remontaient obliquement au côté interne de la jambe, avec laquelle le gauche ne formait qu'un angle de 45°, de sorte que le gros orteil était à quelques lignes du bord interne du tibia. La face plantaire, exposée de champ, continuait en dedans le plan postérieur de la jambe, de même que la face dorsale faisait suite au plan antérieur. Le talon était remonté et effacé, la malléole interne marquée par l'adduction exagérée du pied, la poulie de l'astragale découverte par l'extension outrée de l'articulation tibio-tarsienne, la tête du même os saillante sous la peau par suite du déplacement du scaphoïde. Le pied n'était redressé qu'incomplètement par l'effort de la main.

« A la fin de mars 1838, trois mois après la première application des appareils mécaniques, le redressement était presque complet ; le pied droit avait repris sa position naturelle ; il formait de lui-même un angle droit avec la jambe, et on le fléchissait à l'angle aigu avec une grande facilité. Le pied gauche conservait une légère tendance à se porter en dedans.

« Une rougeole grave, avec accidents cérébraux, fait interrompre le traitement : la rétraction des talons, la torsion des avant-pieds se reproduisent en partie. Les appareils sont réappliqués, mais avec moins de régularité qu'auparavant.

« Mort (*sic*) de coqueluche le 15 mai 1839.

« La situation des pieds paraît normale ; au premier coup d'œil, ils présentent leur pointe en avant et posent sur le sol par toute leur face plantaire. La poulie et la tête de l'astragale droit sont assez complètement réduites ; au pied gauche seulement, ces parties osseuses ne sont pas entièrement recouvertes par les surfaces correspondantes du scaphoïde et des os de la jambe. La longueur proportionnelle des organes fibreux et musculaires des côtés opposés des articulations infléchies, a été tellement modifiée qu'on ne peut plus ramener les pieds à l'état extrême de difformité qu'ils présentaient avant le traitement. Toutefois, les muscles jumeaux et soléaires sont encore un peu courts ; la flexion des pieds est bornée à l'angle droit par la tension du tendon d'Achille, et, sous ce point de vue, la cure n'était point achevée. »

Cette observation ne nous apprend rien sur l'état des os ; ce n'était pas la peine de faire une autopsie pour ne pas les examiner très en détail.

Ce qu'il y a de singulier, c'est qu'Adams, qui a disséqué, à des époques plus ou moins éloignées de celles où avaient été pratiquées les opérations, plusieurs *cas* de pieds bots, — comme écrit Thorens, quoiqu'on ne dissèque pas des *cas*, mais des pieds, — Adams n'a pas été mieux inspiré que Bouvier ; il fait connaître l'état des muscles et des tendons sectionnés, mais reste muet sur les altérations osseuses. Chez un seul enfant, âgé de six ans, « qui était mort de fièvre scarlatine après avoir subi, — on ne dit pas depuis combien de temps, — un traitement orthopédique pour un varus congénital, et dont le pied avait *presque* complètement repris sa forme normale, on constata à la dissection que le scaphoïde avait gardé sa position primitive, maintenu par les ligaments contre la face interne de l'astragale. Toutefois, la somme des mouvements de l'articulation astragalo-scaphoïdienne s'était considérablement accrue, et il est probable qu'avec le temps et les progrès de la croissance, cette augmentation de mouvement aurait amené un résultat avantageux et persistant.»

En résumé, on n'est que médiocrement éclairé sur les modifications que peuvent avoir subies les os, chez les stréphopodes guéris ou réputés tels, et, malgré le très petit nombre d'autopsies pratiquées, ce qu'on sait de plus intéressant sur ce point, c'est encore ce que notre père a constaté sur le vivant, d'autant plus qu'il s'agissait d'adultes, et que c'est surtout chez eux qu'il est intéressant de savoir ce qu'on peut espérer d'un traitement rationnellement, habilement et assidûment appliqué. Des quelques observations de notre père, il résulte clairement que les adultes atteints de difformités accidentelles et même congénitales, peuvent récupérer la forme et surtout les fonctions plus ou moins complètes du pied, sans que les parties osseuses aient repris leur situation normale, et, par conséquent, sans que les mouvements se passent précisément dans les mêmes points que chez les sujets bien conformés ; mais ces mouvements n'en permettent pas moins aux opérés chez qui on les a obtenus, de se livrer à toutes les occupations de leurs professions, c'est-à-dire presque toujours de faire plus qu'ils n'avaient osé espérer ; aussi croyons-nous que c'est à bon droit qu'ils se considéraient comme guéris, et à non moins bon droit que l'orthopédiste pouvait considérer son art comme une des plus belles conquêtes de la chirurgie, même si cet art bornait ses bienfaits aux cas auxquels nous faisons allusion, soit qu'on les qualifie de guérisons, soit qu'on ne leur accorde que le nom d'améliorations.

Des opérations pratiquées sur les os.

(*Tarsectomie.*)

On a vu précédemment que quelques chirurgiens, non contents des progrès réalisés par la ténotomie, s'étaient attaqués aux ligaments ; Streckeisen (de Zurich) y insiste particulièrement. Malgaigne s'éleva avec énergie contre cette pratique ; sa trop légitime critique réussit à la faire tomber à peu près complètement en désuétude ; du moins ne connaissons-nous personne qui persiste à l'appliquer. Mais depuis Streckeisen, des opérateurs, en apparence encore plus hardis, se sont attaqués au squelette du pied et ont créé une méthode qui consiste à enlever des parties plus ou moins considérables des os du tarse, ou même un os tout entier, l'astragale, par exemple, et l'on a donné à cette méthode le nom de tarsotomie, qu'il vaut mieux appeler *tarsectomie* (ostéotomie du tarse).

Les débuts de la méthode ne furent pas brillants ; en 1873, Thorens en rendait compte en ces termes :

« Le 26 juin 1854, Solly pratiqua à l'hôpital Saint-Thomas la résection du cuboïde chez un homme de 26 ans atteint d'un pied bot varus congénital très prononcé. M. Little avait conseillé cette opération.

« Après avoir anesthésié le malade, on fit une incision sur la convexité du bord externe du pied ; le cuboïde fut mis à découvert et enlevé avec la gouge.

Des parcelles des os voisins furent probablement enle-
vées également, la gouge étant portée profondément
du côté de l'astragale, de manière à réséquer, en forme
de coin, des os de la convexité du pied. Le pied fut
ensuite redressé violemment, et divers appareils furent
mis en usage pour maintenir ce redressement. Mais on
rencontra de grandes difficultés, par le fait de la présence de la plaie au côté externe du pied, le lieu sur
lequel devait porter la compression.

« Le résultat immédiat de cette opération fut une légère
amélioration dans l'état de la difformité, mais le résultat final fut bien moins heureux que ne l'avait espéré
l'opérateur.

« Nous avons nous-même vu cette opération pratiquée, à l'hôpital de Heidelberg, chez un jeune garçon
de 15 ans, atteint de pied bot varus équin accidentel.
Weber réséqua un fragment du cuboïde et du calcanéum
en forme de coin, le pied redressé fut placé dans un
appareil plâtré, fenêtré ; la pourriture d'hôpital s'y mit
et le malade mourut. »

Sans faire plus de critique sur ces deux opérations,
qui en comporteraient pourtant d'aussi légitimes qu'é-
nergiques, Thorens conclut ainsi :

« Pratiquer l'ostéotomie dans le cas de pied bot, c'est,
avouons-le, courir de grands risques pour atteindre un
résultat accessible par des moyens bien plus inno-
cents. »

Cette juste conclusion n'a pas empêché la chirurgie
aventureuse de se livrer à son penchant, et nous voyons,

en 1883, E. Schwartz, plein de confiance dans les vertus préservatrices de la méthode antiseptique, écrire :

« Le champ de la thérapeutique des pieds bots s'est considérablement élargi depuis ces dernières années, grâce aux nouveaux pansements, grâce aussi à une étude approfondie de la physiologie pathologique des difformités du pied. »

Que les nouveaux pansements aient engagé quelques chirurgiens à élargir le champ de la thérapeutique des pieds bots, nous ne le contesterons pas ; mais que les chirurgiens qui ont travaillé à cet élargissement aient approfondi plus qu'on ne l'avait fait avant eux la physiologie pathologique des pieds bots, c'est ce que Schwartz ne démontre pas, et ce qu'il aurait, croyons-nous, de la peine à démontrer. Il faut se défier, quand on tient une plume, de la tendance qu'elle éprouve parfois à courir sans frein, si l'on ne la retient pas, et à écrire des phrases qui n'expriment aucune réalité. C'est ce que fait, de son côté, le Dr Barette, quand il écrit, à propos de la résection du cunéiforme, malheureusement pratiquée par Otto Weber en 1865, et étendue à toute la largeur du tarse par Davies Colley en 1876 : « Cette dernière méthode a été bientôt adoptée *avec une véritable fureur* par nombre de chirurgiens » qu'il cite : Smith, Wood et Davy, en Angleterre, Schede, Konig et Ruprecht, en Allemagne. Quant à la France dont il ne parle pas, la discussion de 1882 à l'Académie, ouverte dans les termes suivants par J. Guérin, prouve avec quelle *fureur* elle y fut adoptée :

« C'est avec un sentiment pénible que je viens communiquer à l'Académie quelques réflexions sur l'ostéotomie et la tarsotomie dans le traitement du pied bot congénital.

« Il est aujourd'hui connu de tout le monde que des chirurgiens, même parmi ceux qui occupent une position élevée dans la science et dans l'art, ne craignent pas de s'associer à des tentatives opératoires, qui témoignent d'aussi peu de souci des progrès les mieux établis de la chirurgie que des intérêts des malades. En m'exprimant ainsi devant l'Académie..... je veux me servir de sa tribune retentissante pour porter le plus loin possible la réprobation que me paraît nécessiter *une pratique qui serait véritablement coupable, si elle n'était surtout inconsidérée.* »

Cette réprobation longuement développée et motivée, fut corroborée par les allocutions vigoureuses du professeur Gosselin et du Dʳ Blot, lesquelles furent unanimement approuvées; le seul Dʳ Tillaux fit, dans les termes suivants, une réserve relativement au pied bot des adultes :

« Dans le pied bot des enfants, on obtient certainement la guérison par les moyens préconisés par M. Guérin ; mais pour des hommes de vingt-cinq à trente ans, le massage, la ténotomie, la section des muscles *ne servent à rien ;* seule la tarsotomie peut amener la guérison. » (*Bullet. de l'Acad. de méd.*, 2ᵉ série, t. XI, p. 1039 et suiv.)

Nous dirons plus loin dans quelles conditions la

réserve du savant chirurgien est légitime. Contentons-
nous de faire remarquer, pour le moment, que la
presse scientifique fut généralement de l'avis de l'Académie ; pour notre part, voici en quels termes nous
exprimions notre opinion :

« Depuis un assez grand nombre d'années, la chirurgie étrangère, la chirurgie américaine surtout, s'est
lancée dans une entreprise d'opérations téméraires dont
la chirurgie française n'a pas toujours su s'abstenir et
qui faisait déjà poser par un spirituel feuilletoniste,
il y a quelque 25 ans, cette question d'un interne à son
chef de service : « Monsieur, quelle est la moitié du
malade qu'il faut rapporter dans son lit? »

« Sans rentrer précisément dans la catégorie des opérations qui justifient cette question humoristique, l'ablation des os du tarse, récemment proposée et même
pratiquée pour remédier au pied bot, n'en doit pas
moins être rangée dans la famille des opérations dont
une saine chirurgie doit presque toujours s'abstenir.

« C'est contre cette opération que notre éminent confrère, M. J. Guérin, est venu lire à la dernière séance
de l'Académie un mémoire d'un grand intérêt, qui se
termine par les conclusions suivantes :

« 1° La tarsotomie, ablation et résection des os du
« tarse pour remédier aux pieds bots même les plus
« prononcés, chez l'enfant, est une opération qui doit
« être réprouvée comme un des plus graves abus de la
« chirurgie contemporaine ;

« 2° Cette méthode, qui se résout dans une mutila-

« tion inutile et dangereuse au double point de vue de
« la forme et des fonctions du pied, peut toujours être
« suppléée par la vraie méthode orthopédique, laquelle
« comprend la ténotomie, la syndesmotomie, le massage
« et les appareils orthopédiques ;

« 3° La tarsotomie, excusable tout au plus chez l'adulte,
« et pour des pieds bots invétérés, n'a pas montré
« jusqu'ici qu'elle fût préférable, au point de vue des
« dangers à faire courir et des services à rendre, au
« maintien de la difformité aidée d'appareils et de
« chaussures intelligemment appropriées à la déforma-
« tion du pied ;

« 4° Finalement, il n'y a pas lieu d'invoquer, pour jus-
« tifier des tentatives blâmables de tarsotomie orthopé-
« dique, les applications possibles de cette méthode aux
« déformations résultant des maladies des os du tarse,
« après la disparition des accidents causés par ces
« dernières, ces opérations ne pouvant en aucune façon
« être confondues avec celles proposées pour le pied
« bot ; toutes réserves faites à l'endroit des opérations
« de pseudo-tarsotomie que l'expérience seule pourra
« faire apprécier et qu'elle n'a pas permis d'apprécier
« jusqu'ici. » (Voir *Médecine contemporaine*, numéro du
1ᵉʳ octobre 1882.)

Après avoir constaté l'unanimité avec laquelle l'Académie avait accueilli ces conclusions et les avoir
approuvées nous-même, nous présentions, sur l'épithète
de blâmable que J. Guérin avait employée, des remarques
que nous croyons utile de reproduire :

« L'épithète de blâmable, disions-nous, ne s'entend généralement et ne doit s'entendre qu'au point de vue moral, et, ainsi entendue, faire une opération blâmable, c'est faire un acte contraire à la morale. Nous croyons qu'il est certains actes chirurgicaux ou même médicaux et physiologiques qui méritent d'être ainsi qualifiés ; mais doit-on qualifier de même une opération en faveur de laquelle on peut invoquer des raisons, — mauvaises selon nous, — mais pas assez mauvaises pour qu'elles ne puissent pas faire illusion à certains esprits ? Ce serait peut-être bien rigoureux ; nous n'oserions, pour notre compte, accuser les tarsectomistes orthopédiques de Bordeaux ou d'ailleurs d'avoir commis des actes moralement blâmables en pratiquant leurs opérations ; il y aurait, dans un pareil jugement, des questions d'intention et de conscience que nous aurions de la peine à résoudre, et que nous n'oserions trancher.

« Mais si nous éprouvons de l'hésitation à porter un jugement moral, nous n'en éprouvons aucune pour formuler un jugement chirurgical : Au point de vue de la saine chirurgie, la tarsectomie, même chez l'adulte (1), est, sans contredit, un acte blâmable ; les principes ne permettent pas l'ombre d'un doute à ce sujet :

(1) A propos de la prétendue impuissance absolue, suivant M. Tillaux, de l'orthopédie ordinaire, intelligemment appliquée aux pieds bots des adultes, nous renvoyons l'honorable académicien aux observations publiées par notre père et dont nous en avons reproduit quelques-unes dans le présent ouvrage, d'adultes non seulement de 25 ans, mais de 53 ans, guéris par la saine orthopédie, observations dont M. Tillaux avait sans doute oublié l'existence.

M. J. Guérin les a invoquées d'une manière sommaire; M. Blot les a rappelés en termes plus précis; nous les formulerons d'une manière plus précise encore :

« Est-il permis d'exposer des malades à des dangers sérieux, même à la mort, pour un bien problématique, surtout quand ils ne sont atteints que d'une maladie ou, mieux que cela, — d'une infirmité qui ne menace nullement et ne peut abréger leur existence? — A cette question, tout homme doué d'un cerveau bien équilibré répondra énergiquement : Non. Comment ! voilà un malade, — pardon, — un infirme qui marche, qui court, qui saute et gambade, suivant les expressions de M. J. Guérin, et, pour un bénéfice incertain, — nous disons plus, ce bénéfice fût-il certain, — vous allez l'exposer à de grandes souffrances, à de graves accidents, même à la mort (il y a déjà des cas de mort) ! Jamais un chirurgien sérieux, prudent, nous serions tenté de dire consciencieux, n'exposera un de ses semblables à de tels hasards; ce sont là, comme l'a dit M. Blot, des opérations de complaisance, que la déontologie doit condamner et condamne. Elle devrait les condamner, dans l'espèce, même s'il s'agissait de pieds bots absolument incurables et irrémédiables. Mais combien en rencontre-t-on de ceux-là ? Très peu, extrêmement peu. Presque tous peuvent être plus ou moins améliorés par une application rationnelle des chaussures et des appareils, ainsi que l'a justement rappelé M. Guérin, et, pour notre compte, nous n'avons vu que très rarement, extrêmement rarement, des malades (expression fausse consacrée) sortir des mains de mon père ou des nôtres sans avoir obtenu de sérieux avantages de l'application des moyens orthopédiques, des avantages aussi grands qu'ils auraient pu en obtenir d'une opération supposée heureuse, et cette supposition ne s'est pas toujours réalisée, tant s'en faut, et ne se réalisera probablement pas davantage à l'avenir.

« En résumé, la discussion provoquée par l'excellente note de M. Guérin, a fourni une précieuse occasion à des praticiens distingués de rappeler et d'affirmer énergiquement, à propos de pieds bots, de solides et judicieux principes chirurgicaux qui s'appliquent aussi bien à la chirurgie générale qu'à la spécialité orthopédique, et tout permet d'espérer que cette discussion mettra un frein salutaire à des témérités dont beaucoup d'infirmes pourraient être victimes. »

A ces remarques écrites depuis sept ans, nous n'avons que peu de chose à changer; mais nous avons malheureusement à modifier l'espoir que nous exprimions de voir, sinon disparaître, au moins diminuer considérablement les témérités que nous blâmions et que nous blâmons encore, et pour les mêmes raisons. Il est bien vrai qu'en France surtout, la tarsectomie n'est pas devenue *classique* et moins encore a été adoptée avec fureur, comme le dit Barette, mais il est certain que des chirurgiens recommandables l'ont décrite parmi les procédés applicables au traitement du pied bot. E. Schwartz, dans son ouvrage très travaillé, quoique, à certains égards, défectueux, lui accorde une place importante, et la juge avantageusement applicable dans certains cas. Il analyse, dans son travail, les opérations tentées jusqu'à lui, les résume dans des tableaux, et les apprécie avec assez de justesse et d'impartialité, quoiqu'avec une tendance un peu trop marquée à l'approbation. Pour ne pas être incomplet, nous devons donc dire quelques mots de ces faits et des distinctions qu'on a déjà établies entre les diverses opérations exécutées par plusieurs chirurgiens.

Une grande distinction a été établie suivant que la tarsectomie s'attaque au cuboïde et aux cunéiformes, voire à la partie antérieure du calcanéum, ou à l'astragale qu'on enlève partiellement ou en totalité : La première catégorie d'opérations a été désignée sous le nom de *tarsotomie antérieure*, et celles de la seconde, sous celui de *tarsotomie postérieure*. Voici comment E. Schwartz, qui s'est attaché avec une grande prédilection, dans son ouvrage sur les pieds bots, à l'étude de la tarsectomie ou des tarsectomies, décrit la manière de procéder à l'une et à l'autre :

« *Extirpation de l'astragale ou tarsotomie postérieure.* — Voici le procédé que le professeur Eugène Bœckel préconise pour extirper l'astragale et réséquer, si cela est nécessaire, une partie de la malléole externe.

« Après avoir appliqué la bande d'Esmarch, toutes les précautions antiseptiques étant prises, on fait une incision courbe de l'articulation tibio-péronière inférieure jusqu'au bord des tendons externes vers la base du quatrième métatarsien ; cette incision doit aller d'emblée

jusqu'à l'os ; il ne faut pas s'attendre, à cause des
adhérences de la synoviale à la poulie de l'astragale, à
tomber dans la cavité articulaire. On met à nu l'os en
disséquant et en détachant les adhérences, et on le fixe
avec un crochet double qu'on implante dans son tissu.
L'on sectionne les ligaments péronéo-astragaliens, puis
le ligament astragalo-calcanéen. L'on désarticule la
partie antéro-interne en faisant récliner les tendons en
dedans ; l'on tire sur l'os et l'on coupe alors les ligaments internes. Peut-être, chez l'adulte, y aurait-il
nécessité de faire une incision interne pour accomplir
cette manœuvre. L'astragale est ainsi enlevé en totalité ;
il est assez difficile de respecter ces limites chez l'enfant ;
l'os est, en effet, cartilagineux et se laisse aisément
entamer par le bistouri. L'extraction faite, on sectionne
par la méthode sous-cutanée l'aponévrose plantaire et
les muscles sésamoïdiens internes ; l'on déroule le pied
et on le redresse. Le pansement se fait avec de la gaze
iodoformée après lavage et drainage de la plaie, sur
laquelle on applique quelques sutures peu serrées qu'on
enlèvera au bout de sept ou huit jours ; le tout est
recouvert de coton ; et le membre redressé est enfermé
dans un appareil plâtré et fenêtré après dessiccation. La
bande d'Esmarch ne doit être enlevée que lorsque le
pansement est terminé et l'appareil appliqué.

« Le membre, le premier jour, est maintenu suspendu pour éviter les hémorrhagies vaso-paralyti-
ques.

« La guérison de la plaie est achevée au bout de

quatre à ciuq semaines ; car le froncement de ses bords ne permet généralement pas la réunion par première intention. On peut alors enlever le plâtre et commencer les exercices de flexion et d'extension. Il est nécessaire de maintenir le pied des enfants, quand on les fait marcher, dans des moules de cuir à attelles jambières articulées au niveau des malléoles, et de telle façon que l'articulation interne soit un peu plus basse que l'externe, le pied se renversant ainsi tout naturellement en valgus.

« Sur l'adulte, l'opération est un peu différente de ce qu'elle est chez l'enfant. Nous avons eu l'ocsasion d'assister à une extirpation d'astragale faite par notre collègue le Dr Lucas Championnière pour un pied bot paralytique ancien équin-varus. L'incision doit remonter un peu plus au-dessus de l'articulation tibio-péronière inférieure, si l'on veut avoir suffisamment de jour et aboutir à l'extrémité du troisième métatarsien. Les tendons sont ménagés et il faut alternativement, pour détacher l'astragale de ses connexions, les rejeter en dehors et en dedans. Le mieux est de détacher d'abord les ligaments internes et inférieurs, puis de luxer l'os en dedans, et de détacher ensuite les externes. L'opération est relativement facile, quand on est en possession d'un bon instrument pour saisir l'os et le manier. Celui qui nous a servi en cette occurrence est la pince à érignes d'Ollier pour résection ; elle s'implante dans le tissu et permet de développer une force considérable sans lâcher prise. Quand, après la résection de l'os, le tendon d'Achille résiste au redressement au-delà de l'angle droit, on le coupe par la méthode sous-cutanée.

« Nous ne croyons pas qu'il soit prudent, dans le cas actuel, de faire un pansement compressif avant d'enlever la bande d'Esmarch, sans avoir au préalable lié les principaux vaisseaux ; l'hémorrhagie est véritablement trop sérieuse.

« *Résections cunéiformes totale ou partielle (tarso-tomies antérieures totale ou partielle)*. — Les précautions préliminaires ayant été prises comme précédemment, on fait le long du bord externe du pied, depuis la malléole externe jusqu'au niveau du cinquième métatarsien, une incision longitudinale jusque sur les os : sur elle et au niveau de l'interligne médio-tarsien ou un peu en avant, l'on fera tomber une incision transversale qui n'intéressera que la peau et non pas toutes les parties molles comme l'a fait Bryant. Les tendons sont réclinés en dedans : le périoste est autant que possible détaché des os que l'on veut enlever. A l'aide d'un bistouri à forte lame chez les enfants, d'un ciseau ostéotome chez l'adulte, on taille dans la voûte du tarse un coin à base dorsale externe plus mince en bas et en dedans qu'en haut et en dehors. »

Déjà, à ce point de la description de la manœuvre opératoire, Schwartz ne peut s'empêcher de faire quelques remarques qu'il nous paraît utile de citer avant de présenter les nôtres :

« Il nous semble bien difficile, dit-il, d'aller chercher les articulations déformées et souvent ankylosées du cuboïde avec le calcanéum, du scaphoïde avec la tête de l'astragale, etc. etc., et l'ablation exacte du cuboïde dans ses articulations nous paraît plutôt une conception théorique qu'une manœuvre pratique. On pourra se contenter, dans certain cas, de n'enlever qu'un coin incomplet ; la tarsotomie sera partielle et correspondra à l'extraction du cuboïde ; ou bien on sera obligé d'enlever un coin comprenant toute l'épaisseur du tarse et alors la tarsotomie sera totale.

« Pour se rendre compte de la forme et du volume de la partie à extirper, König et Meusel moulent le pied, puis dessinent sur le moule ce qu'il faut en retrancher pour redresser le pied. On enlèvera généralement des portions du cuboïde, du calcanéum, du scaphoïde, de l'astragale, plus rarement des cunéiformes et des métatarsiens.

« Quand on a réséqué le coin détaché à l'aide du bistouri ou du ciseau, on essaye de redresser le pied ; si la correction a lieu facilement, l'opération est terminée ; si la correction ne peut se faire, il faut encore enlever ou couper les parties qui résistent. Plus le pied est en équinisme, plus la base du coin devra être reportée sur la face dorsale et près de l'articulation tibio-tarsienne : dans certains cas il faudra ajouter à la résection la ténotomie du tendon d'Achille pour remettre le pied à angle droit après l'avoir déroulé. L'opération terminée, le pansement de Lister ou iodoformé sera appliqué ; le pied sera maintenu, soit à l'aide d'une attelle postérieure à pédale, ou d'un bandage plâtré, fenêtré, qu'on renouvellera de temps en temps, et qui ne sera supprimé qu'au bout de quelques semaines, quand la cicatrisation sera complète.

« Il sera bon de faire porter au patient, comme l'ont fait faire Lücke et d'autres encore, un appareil orthopédique redresseur pendant quelques mois. C'est là, croyons-nous, un point essentiel, sur lequel n'ont pas assez insisté les chirurgiens qui ont eu des revers rapides. »

Si l'opinion soutenue à l'Académie de médecine par J. Guérin et par nous-même, dans notre journal, avait besoin d'un appui, nous pensons que ces deux descriptions des deux catégories de tarsectomie, de la dernière surtout, par un chirurgien qui leur est si sympathique et qui les considère comme un beau progrès dans la thérapeutique du pied bot, cet appui se trouverait là. Pour la dernière opération, il serait difficile d'imaginer un gâchis pareil à ces sections, contre-sections, faites en quelque sorte au hasard et à l'aveuglette à travers des articulations déformées ou même ankylosées, sections et contre-sections qu'on ne peut pas déterminer d'avance, qu'on est obligé, pour ainsi dire, d'arrêter à mesure qu'on taille ou qu'on coupe, et de modifier, d'improviser suivant les nécessités qui se présentent, nécessités elles-mêmes mal déterminées, qui ne peuvent guère conduire qu'à des résultats imprévus, le tout pour arriver à quoi? à être obligé parfois (et combien de fois, c'est-à-dire combien souvent ?) de pratiquer des ténotomies, suivies d'applications d'appareils *pendant des mois !*

Quant à la première catégorie, à celle qui a surtout

les sympathies de l'auteur des descriptions que nous venons de reproduire, la tarsectomie, moins compliquée à la vérité que l'autre, moins *gâchis*, si l'on nous permet le mot, au fond, vaut-elle beaucoup mieux ? Il s'en faut bien que cela soit démontré. Nous croyons inutile d'analyser et d'apprécier en détail tous les faits publiés de cette tarsectomie, qui presque tous manquent, aussi bien que ceux de la tarsectomie antérieure, des détails ou des garanties nécessaires pour servir de base à une critique suffisamment motivée ; nous examinerons seulement, avec quelques détails, cinq de ces faits dus au professeur E. Bœckel, que rapporte Schwartz, et qui, en raison du talent de l'auteur, et de la sympathie pour lui que professe l'éminent auteur *Des pieds bots et de leur traitement*, qui est son élève, offrent à la fois des garanties d'exactitude et la certitude qu'ils sont présentés sous le jour le plus favorable. Or, dans le tableau dressé par M. Schwartz, ces faits sont au nombre de cinq.

Tous ont pour sujets des enfants âgés de *trois ans et demi, quatre ans, quatre ans et demi, cinq ans et six ans.*

Qu'avait-on tenté pour les délivrer de leur infirmité, avant d'en venir à l'opération grave qu'ils ont subie ? Voici les renseignements que M. Schwartz nous donne sur cette question :

Le *premier*, par ordre d'âge (trois ans et demi), avait un double varus équin congénital. — « A l'âge d'un an, section du tendon d'Achille. Massage. Appareil orthopédique. Pas d'amélioration, surtout du côté gauche. »

Le *second,* double varus équin congénital. — « A neuf

mois, section des tendons d'Achille. Massage. Appareil de Stoes modifié. A un an et demi, section des tendons d'Achille sans résultat. A quatre ans, aucun résultat. »

Chez le *troisième*, varus équin à gauche, léger varus à droite. — « Section du tendon d'Achille, du tibial postérieur et de l'aponévrose plantaire ; toujours de l'équinisme. Le pied droit n'avait qu'un varus qui a cédé à l'orthopédie. »

Le *quatrième* était atteint d'un double varus équin congénital. — « Pendant quatre ans, le traitement par les appareils portés jour et nuit. Amélioration, puis surviennent des engelures qui obligent à abandonner tout traitement. Les pieds reprennent leur position vicieuse. »

Enfin, le *cinquième* portait un pied bot double varus équin congénital. — « A l'âge d'un an, section du tendon d'Achille. Application d'appareils plâtrés. Moules de cuir que les parents jettent sans les remplacer. »

Est-il nécessaire d'aller plus loin pour démontrer à tout orthopédiste sérieux, même à tout praticien de bon sens, que des observations qui débutent par de tels renseignements sur les antécédents sont dénuées d'ores et déjà de toute valeur ? Comment ! voilà un enfant de *cinq ans* qui, pendant *quatre ans*, a porté *nuit et jour* des appareils orthopédiques, et chez lequel, sur l'apparition d'engelures, on cesse tout traitement, et l'on recourt, sans autre forme de procès, à l'extirpation des deux astragales ! Ce n'est vraiment pas sérieux, et il faut être possédé de la passion de tailler de la chair et des os humains pour se livrer à une telle boucherie.

Les quatre autres faits ne sont pas plus sérieux, et nous maintenons les remarques que nous avons présentées à propos de la discussion académique de 1882. C'est que, chez ces cinq enfants, une orthopédie intelligente aurait obtenu ou une guérison complète ou une amélioration *certainement* égale ou supérieure à celle qu'a procurée la tarsectomie, qui, d'après les renseignements du tableau de Schwartz, a été fort médiocre dans trois cas et incertaine dans deux dont on ne connaît pas les suites.

Ainsi, étant admis que la tarsectomie pût être appliquée à certains cas rares de pied bot chez l'adulte, tous les chirurgiens sensés la proscrivent chez les enfants, surtout chez des enfants aussi jeunes que ceux qui figurent dans le tableau que nous venons de résumer. C'est ce qui résulte formellement d'une discussion qui a eu lieu à la Société de chirurgie, six ans après celle de l'Académie de médecine, et que nous avons appréciée comme la première dans le numéro du 15 mars 1888 de la *Médecine contemporaine*. Ce serait vraiment abuser de la patience de tout lecteur sérieux que de s'appesantir plus longtemps sur de pareilles témérités, nous avons failli dire insanités.

C'est ici le moment de revenir sur la réserve de M. Tillaux mentionnée ci-dessus. Puisqu'il paraît avéré qu'en médecine (comprenant la chirurgie) comme en amour, on ne peut pas dire *ni jamais ni toujours*, nous ne voudrions pas nous mettre en contradiction absolue avec cette sentence de la sagesse des nations.

Nous admettons donc, avec M. Tillaux, qu'il peut se rencontrer des cas, — très rares assurément, — où la tarsectomie soit indiquée ; nous l'admettons d'autant plus volontiers que nous en connaissons un dans lequel notre illustre ami Péan a pratiqué cette opération avec un de ces succès qui, tant de fois déjà, ont émerveillé la chirurgie. Mais, comme M. Tillaux, nous pensons que ces cas rares ne peuvent se présenter que dans les pieds bots des adultes, et lorsque toutes les ressources de l'orthopédie ont été appliquées en vain avec intelligence, avec persévérance et avec assiduité, c'est-à-dire qu'on aura surveillé constamment et longtemps l'action des appareils appliqués à la suite des sections tendineuses, et non pas chez de jeunes enfants, où l'orthopédie a été mal ou point appliquée, comme dans les exemples que nous avons cités, d'après M. Schwartz. Nous répétons et nous affirmons que, chez les enfants, l'orthopédie bien appliquée donnera sinon toujours des guérisons, certainement des améliorations pour le moins aussi avantageuses que la tarsectomie, avec les dangers en moins, car, nous le répétons aussi, malgré toutes les précautions antiseptiques, aucune opération sanglante n'est absolument exempte de dangers.

On sait que

Un sot trouve toujours un plus sot qui l'admire.

Il paraît qu'il en est des extravagances chirurgicales comme de la sottise : elles trouvent presque toujours des extravagances plus grandes, qui semblent tendre à les éclipser. C'est ainsi que, non content de la petite boucherie que nous venons de décrire, le chirurgien West a enlevé l'astragale, le cuboïde et le scaphoïde tout entiers, ne laissant que le calcanéum de tout le tarse postérieur!

Hueter a proposé de réséquer la tête et le col de l'astragale sans toucher au corps, y ajoutant, au besoin, quand le redressement n'est pas possible après ces résections, l'ablation du scaphoïde et même du cuboïde. Pour d'autres cas, il a pratiqué l'ostéotomie linéaire du tibia et du péroné, et dit être arrivé à obtenir un succès complet sans raccourcissement du membre. Mais on est obligé de s'en rapporter à sa parole ; l'enfant, — car il s'agissait encore d'un enfant, — est mort d'une maladie intercurrente.

Enfin, après s'être livré à une autre fantaisie, il a adopté celle d'extirper l'astragale, extirpation à laquelle il associe la résection de ce que Schwartz, sans doute pour ne pas se servir des expressions de tout le monde, appelle le *processus* antérieur du calcanéum. Il a obtenu un succès complet dont sa parole est toujours le seul garant.

D'autres fantaisies plus ou moins analogues ont été imaginées par divers chirurgiens qui mériteraient plutôt le nom de mécaniciens habiles et féconds, et qui travailleraient peut-être à merveille sur des pieds de bois ou de carton-pâte, mais dont les ingénieuses inventions conviennent peu à des pieds vivants, de chair et d'os.

E. Schwartz, à qui les rationalistes à tout faire
ne reprocheront pas son excès de penchant pour la
critique, fait cependant suivre des remarques suivantes
l'exécution d'une de ces fantaisies, celle de Rydy-
gier, de Culm, qui dit en avoir obtenu un succès complet sur un enfant — (pauvres enfants !) — de onze ans.

« La déformation était à notre avis bien peu prononcée, dit Schwartz, et nous croyons que ce cas eût peut-
être aussi bien guéri par les machines et les ténotomies.
De plus, le résultat est encore trop récent pour que
l'on puisse porter un jugement. » Sages paroles, que
Schwartz aurait été bien inspiré d'appliquer à peu près
à tous les cas de tarsectomie orthopédique, suivant les
principes adoptés à l'unanimité par l'Académie de
médecine en 1882, et presque aussi unanimement par la
Société de chirurgie, en 1887. Ces principes justifient
le jugement que nous avons porté sur ces nouveautés
téméraires, pour ne pas dire coupables, et nous terminons ce travail en maintenant ce jugement et en le
recommandant à tous les praticiens français et même
étrangers, si quelques-uns de ceux-ci veulent bien nous
lire.

Nous en terminerons avec le chapitre de la tarsectomie, en rapportant une communication faite récemment
par M. Nélaton à la Société de chirurgie, ainsi que les
remarques dont elle y a été l'objet et celles que nous
avons présentées nous-même dans la *Médecine contemporaine* du 15 février de cette année (1890), dans un
article intitulé : *La tarsectomie et ses variétés.*

« *Souvent femme varie* », disait un débauché célèbre qui avait varié autant, pour le moins, que la femme la plus variable; mais jusqu'à présent, on n'avait pas reproché beaucoup aux académies de trop varier; on leur avait même reproché parfois de ne pas varier assez, et de se figer dans une routine obstinée, si ce n'est aveugle. Voudraient-elles, pour échapper à ce reproche, rivaliser avec la plus célèbre hôtesse du château de Chambord ? Dans la séance de l'Académie de médecine dont il est rendu compte dans ce numéro, M. Devilliers a fait remarquer à ses collègues que l'Académie avait déclaré et confirmé par un vote que le lait bouilli est indigeste pour les nourrissons, et qu'elle venait de déclarer qu'il fallait donner à ces mêmes nourrissons du lait bouilli. La Société de chirurgie vient de faire quelque chose d'analogue.

« On n'a peut-être pas oublié que cette société avait condamné, quelques années après l'Académie de méde-cine, les diverses variétés de tarsectomie que certains chirurgiens aventureux semblaient vouloir mettre à la mode. Aujourd'hui, après une observation, fort inté-ressante d'ailleurs, de M. Berger, et une communica-tion de M. Nélaton, qui a suivi, à deux semaines de distance celle de M. Berger, tous les membres de la société qui ont pris la parole dans cette séance ont applaudi à l'opération pratiquée par le jeune et habile chirurgien, et ont ainsi approuvé implicitement la tar-sectomie en général; ils ont même approuvé la méthode de Phelps, que nous avons appréciée récemment et qu'on ne saurait guère, suivant nous, juger trop sévè-

rement. Nous ne prétendons pas qu'il faille juger aussi
sévèrement l'opération pratiquée par notre très habile
confrère Berger,et son non moins habile collègue Nélaton; mais nous n'en exprimerons pas moins l'opinion
que, d'une manière générale, la tarsectomie est une opération à rejeter. Quant aux faits particuliers qui ont été
l'objet d'une communication de la part de MM. Berger
et Nélaton, nous ne voulons pas les juger d'une manière
définitive, mais nous devons faire remarquer qu'il n'a
pas été donné de renseignements suffisants sur les tentatives que l'on peut avoir faites, et qu'à notre avis, on
doit toujours faire pour obtenir, par la ténotomie et les
machines, tout ce que ces moyens intelligemment appliqués et avec persévérance peuvent donner. Or, quand on
a vu autant de cas graves de pieds bots qu'il nous a été
donné d'en voir, et dans lesquels ces moyens ont amené
des guérisons inespérées, on est autorisé à affirmer que
ce n'est que dans des cas bien rares qu'on peut être
obligé de recourir à la tarsectomie, pour peu qu'on ne
soit pas sujet à la démangeaison des actions promptes
et des opérations sanglantes. Qu'après l'ablation d'une
portion des os du tarse, et à plus forte raison d'un ou
de plusieurs os entiers, le pied recouvre non la forme
normale, — on a reconnu et avoué le contraire, — mais
l'intégrité de ses fonctions, c'est ce qu'on fera croire difficilement à tout physiologiste qui a étudié sérieusement
les fonctions de cet organe. Nous publions, du reste, avec
impartialité, le compte rendu de la séance dans laquelle
a eu lieu la communication de M. Nélaton, et où l'on

remarquera cette assertion singulière de M. Championnière, *qu'on* sectionnait *autrefois* la malléole externe ;
ne dirait-t-on pas que la tarsectomie date d'Hyppocrate
ou de Celse tout au moins, et que la malléole externe a
été enlevée des centaines, si ce n'est des milliers de fois ?
Ces façons de s'exprimer ne dénotent pas un grand
fond de sévérité scientifique de la part de ceux qui les
emploient.

Voici le compte rendu dont il s'agit :

« *Traitement chirurgical des pieds bots.* — M. NÉLATON.
— A propos du petit malade très intéressant présenté à
la fin de la séance dernière par M. Berger, je voudrais
appeler l'attention de la Société de chirurgie sur une
nouvelle méthode de tarsectomie, aussi économique que
possible, que j'ai mise en pratique deux fois avec grand
succès. Cette méthode a été indiquée par M. Rydigier
et se trouve très brièvement signalée dans la thèse
d'agrégation de M. Schwartz (1883) ; elle s'appuie sur
quelques notions anatomo-pathologiques un peu nouvelles, qui trouveront leur place dans le cours de cette
communication.

« Ces recherches ont pour point de départ les opérations nécessitées par un double pied-bot congénital
varus équin, que j'ai eu à traiter dans le service de
M Périer, chez un jeune garçon âgé d'une dizaine d'années environ.

« Cet enfant avait des lésions extrèmement accusées ;
l'avant-pied était à angle droit sur l'arrière-pied, et la
marche s'exécutait sur un moignon constitué par la face

externe du calcanéum. Le 12 juillet, je fis l'opération du pied droit : 1° incision de Phelps ; aucune réduction du varus ; 2° extirpation de la tête de l'astragale ; aucune réduction du varus; 3° résection de la grande apophyse du calcanéum; je réduis facilement le varus ; 4° ténotomie du tendon d'Achille ; l'équin est facilement corrigé. Le résultat fut satisfaisant, mais, en raison des déformations du pied gauche, la marche était loin de s'exercer facilement; à la fin d'octobre, je résolus donc d'opérer le pied gauche et je pensais, en suivant la même voie, obtenir facilement le même résultat. De fait, la résection de la grande apophyse du calcanéum permit facilement la réduction du varus; mais, cette fois, la section du tendon d'Achille demeura impuissante à corriger l'équinisme. En explorant alors la région astragalo-calcanéenne, pour bien me rendre compte des obstacles qui s'opposaient à la réduction, je sentis sur la face interne de l'astragale, une sorte de saillie osseuse, véritable cale qui empêchait absolument l'astragale de reprendre complètement sa place dans la mortaise tibio-péronière ; je songeai alors qu'une simple section de cette cale osseuse au ciseau pourrait suffire ; l'opération fut ainsi exécutée et vérifia absolument mes prévisions. Je fis alors quelques recherches, et, sur trois pieds bots invétérés dont les pièces figurent au musée Dupuytren, je rencontrai, en effet, à des degrés divers, une disposition analogue.

« J'eus bientôt l'occasion d'en observer un nouvel exemple chez une petite fille de dix ans, qui était entrée à l'hôpital Lariboisière, dans le service de M. Périer, qui voulut bien me la laisser opérer. Elle avait deux pieds bots congénitaux varus équins des plus accusés ; j'enlevai la cale osseuse de la face externe de l'astragale, et pus, en effet, très facilement corriger l'équinisme. Je constatai alors une particularité très intéressante au point de vue du varus : J'ai dit tout à l'heure que, chez mon premier malade, ni l'incision de Phelps, ni la résection de la tête astragalienne, n'avaient suffi pour permettre la déduction du varus.

« Je vis très nettement dans ce cas que ce qui maintenait le varus, c'était : 1° la luxation du scaphoïde en dedans de la tête et du col de l'astragale hypertrophiés et déviés ; 2° la subluxation cuboïde sur la grande apophyse du calcanéum qui présente, elle aussi, une sorte de saillie osseuse, véritable cale pour le cuboïde.

« Ces faits anatomo-pathologiques m'ont paru intéressants, car ils conduisent à penser qu'avec le minimum de sacrifice des os du pied, on peut néanmoins arriver à corriger la double déviation. C'est ce que j'ai fait dans une troisième opération, dans laquelle la section des deux cales osseuses a suffi pour assurer une correction complète et absolue de la déviation existante.

« M. JALAGUIER. — J'ai pratiqué dans un cas l'extirpation de l'astragale, et une fois l'ablation du scaphoïde pour des pieds bots anciens, mais il s'agissait de pieds bots paralytiques. La première malade était une fillette de dix ans, dont la difformité remontait à l'âge de quatre ans. Après l'extirpation de l'astragale, je pus corriger l'équinisme et redresser le pied. Il s'est, depuis, maintenu en excellente situation, comme vous pouvez en juger par l'examen des empreintes plantaires que je vous présente et qui sont fort voisines de la configuration normale. La marche s'effectue bien, actuellement, avec des guêtres en cuir moulé.

« Le second malade avait douze ans ; la paralysie infantile s'était produite à l'âge de huit mois, elle avait détruit surtout les muscles jambiers postérieur et antérieur ; sous l'influence de l'action prédominante des péroniers latéraux, leurs antagonistes, le pied s'était dévié et cette déviation était devenue incorrigible ; la marche s'effectuait absolument sur le scaphoïde. Je pratiquai la résection sous-périostée de cet os, et le premier cunéiforme fut suturé à la tête de l'astragale. Il y a trois mois, l'enfant marchait bien et pouvait même faire des courses assez longues.

« Sur l'astragale provenant de la première malade, on peut retrouver en petit la cale osseuse décrite par M. Nélaton.

« M. HUMBERT. — Je vous présente le moulage des pieds bots congénitaux que j'ai opérés, il y a quinze mois, par la résection de l'astragale et de la portion externe du calcanéum. J'ai enlevé tout ce qui gênait, jusqu'à ce que j'aie pu remettre le pied dans la rectitude ; je crois que l'incision de Phelps est bonne chez les jeunes enfants, mais, à dix ans, il est rare qu'elle soit suffisante. J'ai dû réséquer obliquement le calcanéum après avoir réséqué l'astragale ; de plus, il a fallu que je sectionne l'aponévrose plantaire et les tendons. Le petit malade n'a pas été suivi ; au point de vue esthétique, il y a encore un peu de concavité, mais le résultat fonctionnel est excellent.

« M. CHAMPIONNIÈRE. — Je crois que l'ablation d'une grande tranche des os du tarse ne nuit en rien à l'avenir fonctionnel de ce pied. Eugène Bœckel avait déjà dit qu'il fallait enlever tout ce qui gênait ; c'est ce que j'ai fait très heureusement à plusieurs reprises. On sectionnait même autrefois la malléole externe ; c'est la seule partie qu'il faille respecter. Je ne crois pas que l'économie ait ici quelque importance.

« M. LE FORT. — Le résultat de M. Nélaton est très remarquable, et je demande que le dessin en soit conservé et publié dans le bulletin de la Société de chirurgie.

« M. BERGER. — La communication de M. Nélaton présente un très grand intérêt anatomo-pathologique. On connaissait depuis longtemps la disposition cunéiforme de l'astragale, mais je n'ai pas encore vu signaler cette cale osseuse de la face externe de l'astragale, venant buter contre la malléole externe. Pratiquement, l'incision de M. Nélaton étant celle des résections partielles du tarse, je crois qu'il est toujours possible de commencer l'opération par la résection économique qu'il propose, quitte à pratiquer une résection plus large, si elle devient nécessaire. Il me semble aussi essentiel d'enlever simultanément l'extrémité antérieure du calcanéum, et au besoin une portion du cuboïde. Je m'empresse de reconnaître, avec tous mes collègues, que les résultats obtenus par M. Nélaton sont aussi beaux qu'on puisse les obtenir.

« M. Trélat. — Je ne nie pas qu'en enlevant successivement tout ce qui gêne, on puisse arriver à redresser absolument la déviation du pied ; mais si nous étions absolument renseignés sur le siège précis des obstacles à la réduction, nous pourrions obtenir plus économiquement la même mobilisation. Voilà pourquoi les faits présentés par M. Nélaton me semblent présenter un très vif intérêt. »

FIN

TABLE DES MATIÈRES